U0058341

# THE STARS

最權威的恆星、星系與星座導覽圖

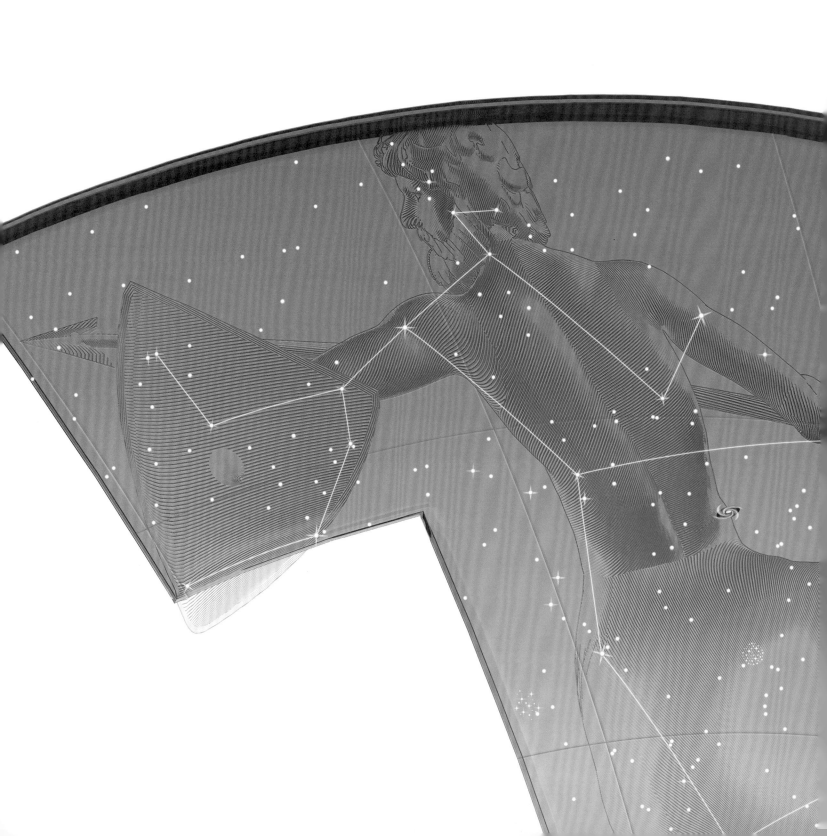

# THE STARS
# 圖解恆星系

## 最權威的恆星、星系與星座導覽圖

羅伯特・丁威迪 Robert Dinwiddie 等／著

胡佳伶／翻譯

Boulder Media 大石文化

# 目錄

Penguin Random House

圖解恆星系
最權威的恆星、星系與星座導覽圖

作　者：羅伯特・丁威迪 Robert Dinwiddie 等
翻　譯：胡佳伶
主　編：黃正綱
資深編輯：魏靖儀
美術編輯：吳立新
行政編輯：吳怡慧

印務經理：蔡佩欣
發行經理：曾雪琪
圖書企畫：黃韻霖、陳俞初

發 行 人：熊曉鴿
總 編 輯：李永適
營 運 長：蔡耀明
出版者：大石國際文化有限公司
地 址：新北市汐止區新台五路一段 97 號 14 樓之 10
電　話：(02) 2697-1600
傳　真：(02) 8797-1736
印　刷：博創印藝文化事業有限公司

2023 年（民 112）3 月二版一刷
定價：新臺幣 1200 元
本書正體中文版由
Dorling Kindersley Limited
授權大石國際文化有限公司出版
版權所有，翻印必究
ISBN：978-986-06934-8-5 （精裝）
＊ 本書如有破損、缺頁、裝訂錯誤，
請寄回本公司更換

總代理：大和書報圖書股份有限公司
地　址：新北市新莊區五工五路 2 號
電　話：(02) 8990-2588
傳　真：(02) 2299-7900

國家圖書館出版品預行編目（CIP）資料

國家地理 圖解恆星系 - 最權威的恆星、星系與星座導覽圖
羅伯特・丁威迪 Robert Dinwiddi 等 著；胡佳伶 翻譯. --
二版. -- 新北市：大石國際文化，
民 110.01　256 頁；23.5× 28 公分
譯自：The stars : the definitive visual guide to the cosmos

ISBN 978-986-06934-8-5 　（精裝）

1.恆星 2.星座

**序言作者**

瑪姬·阿德林·波科克（Maggie Aderin-Pocock）：太空科學家，曾獲頒大英帝國員佐勳章（MBE），是英國倫敦大學學院榮譽研究員，主持英國廣播公司（BBC）的電視節目《仰望夜空》（The Sky at Night）。

**本書顧問**

賈桂琳·米頓（Jacqueline Mitton）：曾撰寫、合著或編輯約30本太空天文書籍，並擔任過許多書籍的顧問。她擁有牛津大學物理學學位和劍橋大學博士學位。

**作者群簡介**

羅伯特·丁威迪（Robert Dinwiddie）：擅長撰寫科學主題的教育圖文百科工具書，特別感興趣的領域是地球和海洋科學、天文學、宇宙和科學史。

大衛·休斯（David W. Hughes）：英國雪菲爾大學榮譽教授，發表超過200篇關於小行星、隕石和流星的學術文章，曾任職於歐洲、英國和瑞典的太空機構。大衛·休斯小行星是為了表彰他的貢獻而命名。

格萊特·瓊斯（Geraint Jones）：天文學家、講師和作家，專長為行星科學。他是倫敦大學學院穆拉德太空科學實驗室（Mullard Space Science Laboratory）行星科學小組（Planetary Science Group）的負責人。

伊恩·瑞帕斯（Ian Ridpath）：著有DK出版社《恆星與行星手冊》（Handbook of Stars and Planets）一書，也是《牛津天文詞典》的編輯，因為對推廣和普及天文的卓越貢獻而獲頒太平洋天文學會（Astronomical Society of the Pacific）獎章。

卡洛爾·斯托特（Carolet Stott）：天文學家和作家，著有超過30本有關天文太空的書籍，曾任倫敦格林威治皇家天文臺（Royal Observatory）臺長。

翟爾斯·史拜羅（Giles Sparrow）：作家和編輯，專長天文學與太空科學，英國皇家天文學會（Royal Astronomical Society）會士。

# 前言

我從小就常常喜歡抬頭仰望夜空，對滿天的繁星充滿了好奇，就像《小星星》童謠的歌詞上說的一樣，我好想知道，那些一閃一閃的恆星究竟是什麼。

　　憑著小時候的好奇心，我一直努力往成為天文學家的路邁進，利用各種儀器幫助人類更了解恆星。我們對鄰近天體的認識與時俱進，最近這幾年來，也更深刻了解了其他更遙遠的恆星。

　　恆星比我們所以為的還要更像我們。它有生死循環：在恆星的育嬰房裡誕生，度過完整的一生之後，以各種不同的方式邁向死亡。但恆星的死亡其實代表其他所有生命的誕生。恆星在生與死之中創造出來的化學元素，構成了我們、以及我們看得到的一切萬物。

　　這本書帶領我們踏上一段旅程，造訪那些遙遠的、看似平靜的鄰居，並分享恆星的祕密。雖然我們目前的技術還不足以真正踏上星際之旅，但有了這本書，我們就能更了解恆星運轉的現況。

*Maggie Aderin-Pocock*

瑪姬．阿德林．波科克，曾獲頒大英帝國員佐勳章，太空科學家
Maggie Aderin-Pocock, MBE

◁ 在這張哈伯太空望遠鏡拍攝的M15球狀星團影像中，可以同時看到高溫的藍色恆星和較低溫的黃色恆星。這個星團的年齡有120億年，是目前已知最古老的球狀星團之一，距離地球3萬5000光年，位在飛馬座的方向。

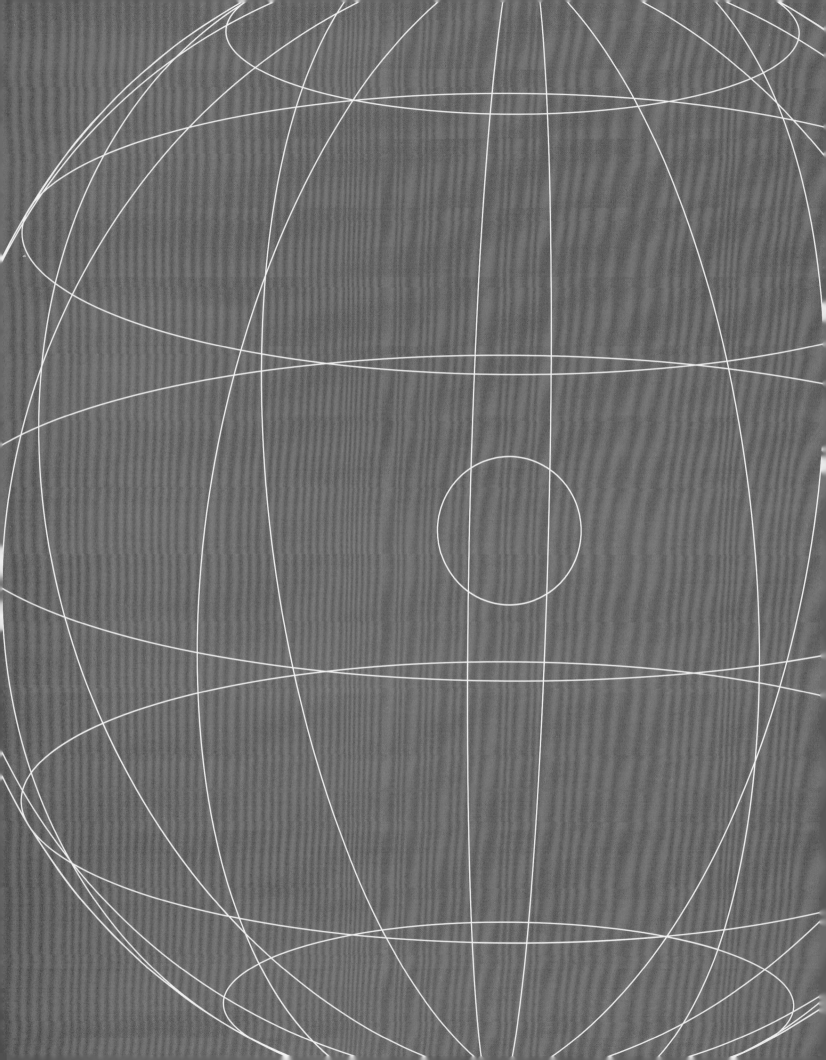

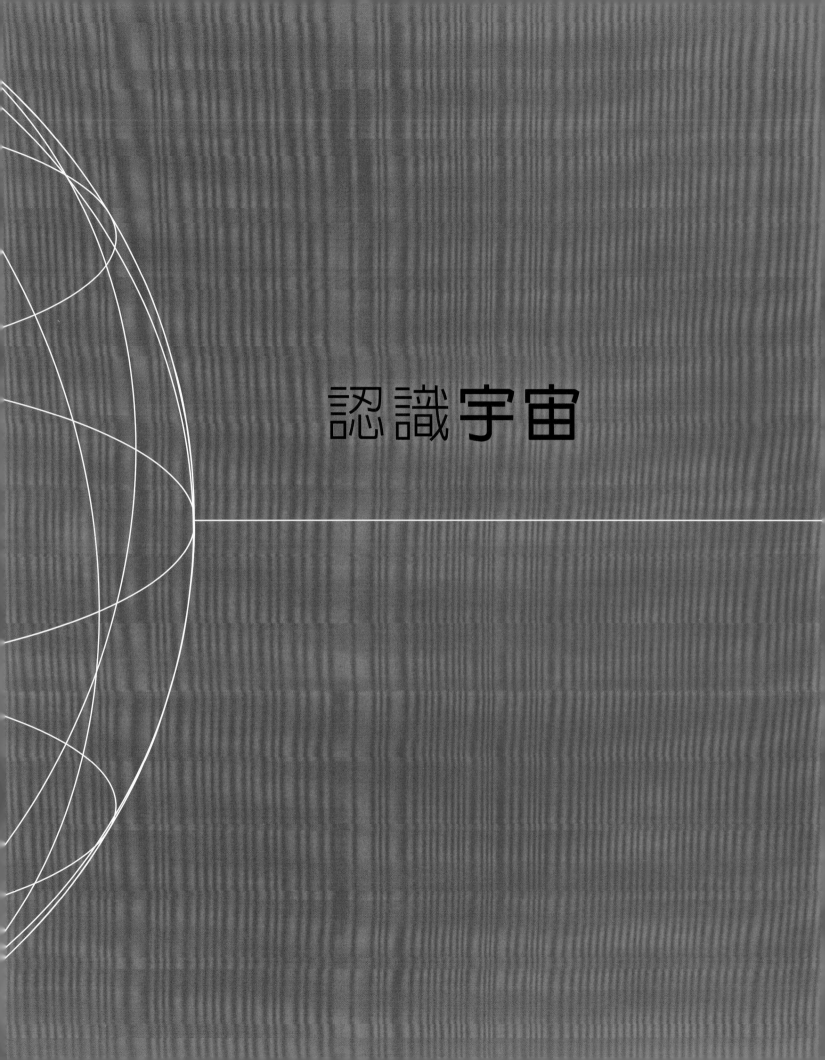

認識宇宙

我們的宇宙在 138 億年前的大霹靂（Big Bang）中瞬間誕生之後，由於尚未形成任何會發光的天體，曾經經歷了一段完全黑暗的時期。好幾億年後，物質團塊開始凝聚並升溫，很快地宇宙的第一批恆星就開始綻放光芒。如今，恆星仍然是夜空中為數最多的可見天

# 終結黑暗 ──────────○

體。現在我們見到的恆星只是一點一點的光點，似乎只有亮度不同。但其實恆星非常變化多端，有各式各樣的大小和顏色。有些恆星最後會爆炸，產生像是脈衝星或黑洞這樣的奇特天體。我們現在也知道，有許多恆星，就像我們的太陽一樣周圍有行星繞行，其中有些行星可能有生命存在。大約就在第一顆恆星點亮宇宙之際，第一個星系也形成了。一群又一群恆　星聚集成為小的星系，這些小星系又會合併成更大的星系。我們肉眼見得到的所有恆星，都位於我們所在的銀河系，銀河系是一個巨大的結構，光線需要花上 10 萬年才能橫越。但銀河系只是宇宙中數不盡的數十億個星系之一。天文學家藉由愈來愈強大的望遠鏡和其他的探測儀器，逐漸揭開星系的奧祕，也更了解許多神祕現象的本質，例如包覆著星系的暗物質。

◁ **恆星的誕生地**
在這張哈伯太空望遠鏡所拍攝的影像中心附近，能夠看到一群炙紅的恆星，這是距離我們大約2萬光年遠的緻密年輕星團，名為維斯特盧2（Westerlund 2）。在這個星團裡有目前已知最熱、最明亮的恆星，表面溫度甚至超過攝氏3萬7000度。此星團位於一個稱為古姆29（Gum 29）的巨大「恆星形成星雲」（由氣體和塵埃形成的一團雲氣）之中。

# 我們的宇宙

**宇宙就是所有存在的一切——包括物質、能量、時間和空間。宇宙的浩瀚令人難以想像,在宇宙之內的一切事物,都只是某個更大結構的一部分。**

宇宙是一個有層級的結構。我們的地球位於太陽系裡,太陽系又位在銀河系中,而銀河系只是擁有許多星系的本星系群(Local Group)的一員,本星系群又是室女座超星系團(Virgo Supercluster)這個更大結構的一部分。天文學家最近發現了一個更廣闊的太空結構,包含了室女座超星系團和其他的超星系團在內,名叫拉尼亞凱亞(Laniakea,在夏威夷語中的意思是「無盡的天堂」)。有趣的是,拉尼亞凱亞裡的所有星系似乎都流向中心一個稱為「巨引源」(Great Attractor)的區域。

## 以光測量距離

天文學家利用光作為測量距離的一把尺,因為沒有任何東西的速度比光還要快。然而,即使是一光年——光在一年內所能前進的距離,大約是 9 兆 5000 億公里——與宇宙中已知的最大結構相比,仍然是相形見絀。我們只能看到整個宇宙的極小一部分:自大霹靂以來光能抵達地球的那些部分。我們還不清楚宇宙的真正大小,或許宇宙真的是無限大。

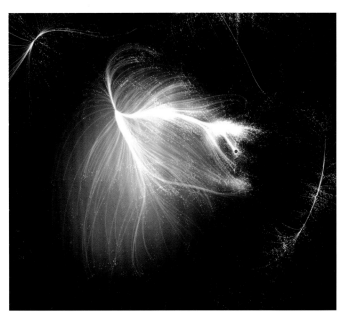

△ **拉尼亞凱亞超星系團**
這張圖描繪出拉尼亞凱亞超星系團(黃色)的樣貌,其中白色的線條表示星系往中心附近的一點流動,銀河系大約位在圖中的紅點位置。拉尼亞凱亞大約有5億光年寬,科學家認為拉尼亞凱亞周圍還有許多類似的結構(藍色)。

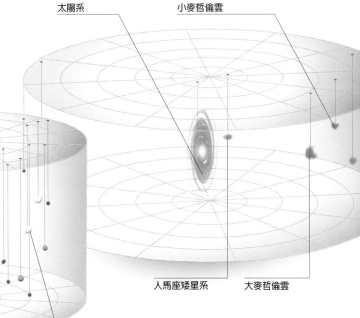

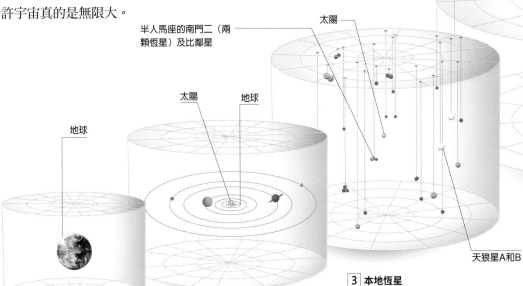

**1 地球**
我們居住的行星是一顆漂浮在空曠太空中的小型岩石球體。距離地球最近的天體是月球。平均來說,以光的速度從月球到地球只需要花一秒多一點,所以我們可以說,月球與我們的距離是一光秒。

**2 太陽系**
地球是太陽系的一部分。太陽系的成員包括我們的恆星——太陽,以及繞著太陽運行的所有天體。海王星是距離太陽最遠的行星,以光速大約要4.5個鐘頭才能抵達,但太陽系的範圍還包括最遠會跑到1.6光年外的彗星。

**3 本地恆星**
共有32顆恆星,聚集在太陽系附近12.5光年的範圍內,有些屬於同一個恆星系統。又肉眼無法看見的昏暗紅矮星,也有和太陽類似的耀眼黃白色恆星,其中有少數幾顆恆星可能有行星環繞。

**4 銀河系**
太陽系和鄰近的恆星只占了銀河系的一小部分。這個旋轉的閃亮大型圓盤包含了大約2000億顆恆星、巨大的氣體和塵埃雲,以及一個超大質量黑洞。銀河系的直徑超過10萬光年,周圍還有幾個較小的衛星星系。

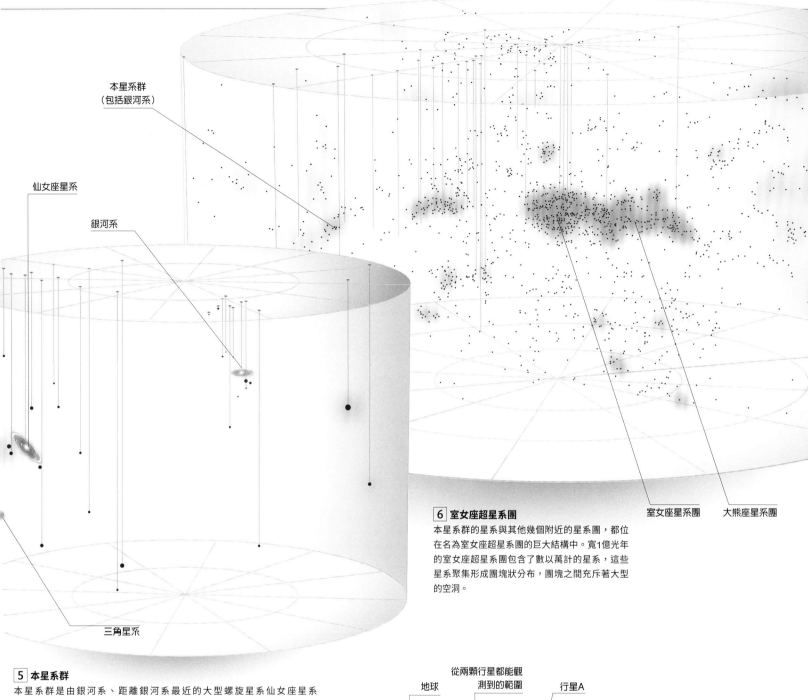

本星系群
（包括銀河系）

仙女座星系

銀河系

三角星系

室女座星系團　　　大熊座星系團

**6 室女座超星系團**

本星系群的星系與其他幾個附近的星系團，都位在名為室女座超星系團的巨大結構中。寬1億光年的室女座超星系團包含了數以萬計的星系，這些星系聚集形成團塊狀分布，團塊之間充斥著大型的空洞。

**5 本星系群**

本星系群是由銀河系、距離銀河系最近的大型螺旋星系仙女座星系（Andromeda Galaxy）、另一個稱為三角座星系的螺旋星系，以及50多個其他較小星系共同組成的星系團。整個星系群占據寬度約1000萬光年的區域。

有些來自已知最遙遠星系的光線，花了超過130億年才抵達地球，占了目前宇宙年齡的絕大多數時間。

地球　　從兩顆行星都能觀測到的範圍　　行星A

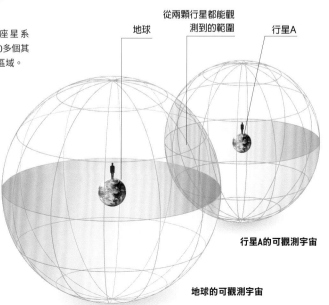

行星A的可觀測宇宙

地球的可觀測宇宙

◁ **可觀測宇宙**

雖然宇宙沒有邊緣，而且可能是無限大，但我們看得到的部分——也就是可觀測宇宙——是有限的，也就是在大霹靂之後這138億年間，至今已經抵達地球的光。以實體範圍來說，這是個以地球為中心、寬約930億光年的球體。如果在我們的可觀測宇宙之外有另一顆行星（行星A），那裡居住的生物所擁有的可觀測宇宙會和我們不同，雖然這兩個可觀測宇宙的範圍可能有部分重疊。

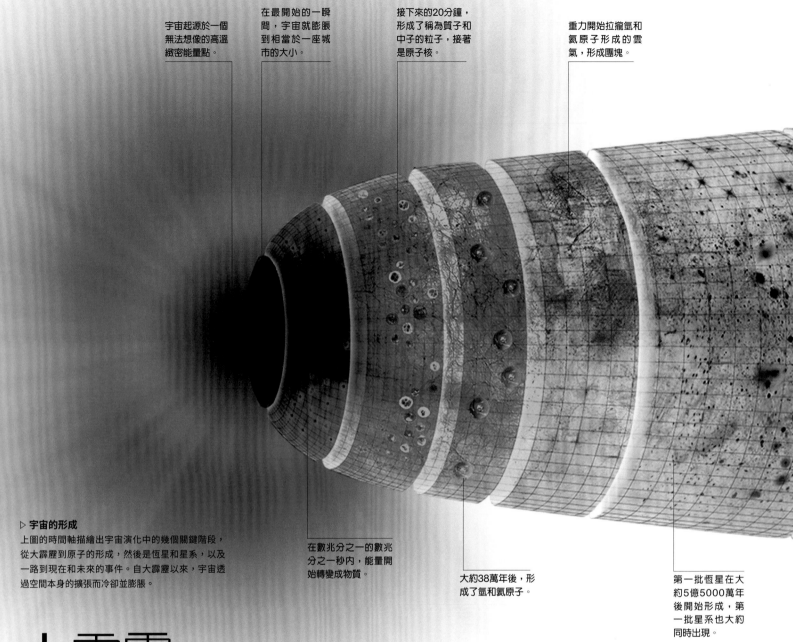

宇宙起源於一個無法想像的高溫緻密能量點。

在最開始的一瞬間，宇宙就膨脹到相當於一座城市的大小。

接下來的20分鐘，形成了稱為質子和中子的粒子，接著是原子核。

重力開始拉攏氫和氦原子形成的雲氣，形成團塊。

在數兆分之一的數兆分之一秒內，能量開始轉變成物質。

大約38萬年後，形成了氫和氦原子。

第一批恆星在大約5億5000萬年後開始形成，第一批星系也大約同時出現。

▷ **宇宙的形成**
上圖的時間軸描繪出宇宙演化中的幾個關鍵階段，從大霹靂到原子的形成，然後是恆星和星系，以及一路到現在和未來的事件。自大霹靂以來，宇宙透過空間本身的擴張而冷卻並膨脹。

# 大霹靂

**在大約 138 億年前發生的極端戲劇化事件，開啓了時間和空間的序幕。宇宙從空無一物中突然出現，那是一個純粹只有能量的小點。**

在稱為大霹靂的那一瞬間，宇宙膨脹了數兆倍的數兆倍，然後繼續變大，同時從誕生時的極端炙熱中降溫。最初的幾分之一秒內，在強烈的能量中，形成了由微小粒子組成的「湯」，大量的粒子不斷產生交互作用，有的聚集成原子核——這是我們今天在宇宙中能見到所有東西的基本組成。數萬年後，真正的原子形成，又過了好幾億年，才開始形成第一代的恆星及星系。

◁ **研究大霹靂**
歐洲核子研究中心（European Centre for Nuclear Research，簡稱CERN）的科學家利用這臺複雜的機器——大型強子對撞機（Large Hadron Collider），設法重建大霹靂剛發生之後的條件。在對撞機中，高能粒子束被撞擊粉碎，科學家再研究形成的副產物。

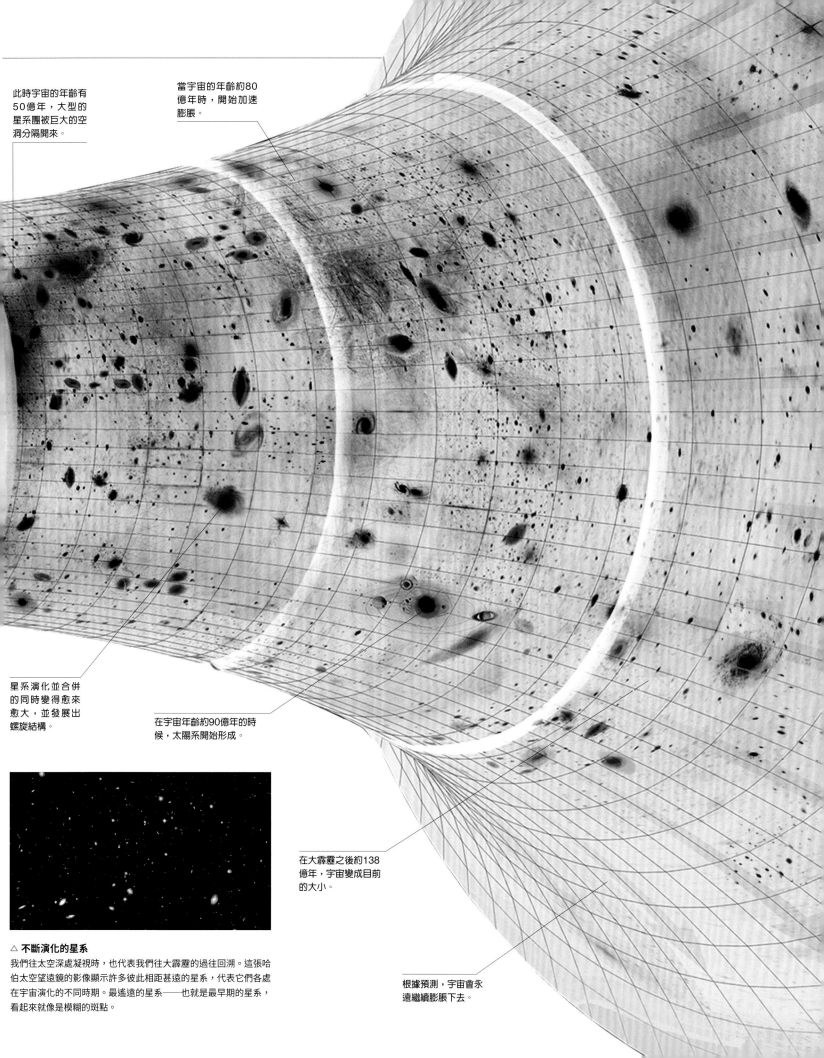

此時宇宙的年齡有50億年,大型的星系團被巨大的空洞分隔開來。

當宇宙的年齡約80億年時,開始加速膨脹。

星系演化並合併的同時變得愈來愈大,並發展出螺旋結構。

在宇宙年齡約90億年的時候,太陽系開始形成。

在大霹靂之後約138億年,宇宙變成目前的大小。

根據預測,宇宙會永遠繼續膨脹下去。

△ **不斷演化的星系**
我們往太空深處凝視時,也代表我們往大霹靂的過往回溯。這張哈伯太空望遠鏡的影像顯示許多彼此相距甚遠的星系,代表它們各處在宇宙演化的不同時期。最遙遠的星系──也就是最早期的星系,看起來就像是模糊的斑點。

# 宇宙的本質

**宇宙學是天文學中研究宇宙整體的一門學問，目的是解答有關宇宙大小、年齡和結構的基本問題。**

數千年來，哲學家和天文學家一直都在努力解決這些問題，並取得不同程度的成功。其中一個最大的問題——宇宙的範圍是有限還是無限，至今仍然無法確定（雖然答案比較可能是無限大的宇宙）。至於其他有關宇宙本質的根本問題，有些已經有了答案，包括宇宙如何開始與何時開始、宇宙是否有任何中心或邊緣，以及宇宙是否還包含我們這個星系以外的東西。

對金胎的現代描繪

### 約公元前1500-1200年

**宇宙蛋** 在印度文獻《梨俱吠陀》（Rig-veda）中有一首讚美詩，描述宇宙起源於一顆宇宙金蛋或金子宮之中，叫做「金胎」（Hiranyagarbha）。這顆金蛋在黑暗中漂浮，然後分裂形成地球、天堂（太空）和地下世界。

### ▷ 公元前4世紀

**亞里斯多德以地球為中心的宇宙** 希臘哲學家亞里斯多德（Aristotle）認為靜止的地球位在宇宙的中心，而且宇宙的空間有限，但時間卻是無限的。他描述了一個包含55個球體的複雜系統，最後一個球體代表宇宙的「邊緣」。

喬治·勒梅特

阿爾伯特·愛因斯坦

### ◁ 1931年

**太古原子（Primeval atom）** 比利時天文學家和牧師喬治·勒梅特（Georges Lemaître）提出「太古原子假說」，認為宇宙從最初極端高溫緻密的狀態開始膨脹，這樣的模型也為奧伯斯悖論提供了解決辦法。

### 1920年代

**膨脹的宇宙** 美國天文學家愛德溫·哈伯（Edwin Hubble）證明，在銀河系之外還有其他星系存在，他還觀察到遙遠星系遠離我們的速度與它們的距離成正比，其他天文學家據此得到結論，認為目前整個宇宙一定正在膨脹。

### 1915年

**廣義相對論** 愛因斯坦發表廣義相對論，是目前在宇宙尺度中重力如何運作的最佳解釋。他提出質量會扭曲時空，還推導出定義各種可能宇宙形式的方程式。

阿諾·彭齊亞斯（左）和羅伯特·威爾遜（右）

### 1948年

**第一代元素** 俄裔美籍的物理學家喬治·加莫夫（George Gamow）等人研究得知，從宇宙極端高溫緻密卻又迅速膨脹的初始狀態開始後不久，次原子粒子（這裡指質子和中子）如何形成各種輕元素的原子核。

### 1949年

**霍伊爾創造「大霹靂」一詞** 英國天文學家弗雷德·霍伊爾（Fred Hoyle）創造了「大霹靂」一詞，描述宇宙是在過去某個時刻從極度高溫緻密的狀態膨脹而來。雖然霍伊爾自己相信另一種不同的理論，但這個用詞仍廣為流傳。

### ▷ 1965年

**宇宙微波背景輻射** 美國新澤西州貝爾實驗室（Bell Labs）的天文學家阿諾·彭齊亞斯（Arno Penzias）和羅伯特·威爾遜（Robert Wilson）發現宇宙微波背景輻射（Cosmic Microwave Background Radiation，簡稱CMBR）——天空中到處都是微弱的輻射，後來科學家得知這是大霹靂遺留的痕跡。

薩摩斯島的阿里斯塔克斯

喬爾丹諾・布魯諾

### 公元前3世紀

**以太陽為中心的宇宙** 薩摩斯島（Samos）的希臘天文學家阿里斯塔克斯（Aristarchus）認為太陽位於宇宙的中心，地球繞著太陽運行。阿里斯塔克斯還懷疑恆星是與太陽相似的天體，只是距離遠得多。

### 1543年

**讓人信服的數學模型** 波蘭天文學家尼古拉・哥白尼（Nicolaus Copernicus）出版的《天體運行論》（De revolutionibus orbium coelestium）一書，包含了詳盡且令人信服的宇宙數學模型，在他的理論中太陽位在宇宙的中心，地球和其他行星則圍繞太陽運行。

### 1584年

**無限多的恆星** 義大利哲學家和數學家喬爾丹諾・布魯諾（Giordano Bruno）認為，太陽是無數恆星中相對微不足道的一顆。他還認為由於宇宙是無限的，因此沒有中心，或是中心沒有特定的天體。

渦狀星系（Whirlpool Galaxy）的素描

### 1905年

**時空連續體（spacetime continuum）** 德國物理學家阿爾伯特・愛因斯坦（Albert Einstein）發表狹義相對論，認為空間和時間會形成時空連續體。相對論的基本假設是沒有任何一個位置是特殊的——所以宇宙既沒有中心也沒有邊緣。

### 1755年

**銀河系之外的天體** 德國哲學家伊曼努爾・康德（Immanuel Kant）認為，在夜空裡的某些模糊天體是銀河系以外的星系——這表示宇宙不僅不只有銀河系，而且還要大得多。

### 1610年

**反對無限宇宙的爭論** 德國天文學家約翰尼斯・克卜勒（Johannes Kepler）認為，任何靜態、無限和永恆的宇宙理論都是有缺陷的，因為在這樣的宇宙中，每個方向都會有一顆恆星存在，那麼夜空看起來應該會很明亮，這個論點後來稱為「奧伯斯悖論」（Olbers' paradox）。

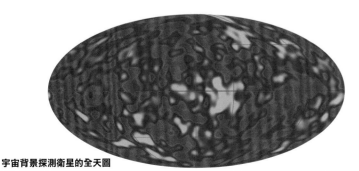

宇宙背景探測衛星的全天圖

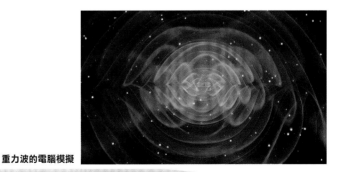

重力波的電腦模擬

### 1980年

**暴漲的大霹靂理論** 美國物理學家艾倫・古斯（Alan Guth）和他的同事認為，宇宙在大霹靂之後的極早期階段以極快的速度膨脹，這個理論有助於解釋宇宙的大尺度結構。

### 1992年

**宇宙微波背景的變化** 宇宙背景探測衛星（Cosmic Background Explorer，簡稱COBE）的探測，顯示出宇宙微波背景的微小變化，這是宇宙大尺度結構的起源圖，當時的宇宙大小只有現在的一小部分，年齡只有38萬年。

### 1999年-2001年

**暗能量（dark energy）的存在** 對宇宙微波背景的高精度測量，以及不同距離的星系的退行速度，證明了暗能量的存在——這個神祕現象似乎正讓宇宙的擴張加速。

### 2016年

**偵測到重力波** 美國的物理學家宣布他們已經偵測到重力波，重力波的存在支持暴漲的大霹靂理論，也進一步證實了愛因斯坦的廣義相對論。

# 宇宙天體

太空中有許多不同類型的天體，從宇宙射線——以極快速度飛行的帶電次原子粒子——到巨大壯麗的星系團都是。

由於恆星會發光，因此是迄今我們實際觀察到數量最多的天體。其他大多在夜空可見的天體，可能主要是由恆星組成（如星系和星團），或是反射了恆星的光線（如行星、衛星和彗星）。此外，宇宙中還存在各式各樣如棕矮星和黑洞等極其黯淡或是完全黑暗的天體，探測起來極度困難，甚至幾乎不可能探測得到。

△ **彗星**

彗星是在太陽系遙遠的外圍運行的巨大冰塊和岩石，有些會規律地接近太陽。這時彗星中的冰凍化學物質會蒸發，產生耀眼的彗髮（彗星頭部）和長長的塵埃尾和氣態彗尾。

**星雲**

星雲是由恆星間廣闊太空內的氣體和塵埃雲構成，許多星雲內還有恆星形成區域。有些星雲內，來自新生高溫恆星的光線激發星雲中的氣體原子，而發出各種顏色的光，其中一個色彩繽紛的天體就是圖中的船底座星雲（Carina Nebula），這是以肉眼就能在南半球夜空中觀察到的明顯特徵。

△ **恆星**

恆星是一團非常高溫的氣體球，以氫的核融合反應（有時是其他元素）產生能量，所有位在我們附近的恆星都是銀河系的一部分，看起來就像一條橫跨夜空的長帶（如圖）。

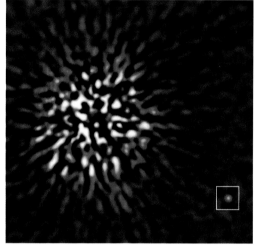

△ **棕矮星**

棕矮星屬於「準恆星」，比大多數行星的質量更大，但還不足以像恆星一樣維持一般的氫核融合反應。這張照片顯示一顆黯淡的棕矮星（方框）繞著一顆類太陽恆星旋轉。

△ **星團**

星團是由重力束縛在一起的大量恆星，在我們的銀河系裡已經發現了數千個星團。星團分為兩種類型：球狀星團（如圖）和疏散星團。

△ **恆星殘骸**

當巨大的恆星死亡時，會留下各種類型的殘骸，通常包括原始恆星核心的緻密殘骸。這個看起來如同鬼魅一般的天體，是由恆星形成超新星爆發時噴發出的氣體和塵埃碎片構成。

△ **行星**
行星是環繞恆星運轉的近球形天體，可能是由岩石或氣體組成，但不會藉由核融合產生能量。上圖是我們太陽系內的火星。

△ **衛星**
衛星是環繞行星或其他天體運行的天然天體，我們已經在太陽系裡發現數百顆衛星，包含上圖的土衛一（Mimas）。

◁ **星系**
星系是由恆星、氣體、塵埃、星雲、恆星殘骸、行星和其他較小天體聚集組成，有四種主要的類型──**螺**旋形、棒旋形、橢圓形和不規則形。左圖的NGC 908是個螺旋星系，正以狂暴的速度產生新恆星。

△ **星系團**
星系聚集組成星系團，星系團又會聚集成更大的超星系團。在這個阿貝爾（Abell）2744星系團內，包含了數百個星系，整個星系團沉浸在一團由不可見物質所形成的巨大海洋之中，這種謎樣的物質稱為暗物質（見第74-75頁）。

光球層是我們所能見到的恆星表面。

產生能量的核心。

恆星的內部是由極端高溫的氣體組成，能量會由此處逐漸向外移動。

日珥是由表面浮現出的高溫氣體環。

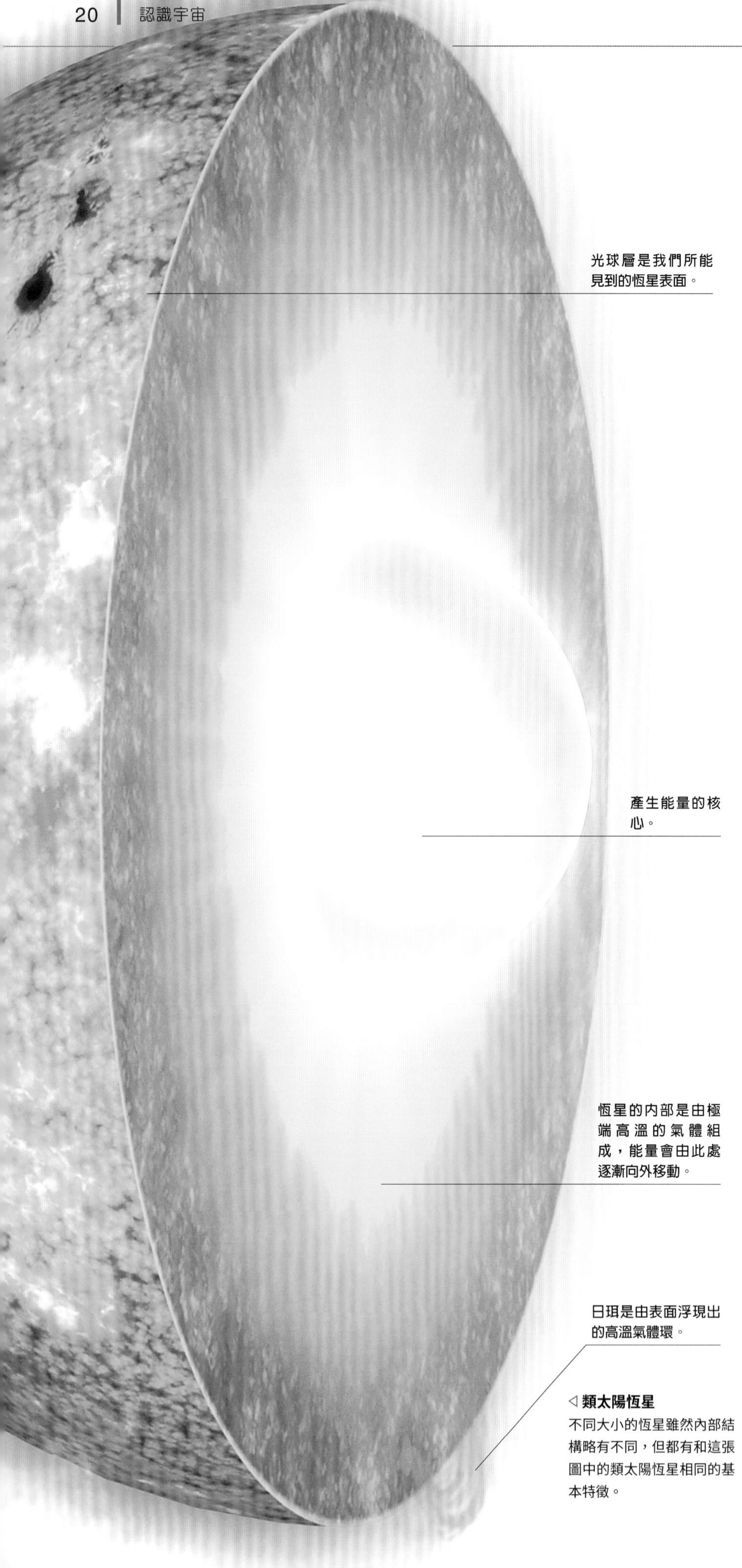

◁ **類太陽恆星**
不同大小的恆星雖然內部結構略有不同，但都有和這張圖中的類太陽恆星相同的基本特徵。

# 什麼是恆星？

**恆星是由極端高溫的氣體形成的巨大球體，恆星的核心會產生能量，之後從表面發出。**

我們在夜空中能見到的每一顆恆星，都位於我們所在的銀河系之內。雖然以宇宙的尺度來說，這些都是「本地」恆星，但實際上它們都離我們很遠——距離最近的恆星約 40 兆公里，其他的大多數恆星比這樣遠得多。整體來說，我們的銀河系有超過 2000 億顆恆星，其中肉眼可見的約有 1 萬顆左右。

## 恆星的外觀和變化

我們在夜空中看得到的所有恆星都只是微小的光點，有些恆星看起來比較亮，但以肉眼觀察時，這些恆星的顏色似乎並沒有多大的區別：看起來都像是白色的。事實上，恆星比乍看之下更加多變，有各種大小和溫度、不同的顏色，年齡和壽命也有很大的差異。恆星的這些特徵很多是互有關連的，像恆星的表面溫度和顏色就密切相關——表面溫度較低的恆星發出紅色的光，而較高溫的恆星隨著溫度增高，分別會呈現出橙色、黃色、白色或藍色。

## 恆星的光譜分類

| | 類型 | 外觀顏色 | 平均表面溫度 | 範例恆星 |
|---|---|---|---|---|
| | O | 藍 | 超過攝氏3萬度 | 弧矢增廿二 (船尾座) |
| | B | 深藍白 | 攝氏2萬度 | 參宿七 (獵戶座) |
| | A | 淺藍白 | 攝氏8500度 | 天狼星A (大犬座) |
| | F | 白 | 攝氏6500度 | 南河三A (小犬座) |
| | G | 黃白 | 攝氏5300度 | 太陽 |
| | K | 橘 | 攝氏4000度 | 畢宿五 (金牛座) |
| | M | 紅 | 攝氏3000度 | 參宿四 (獵戶座) |

△ **恆星的光譜類型**
來自恆星的光譜帶著許多有關恆星的訊息。科學家研究恆星光譜，將恆星分成不同的光譜類型，主要類型如上所示。

## 恆星分類

我們可以用很多種方式來分類恆星，但天文學家偏好根據恆星光譜，把大多數恆星分成七個主要類別（從 O 到 M）。恆星光譜是我們接收到的各種波長的恆星光線，包含與顏色、溫度、成分和其他性質相關的數據。在 1911 年和 1913 年左右，丹麥天文學家埃納・赫茲史普（Ejnar Hertzsprung）和美國天文學家亨利・諾利斯・羅素（Henry Norris Russell）為了研究各種恆星的分布是否遵循某種模式，各自畫出了數百顆恆星的光譜類型和光度（luminosity，與亮度相關）散布圖。他們發現了一些有趣的現象，大多數恆星在生命週期的大部分時間內，會落在圖中稱為主序帶（main sequence）的位置上，圖中的其他位置則是接近生命終點的巨星和巨星演化形成的白矮星。

▽ **赫羅圖**（Hertzsprung–Russell diagram）
在圖中呈對角線分布的是主序帶，這是一系列從低溫紅色矮星到藍色大型高溫恆星的穩定恆星分布的帶狀區域，其他部分的恆星則是曾經在主序帶中，但後來演化成的高光度巨星，以及更之後的白矮星。

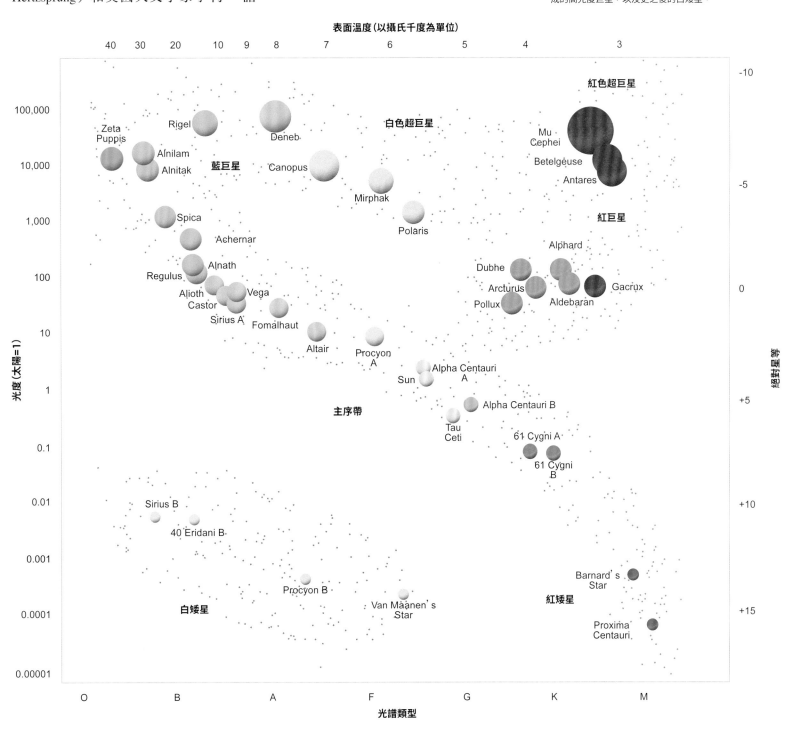

# 恆星的亮度和距離

**每顆恆星的亮度和與地球的距離都有很大的差異,雖然說除了太陽之外,其他恆星都距離我們非常遙遠。恆星從地球上看起來有多亮,當然有部分是取決於距離。**

因為恆星的距離太遠了,我們很難獲得恆星的相關資訊,大部分的數據來自研究恆星發出的光和其他輻射。此外,我們可以測量恆星每年在天空中位置的微小變化,計算出最近的恆星距離。

## 亮度

恆星的亮度有兩種不同的表示方式。一種是從地球上觀察到的恆星亮度,稱為視星等;另一種則是從固定距離觀察到的恆星亮度,稱為絕對星等,這是表示真正亮度的更好指標。在這兩種表示方式中,若數值增加 1,表示亮度減弱,而數值減少 1,則表示亮度增加。以視星等來說,肉眼可見的最暗恆星為 +6 或 +5 等,而非常明亮的恆星約為 +1 到 0 等,有四顆最明亮恆星的視星為負數。而絕對星等的數值範圍,則從一些特別黯淡紅矮星的約 +20 等,到最亮超巨星的約 -8 等。恆星的絕對星等與目視光度有關,這是恆星每單位時間發出的光線能量,我們通常以太陽光度作為標準來表示恆星的光度。

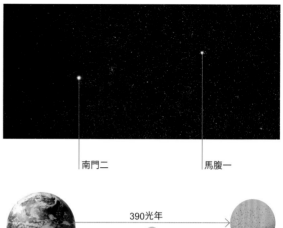

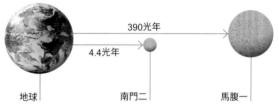

△ **視星等**

上方影像中最亮的兩顆恆星——南門二(左)和馬腹一(右)——看起來亮度大致相同,也就是說,這兩顆星的視星等差不多。但從恆星的本質來說,馬腹一要亮得多,因為它的絕對亮度更亮。南門二看起來之所以會和馬腹一的亮度相當,是因為它和我們的距離比馬腹一近了90倍。

▽ **亮度比較**
下表比較了包括太陽在內的11顆恆星的視星等、絕對亮度和光度。這些恆星的範圍從相對接近的紅矮星比鄰星(Proxima Centauri),到例如參宿七這樣遙遠卻又高光度的超巨星。

### 特定恆星的星等和光度

| 恆星(星座) | 與地球的距離 | 視星等 | 絕對星等 | 目視光度(與太陽光度相比) |
|---|---|---|---|---|
| 太陽 | 1億4960萬公里 | -26.74 | 4.83 | 1 |
| 天狼星A(大犬座) | 8.6光年 | -1.47 | 1.42 | 23 |
| 南門二A(半人馬座) | 4.4光年 | 0.01 | 4.38 | 1.5 |
| 織女星(天琴座) | 25光年 | 0.03 | 0.58 | 50 |
| 參宿七(獵戶座) | 780–940光年 | 0.13 | -7.92 | 12萬5000 |
| 馬腹一(半人馬座) | 370–410光年 | 0.61 | -4.53 | 5,500 |
| 心宿二(天蠍座) | 550–620光年 | 0.96 | -5.28 | 1萬1000 |
| 北極星(小熊座) | 325–425光年 | 1.98 | -3.6 | 2,400 |
| 天樞(大熊座) | 58光年 | 3.3 | 1.33 | 25 |
| 造父四(仙王座) | 1,200–9,000光年 | 4.08 | -7.63 | 9萬6000 |
| 比鄰星(半人馬座) | 4.2光年 | 11.05 | 15.6 | 0.00005 |

△ **比鄰星**

上圖是紅矮星——比鄰星的影像,這顆星距離我們4.2光年遠,是除了太陽之外距離地球最近的恆星。雖然在這張由哈伯太空望遠鏡拍攝的比鄰星看來很亮,但相對來說它其實是一顆黯淡的恆星,絕對星等只有+15.6等,光度更是只有太陽的一點點。

# 距離

太陽以外的恆星都離我們非常遠，所以我們需要使用一種特殊的單位來表示恆星的距離。這個單位稱為「光年」，是光在一年之中在太空中前進的距離，大約 9.5 兆公里。在夜空中看得到最亮的 100 顆恆星，與地球的距離從 4.4 光年到約 2500 光年不等。我們可以透過各種方式測量恆星的距離，如果是較近的恆星，可以使用視差法測量（見右圖）。而較遠的恆星，天文學家就必須使用更複雜的間接方法。因為這些測量方法都不是很精確，所以我們只能知道許多恆星的大概距離——甚至包括一些最亮的恆星。

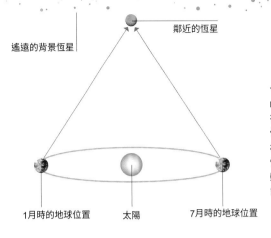

遙遠的背景恆星　　鄰近的恆星

1月時的地球位置　太陽　7月時的地球位置

◁ **視差法（Parallax method）**
在地球位於繞行太陽軌道的兩側時觀測鄰近的恆星，會發現相對於遙遠的背景恆星，鄰近恆星的位置似乎會有些微的移動，這樣的位置改變能讓我們計算出鄰近恆星的距離。

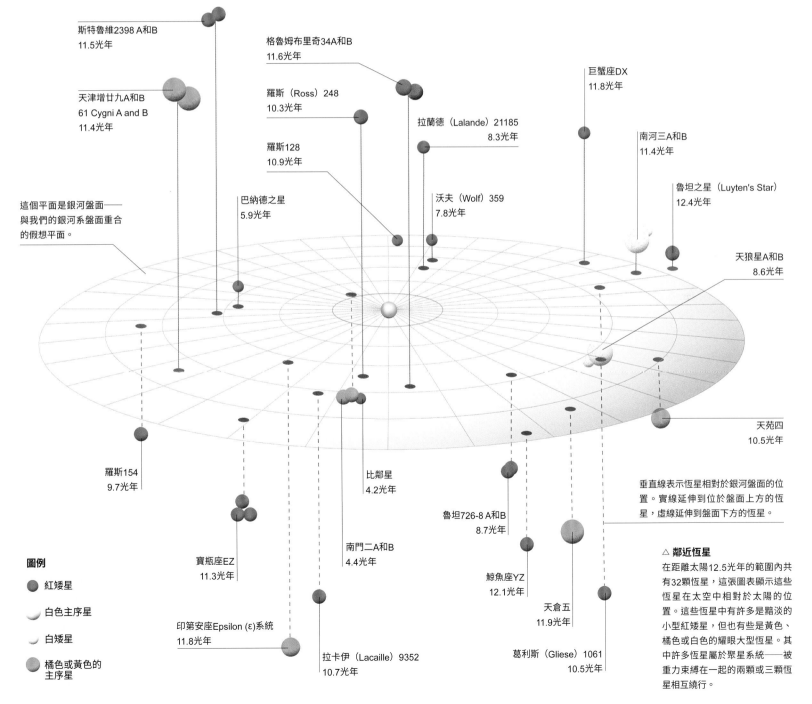

斯特魯維2398 A和B
11.5光年

格魯姆布里奇34A和B
11.6光年

羅斯（Ross）248
10.3光年

巨蟹座DX
11.8光年

天津增廿九A和B
61 Cygni A and B
11.4光年

拉蘭德（Lalande）21185
8.3光年

南河三A和B
11.4光年

羅斯128
10.9光年

魯坦之星（Luyten's Star）
12.4光年

這個平面是銀河盤面——與我們的銀河系盤面重合的假想平面。

巴納德之星
5.9光年

沃夫（Wolf）359
7.8光年

天狼星A和B
8.6光年

天苑四
10.5光年

羅斯154
9.7光年

比鄰星
4.2光年

垂直線表示恆星相對於銀河盤面的位置。實線延伸到位於盤面上方的恆星，虛線延伸到盤面下方的恆星。

魯坦726-8 A和B
8.7光年

**圖例**

● 紅矮星

○ 白色主序星

○ 白矮星

● 橘色或黃色的主序星

寶瓶座EZ
11.3光年

南門二A和B
4.4光年

鯨魚座YZ
12.1光年

天倉五
11.9光年

△ **鄰近恆星**
在距離太陽12.5光年的範圍內共有32顆恆星，這張圖表顯示這些恆星在太空中相對於太陽的位置。這些恆星中有許多是黯淡的小型紅矮星，但也有些是黃色、橘色或白色的耀眼大型恆星。其中許多恆星屬於聚星系統——被重力束縛在一起的兩顆或三顆恆星相互繞行。

印第安座Epsilon（ε）系統
11.8光年

拉卡伊（Lacaille）9352
10.7光年

葛利斯（Gliese）1061
10.5光年

一顆大小和網球差不多的中子星，上面的物質重量是地球上所有人類重量總和的40倍。

**藍超巨星**
**參宿七A**
參宿七A（參宿七恆星系統的主要成員）已經耗盡核心中的所有氫氣，並膨脹成太陽直徑的750倍。

**紅特超巨星**
**大犬座VY**
這顆特超巨星的半徑約為太陽的1420倍，但壽命要短得多。

**紅超巨星**
**參宿四**
一旦大質量恆星用完了核心的氫，就會膨脹形成更大的超巨星。

**藍特超巨星**
**手槍星（Pistol star）**
目前發現最耀眼的亮星之一，手槍星在六秒鐘內釋放的能量與太陽一整年釋放的能量相同。

△ **大型恆星**
巨星、超巨星和特超巨星和表面溫度相同的主序星相比，會更大也更亮。而在亮度相等的情形下，藍色恆星的體積往往小於紅色恆星，但因為藍色恆星的表面溫度比紅色恆星高出許多，導致它們同樣明亮。

| 0 | 2000萬 | 4000萬 | 6000萬 | 公里 |

# 恆星的大小

儘管恆星在天空中看起來都只是小小的亮點，但它們的實際大小有很大的差異。許多大型恆星讓我們的太陽相形見絀，有的恆星則比我們太陽系裡的一些行星還要小。

最小的恆星是微小又超級緻密的中子星，由巨星塌縮所形成，直徑只有 25 公里。在我們銀河系內的大多數恆星都是矮星，有些不到太陽體積的千分之一。最大的恆星是超巨星和特超巨星，體積可能是太陽的 80 億倍。我們根據顏色、大小和亮度等特徵將恆星分類，而顏色和亮度的組合可以讓我們知道恆星的大小，例如明亮的藍色恆星比同樣亮度的紅色恆星要小，因為藍色恆星比紅色恆星的溫度高，所以只需要較少的表面積，就可以達到溫度較低的紅色恆星的亮度。

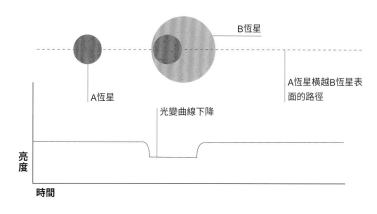

亮度 / 時間

△ **測量大小**
我們可以偵測食雙星系統在食發生期間的光變曲線（見第43頁），確認其中一顆恆星通過另一顆需要花費多久的時間，這個時間可以讓我們計算出恆星的直徑。

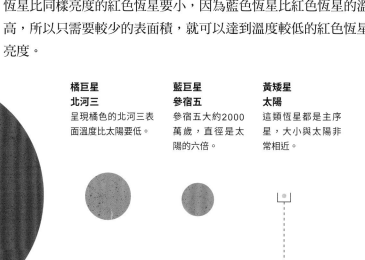

**橘巨星**
**北河三**
呈現橘色的北河三表面溫度比太陽要低。

**藍巨星**
**參宿五**
參宿五大約2000萬歲，直徑是太陽的六倍。

**黃矮星**
**太陽**
這類恆星都是主序星，大小與太陽非常相近。

**紅巨星**
**畢宿五**
畢宿五是一顆不規則的變星，當恆星向內的重力和向外的熱壓力試圖平衡時，大小就會不時地變化。

▷ **普通的恆星**
銀河系由至少2000億顆恆星組成，其中有90%處於生命週期的穩定階段（主序帶）。太陽屬於主序星之中的黃矮星，直徑139萬公里，但當氫氣耗盡時，就會膨脹成紅巨星，然後失去恆星的外層，最後成為白矮星。

▷ **矮星**
大多數的恆星都被歸類為矮星，這群黯淡的小型恆星包括大小與太陽相近的恆星，以及許多較小的紅矮星和白矮星——失去外層巨星的小型殘骸。棕矮星的質量不足以引發核心的核融合反應，因此有人說它們是失敗的恆星。

**黃矮星**
**太陽**

**紅矮星**
**比鄰星**
紅矮星是我們銀河系中數量最多的恆星類型，最後也會成為白矮星。

**棕矮星**
**EROS-MP J0032-4405**
棕矮星其實不是恆星，大多數的棕矮星與我們太陽系內的木星大小差不多。

**白矮星**
**天狼星B**
天狼星B的大小與地球差不多，但質量幾乎與太陽相當。

0　25萬　50萬　75萬　100萬 公里

# 恆星的內部

**恆星實際上是一種能將核心產生的大量能量傳遞到炙熱表面的機器，這段旅程可能需要花上 10 萬年或更久。**

恆星的能量會不斷從核心流到表面，再進入太空之中。流動會產生向外作用的壓力，若是沒有這種壓力，恆星就會塌縮。恆星核心的能量來源，是原子核（原子的中心部分）結合或融合形成更大的原子核。

## 能源的產生和傳遞

核融合的過程牽涉到微小的質量損失，這些質量會轉變成能量。在大多數的恆星中，核融合的主要過程是氫原子核結合形成氦原子核，能量從恆星的核心透過輻射及對流向外移動。輻射是指以光、輻射熱、X 射線等形式傳遞能量，所有的輻射形式都包含了稱為「光子」的微小能量包。在典型的恆星內，氣態物質緊密集結，光子會在各個方向不斷地被吸收再重新發射，而無法前進太遠的距離。因此，以這種方式轉移的能量會以緩慢、曲折的方式向外傳遞。對流則是透過高溫氣體向外、密度較高的低溫氣體向內這樣的循環運動將能量傳向表面。許多恆星包含不同密度的分層，有些分層透過輻射傳遞能量，有些則是透過對流傳遞能量。

▷ **類太陽恆星內部**
與太陽大小相近的恆星，核心被輻射層包圍，輻射層中的能量透過光子（輻射能量包）的發射及重新吸收曲折地向外傳遞。抵達對流層後，能量透過熱氣體向外及冷氣體向內的循環運動流動到表面，到了表面則是透過光、熱和其他輻射型態逃逸。

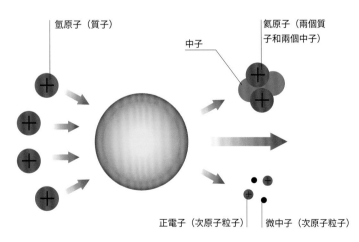

△ **類太陽恆星的核融合**
在與太陽大小相近或更小的恆星中，核融合主要過程稱為「質子－質子鏈反應」。整個反應是將四個質子（氫原子核）轉換成一個氦原子核，並釋放出能量和一些微小的次原子粒子。

氫原子（質子）
中子
氦原子（兩個質子和兩個中子）
正電子（次原子粒子）
微中子（次原子粒子）

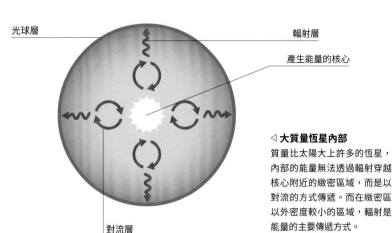

光球層
輻射層
產生能量的核心
對流層

◁ **大質量恆星內部**
質量比太陽大上許多的恆星，內部的能量無法透過輻射穿越核心附近的緻密區域，而是以對流的方式傳遞。而在緻密區域以外密度較小的區域，輻射是能量的主要傳遞方式。

**輻射層**
此區域內的能量是透過光子的發射和重新吸收，緩慢曲折地向外傳遞。

**核心**
恆星的中心部分，以核融合的方式產生能量。

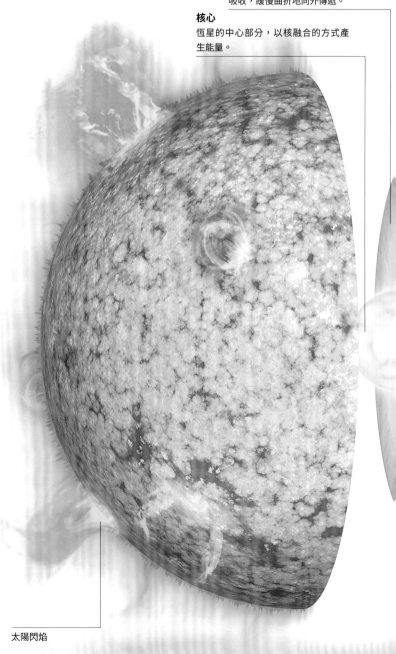

太陽閃焰

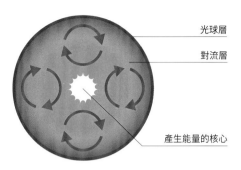

**△ 紅矮星內部**
因為在低質量恆星（紅矮星）內部密度太高，導致光子無法直接穿透被再吸收，因此，能量是透過對流的方式傳遞到表面。

光球層

對流層

產生能量的核心

# 恆星內的力量

無論一顆恆星的質量或大或小，都有兩股相反的力量維持住它的存在。這兩股力量是向內作用的重力，和向外作用的壓力。通常恆星內部的這兩種相反力量會處在平衡狀態，因此恆星的大小會有很長的一段時間不太改變。但是如果有某些因素導致這些力量失衡，那麼恆星的大小就會改變。例如，大多數恆星核心的溫度會在壽命快結束時升高：額外的熱量會增加向外的壓力，使得恆星膨脹成為巨星或超巨星。

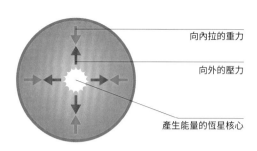

向內拉的重力

向外的壓力

產生能量的恆星核心

**△ 平衡狀態的恆星**
在多數恆星一生的大部分時間中，向內拉的重力和向外作用的壓力間會恰好保持平衡狀態，因此恆星能夠維持固定的大小。如果這兩股力量失去平衡，恆星就會收縮或膨脹。

**差旋層（Tachocline）**
輻射層和對流層之間的過渡區。

**對流層（Convective zone）**
此區藉由氣體的劇烈運動向外傳遞能量。

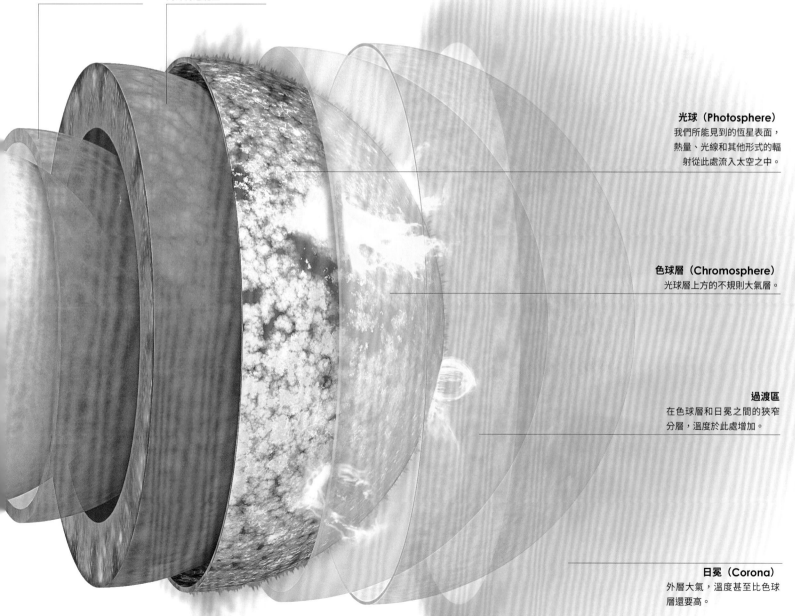

**光球（Photosphere）**
我們所能見到的恆星表面，熱量、光線和其他形式的輻射從此處流入太空之中。

**色球層（Chromosphere）**
光球層上方的不規則大氣層。

**過渡區**
在色球層和日冕之間的狹窄分層，溫度於此處增加。

**日冕（Corona）**
外層大氣，溫度甚至比色球層還要高。

# 恆星的一生

所有的恆星在一開始，都是體積更大的氣體塵埃雲因重力影響而收縮形成的高溫氣態球體。至於恆星接下來會如何發展，則是取決於它的起始質量。

從最小的氣體和塵埃團塊中形成的恆星，是相對來說溫度較低也較小的紅矮星，這是我們銀河系中最常見的恆星，壽命可達數百億到數兆年之久。理論上隨著紅矮星衰老，表面溫度和亮度會增加，直到變成一種稱為藍矮星的天體，最後則逐漸變暗形成寒冷又死氣沉沉的黑矮星。不過目前以我們宇宙的年齡，還沒有久遠到能有藍矮星形成。

## 中質量恆星及大質量恆星的一生

中質量恆星（與太陽相近）的壽命比紅矮星要短，約能維持數十億到數百億年之久。這類恆星在生命的最終階段會膨脹成紅巨星，最後紅巨星會拋去外層形成行星狀星雲，變成高溫緻密的恆星殘骸——白矮星。至於質量最大的恆星，因為很快就會將氫燃料耗盡，壽命反而最短，僅有約數百萬到數億年，之後會形成紅超巨星，然後在稱為超新星的巨大爆炸中瓦解。超新星爆發所遺留下的核心依質量的不同，會縮小成兩種奇特的天體：中子星（見第 36-37 頁）或是恆星級黑洞（見第 38-39 頁）。

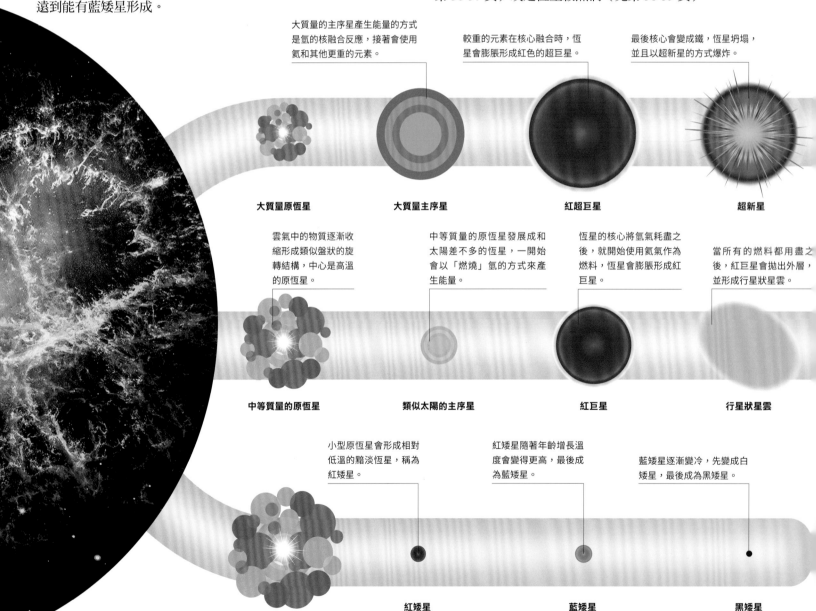

大質量的主序星產生能量的方式是氫的核融合反應，接著會使用氦和其他更重的元素。

較重的元素在核心融合時，恆星會膨脹形成紅色的超巨星。

最後核心會變成鐵，恆星坍塌，並且以超新星的方式爆炸。

**大質量原恆星**　　**大質量主序星**　　**紅超巨星**　　**超新星**

雲氣中的物質逐漸收縮形成類似盤狀的旋轉結構，中心是高溫的原恆星。

中等質量的原恆星發展成和太陽差不多的恆星，一開始會以「燃燒」氫的方式來產生能量。

恆星的核心將氫氣耗盡之後，就開始使用氦氣作為燃料，恆星會膨脹形成紅巨星。

當所有的燃料都用盡之後，紅巨星會拋出外層，並形成行星狀星雲。

**中等質量的原恆星**　　**類似太陽的主序星**　　**紅巨星**　　**行星狀星雲**

小型原恆星會形成相對低溫的黯淡恆星，稱為紅矮星。

紅矮星隨著年齡增長溫度會變得更高，最後成為藍矮星。

藍矮星逐漸變冷，先變成白矮星，最後成為黑矮星。

**紅矮星**　　**藍矮星**　　**黑矮星**

**氣體塵埃雲**　　**低質量的原恆星**

# 最小的紅矮星壽命可以比最大的特超巨星還要長數百萬倍。

◁ **恆星形成區域**
這個有大量恆星形成的區域稱為鵜鶘星雲（Pelican Nebula），因為星雲的一部分（左圖上方附近）很像鵜鶘的頭部。距離我們約2000光年遠，影像中明亮的藍色天體是在地球和鵜鶘星雲之間的恆星。

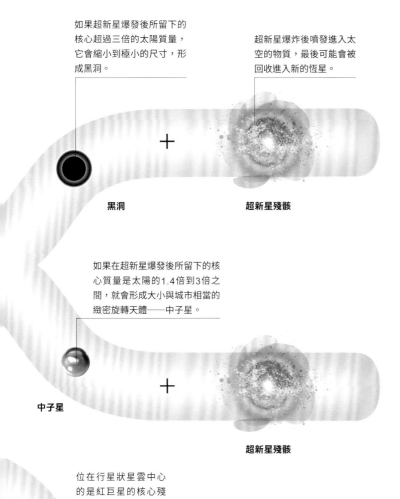

如果超新星爆發後所留下的核心超過三倍的太陽質量，它會縮小到極小的尺寸，形成黑洞。

**黑洞**

超新星爆炸後噴發進入太空的物質，最後可能會被回收進入新的恆星。

**超新星殘骸**

如果在超新星爆發後所留下的核心質量是太陽的1.4倍到3倍之間，就會形成大小與城市相當的緻密旋轉天體——中子星。

**中子星**

**超新星殘骸**

位在行星狀星雲中心的是紅巨星的核心殘骸：稱為白矮星的明亮小型恆星。

最後白矮星會變得黯淡，成為稱為黑矮星的寒冷死亡恆星。

**白矮星**

**黑矮星**

◁ **恆星的一生**
這裡比較了三類恆星的生命階段：由上而下分別是大質量恆星、中質量恆星（與太陽相當）和低質量恆星。每種恆星都是從恆星形成雲中，先發展成原恆星，但之後它們的生命歷就非常不同了。

## 恆星的循環

從垂死恆星拋出的物質，會成為星際介質（太空中恆星間的氣體和塵埃）的一部分，這些物質會在此循環被用來製造新恆星。在大霹靂後不久，宇宙原本只有最輕的化學元素：主要是氫和氦，幾乎所有其他較重的元素——如碳和氧——都是後來才在恆星內部或是超新星爆發時才製造出來的。這些較重的元素藉由恆星的形成、演化和死亡，在宇宙中逐漸變得更為豐富。天文學家將恆星所含有的重元素量稱為「金屬豐度」（metallicity），年輕的恆星金屬豐度最高，因為構成這些恆星的是好幾個恆星世代循環所留下的物質。

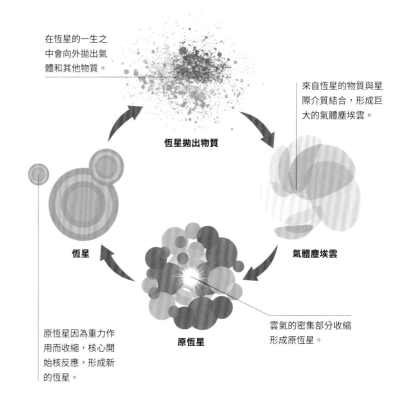

在恆星的一生之中會向外拋出氣體和其他物質。

**恆星拋出物質**

來自恆星的物質與星際介質結合，形成巨大的氣體塵埃雲。

**氣體塵埃雲**

雲氣的密集部分收縮形成原恆星。

**原恆星**

原恆星因為重力作用而收縮，核心開始核反應，形成新的恆星。

**恆星**

▷ **更長的循環**
來自前幾個世代的恆星拋向太空的物質，會成為恆星的一部分。此外，大質量恆星以超新星爆發的方式死亡，也會引發星際介質——特別是恆星形成星雲——的變化，導致新恆星的生成。

# 恆星誕生

**恆星是由稱為分子雲的巨大氣體和塵埃雲所形成，這些分子雲占據了一部分的星際空間。分子雲內的恆星形成過程可能需歷時數百萬年之久。**

誕生恆星的分子雲範圍可能寬達數百光年，大多數恆星的形成位置都隱身在這些密集的塵埃雲中。然而，明亮的新生恆星產生的輻射會將部分地區的塵埃清除，並照亮周圍的氣體，我們就會認為這些恆星形成區域是亮星雲，如右圖巨蛇座中的老鷹星雲（Eagle Nebula）、獵戶座星雲（見第 164-165 頁），還有許多其他星雲。有時候我們還會在分子雲中看到一些由塵埃和氣體聚集形成的暗雲，稱為包克雲球（Bok globule），此處經常會形成雙星或聚星系統（見第 40-41 頁）。

## 恆星形成

分子雲內要開始形成恆星，必須要有事件觸發引起——可能是附近的超新星爆發，或星雲通過太空中更為擁擠的區域，或是附近有恆星經過。在這些狀況下，雲氣會受到推擠，潮汐力和壓力波開始作用，壓縮部分雲氣，直到有些區域變得足夠緻密而能形成恆星。接下來，重力會完成恆星形成的剩餘工作，將愈來愈多的物質聚集到發展中的結點上，並將其大部分都集中在中心。隨著物質愈來愈緻密，隨機運動會轉變成圍繞單軸的均勻旋轉，在星雲中粒子相互推擠碰撞導致溫度升高——特別是中心處，新生成的恆星開始發出紅外（熱）輻射。

在這個階段，原恆星（新形成的恆星）非常不穩定，會拋出氣體和塵埃，流向從兩極發出、方向相反的噴流，而損失質量。中心最終會變得非常炙熱，使核融合開始進行，隨著向內的重力及向外的壓力開始達到平衡，原恆星開始穩定下來，成為主序星。

**天文學家已經計算出，銀河系平均每年會誕生約七顆新恆星，其中大部分都比太陽小一些。**

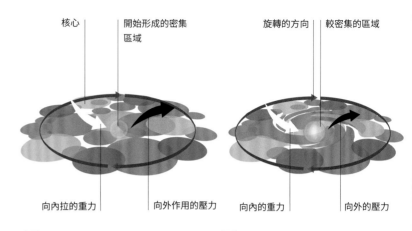

| 核心 | 開始形成的密集區域 |

**1 分子雲形成密集區域**
像是超新星這類的鄰近事件，會藉由重力作用導致分子雲中的緻密團塊聚集，這些團塊會分解成稱為核心的較小區域，之後則會成為星團。

向內拉的重力 | 向外作用的壓力

**2 核心開始塌縮**
每個核心會因為重力的作用而開始收縮，並慢慢地旋轉。這樣的旋轉會在數萬年的時間內，逐漸使大量的氣體和塵埃聚集塌縮到比一光年還窄的範圍之內。

旋轉的方向 | 較密集的區域
向內的重力 | 向外的壓力

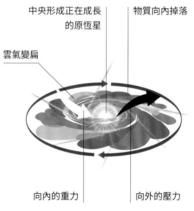

**3 原恆星形成**
收縮的雲氣形成範圍橫跨數光天的扁平旋轉圓盤，圓盤中央有個炙熱的凸起物，後來會穩定下來成為快速旋轉的原恆星。星雲中的物質則向內掉落，被恆星吞噬。

中央形成正在成長的原恆星 | 物質向內掉落
雲氣變扁
向內的重力 | 向外的壓力

**4 原恆星從兩極噴射出物質**
最後原恆星會旋轉得非常快，使得落在上面的新物質又被拋出，形成沿著旋轉軸向外的兩道緊密噴流，而原恆星周圍的星雲則會變扁，形成原行星盤。

物質從原恆星的兩極拋出
原恆星 | 原行星盤

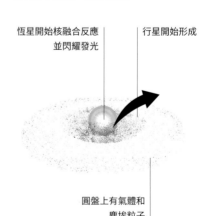

**5 恆星開始燃燒**
當原恆星的中央核心溫度夠高，內部就會開始進行核融合反應，像一顆完全成形的恆星一樣閃耀。在接下來的數百萬年內，塵埃氣體盤中的物質可能會逐漸形成行星。

恆星開始核融合反應並閃耀發光 | 行星開始形成
圓盤上有氣體和塵埃粒子

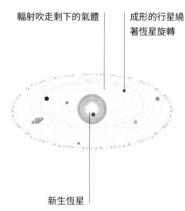

**6 行星系統形成**
新生恆星的輻射壓力吹走了剩下的氣體（有些氣體可能會聚積到氣體巨行星上），最後只剩下恆星、行星，可能還有些像是彗星和小行星的較小天體。

輻射吹走剩下的氣體 | 成形的行星繞著恆星旋轉
新生恆星

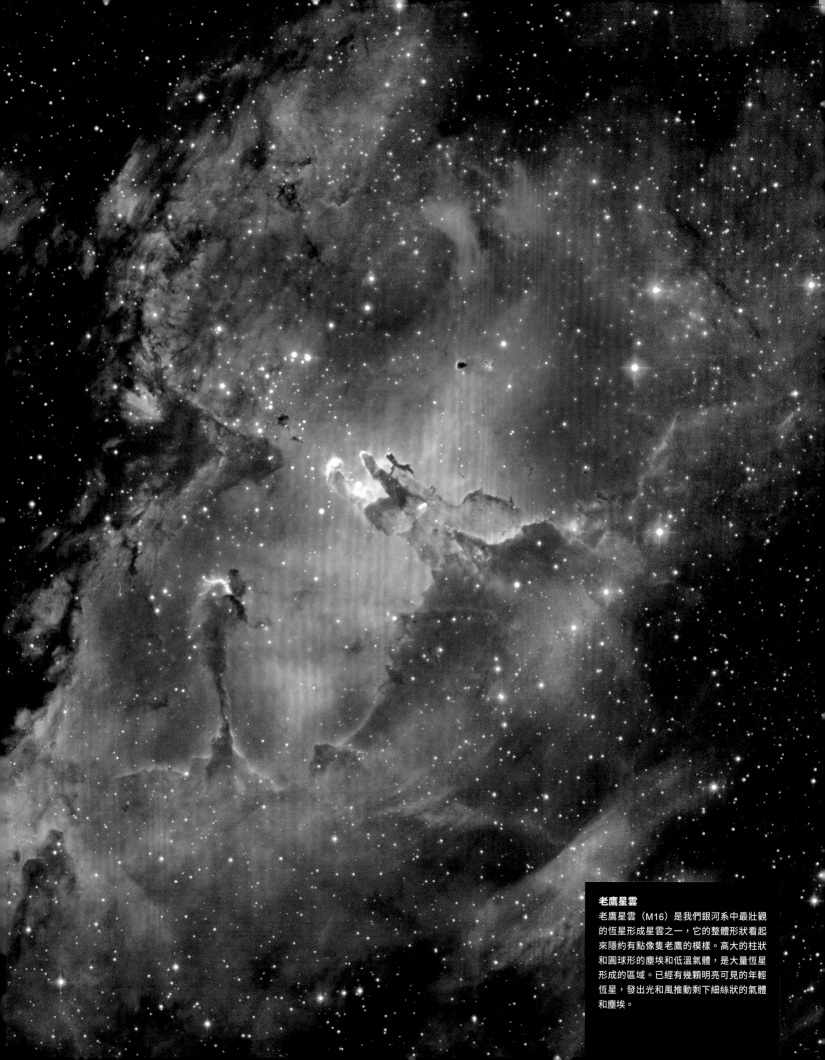

**老鷹星雲**

老鷹星雲（M16）是我們銀河系中最壯觀的恆星形成星雲之一，它的整體形狀看起來隱約有點像隻老鷹的模樣。高大的柱狀和圓球形的塵埃和低溫氣體，是大量恆星形成的區域。已經有幾顆明亮可見的年輕恆星，發出光和風推動剩下細絲狀的氣體和塵埃。

# 行星狀星雲

**行星狀星雲就像天上的煙圈，存在的時間相對短暫，是太陽大小的恆星在垂死時產生的優雅星雲或殼狀氣體。**

行星狀星雲是天上最美麗的天體之一，但它其實和行星沒有關係，而是分裂恆星殘骸的一部分。之所以會有這樣的名稱，是因為首次發現的行星狀星雲外觀近似球形的行星狀。但我們使用現代的望遠鏡，觀察到行星狀星雲實際上有各式各樣的形狀，有些真的是環形或是氣體球殼，但也有蝴蝶形、沙漏形，或是其他似乎無窮多種的複雜結構。所有行星狀星雲的都有個共同之處，就是它們的起源都是由於紅巨星在生命階段末期變得不穩定而拋出外層。當恆星耗盡核心用來融合（原子核連結形成更大的原子核並釋放出能量的過程）的物質時，就會開始變得不穩定。

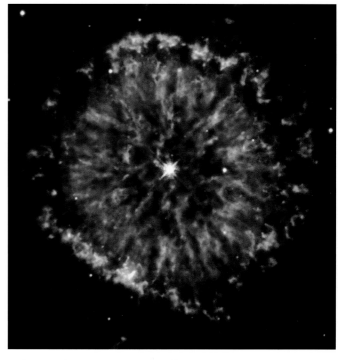

△ **亮眼星雲（Glowing Eye Nebula）**
這個行星狀星雲（NGC 6751）的樣子──從中央明亮的白矮星飄散遠離的帶狀氣體，讓它看起來就像是個閃閃發亮的大眼睛。藍色區域是溫度最高的氣體，橙色區域則溫度最低，星雲的範圍約0.8光年寬。

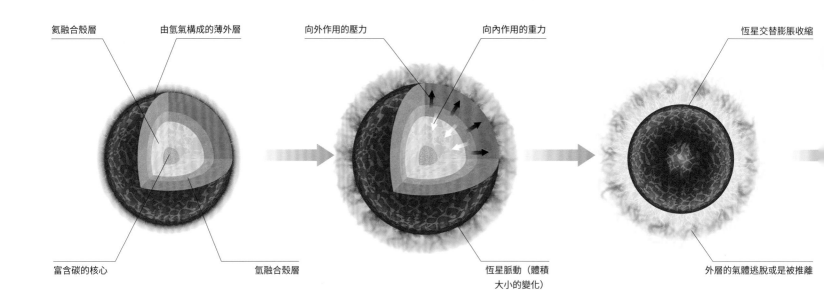

氦融合殼層　　由氫氣構成的薄外層　　　向外作用的壓力　　　向內作用的重力　　　　恆星交替膨脹收縮

富含碳的核心　　　　氫融合殼層　　　恆星脈動（體積大小的變化）　　　外層的氣體逃脫或是被推離

**1 衰老的紅巨星**
當質量與太陽相近的恆星在瀕臨死亡時，產生的能量會變多，並且因外層膨脹而能膨脹成紅巨星。年老的紅巨星核心富含碳，周圍圍繞著高溫緻密的氣體殼層，此處會發生氦和氫的融合反應，產生巨大的能量。

**2 恆星變得不穩定**
有兩股力量維持了恆星的大小：向內作用的重力和因為產生能量而導致向外作用的壓力。產生能量的核融合反應對溫度和壓力的變化極為敏感，微小的變化都會導致恆星大小的不穩定，導致大規模的脈動。

**3 恆星失去外層物質**
紅巨星在每次脈動最極端的時刻，會以極高的速度膨脹，此時外層氣體會完全掙脫恆星的重力拋向太空之中。同時，從恆星炙熱核心噴發出的粒子和光子（小團的光）也會施加壓力，推開這些氣體。

△ **結構複雜的行星狀星雲**
這個星雲（NGC 5189）的結構很複雜，有兩團獨立的氣體分別從不同的方向向外擴張，可能是因為有另一顆恆星環繞著中央的白矮星運行之故。這個星雲距離我們約3000光年遠。

# 白矮星

當紅巨星拋出所有的外層氣體，形成行星狀星雲時，大多都會留下由碳和氧組成的高溫核心，這種密度很高的天體稱為白矮星，一茶匙的白矮星物質就重達數噸。白矮星一開始的溫度極高，表面溫度為攝氏 15 萬度，但這樣的溫度還不足以讓內部發生核融合反應。經過一段非常長的時間後，白矮星會逐漸冷卻黯淡下來，我們猜測最後會成為稱為黑矮星的寒冷天體。然而，我們的宇宙年齡還不夠老，到目前還沒有發現任何白矮星冷卻成為黑矮星。

◁ **夫來明1（Fleming 1）**
這是個很不尋常的行星狀星雲，因為在星雲中心有兩顆近距離互繞的白矮星。這兩顆星之間的軌道運動，能夠解釋極為對稱的噴流結構，以及周圍交錯扭曲的複雜氣體圖形。

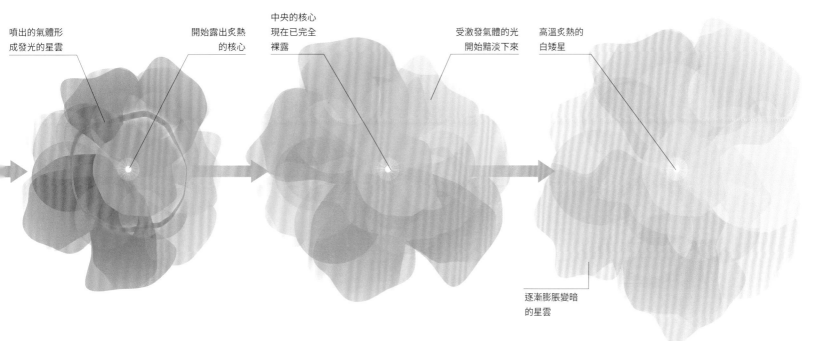

噴出的氣體形成發光的星雲

開始露出炙熱的核心

中央的核心現在已完全裸露

受激發氣體的光開始黯淡下來

高溫炙熱的白矮星

逐漸膨脹變暗的星雲

**4 形成行星狀星雲**
隨著恆星拋出愈來愈多的氣體層，會露出在此階段通常主要由氦融合產生的碳和氧所組成的核心。由核心發射出的強烈紫外線輻射加熱了噴出的氣體雲，讓這些氣體雲因溫度的變化發出各種顏色的光線或螢光。

**5 行星狀星雲擴張**
星雲在太空中向外擴張時，來自中心恆星的激發開始減弱，氣體的光輝也開始黯淡下來。行星狀星雲通常只能持續數萬年（一般的類太陽恆星則會持續數十億年），並且在這段期間內不斷演變。

**6 白矮星殘骸**
最後，恆星只會剩下幾乎耗盡的核心，稱為白矮星。雖然白矮星非常炙熱，但體積很小，因此從遠處看來相當黯淡。星雲物質逐漸飄散，成為星際介質的一部分，這些瀰漫的物質充滿了星系中恆星之間的太空。

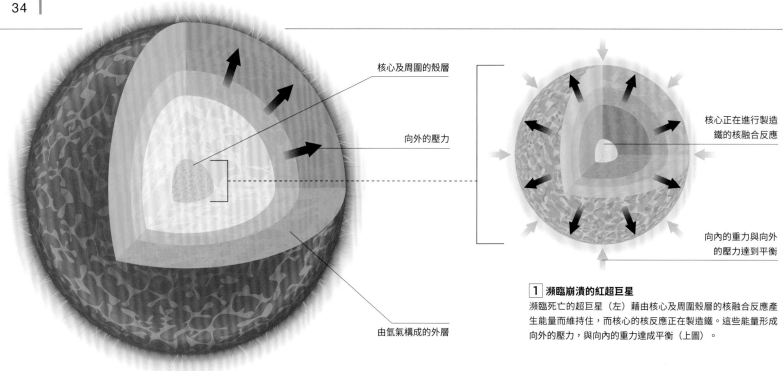

核心及周圍的殼層

向外的壓力

由氫氣構成的外層

核心正在進行製造鐵的核融合反應

向內的重力與向外的壓力達到平衡

**1 瀕臨崩潰的紅超巨星**
瀕臨死亡的超巨星（左）藉由核心及周圍殼層的核融合反應產生能量而維持住，而核心的核反應正在製造鐵。這些能量形成向外的壓力，與向內的重力達成平衡（上圖）。

# 超新星

**在大多數狀況下，超新星是大質量恆星在瀕臨死亡時發生的劇烈爆發，所產生的大量光線和其他能量，能在短時間內蓋過整個星系。**

在單一星系中，超新星是非常罕見的天文現象。在 1604 年，曾經發生距離約 2 萬光年遠、肉眼可見的超新星爆發，但在這之後，我們的銀河系中就未曾發生能以肉眼清楚觀察的超新星了。但我們在其他星系發現愈來愈多的超新星，其中包括 1987 年在銀河系的衛星星系——大麥哲倫雲（Large Magellanic Cloud）所發生的超新星。在我們的銀河系中，可能隨時都會出現一顆新的明亮超新星爆發。

## 類型和原因

超新星根據其光譜分為各種類型，如 1a、1b 和 II 型。II 型和 1b 型超新星是主要的超新星類型，由非常大質量恆星爆發所形成。恆星瀕臨死亡時會膨脹成超巨星，並從核心及周圍一連串殼層的核融合反應中獲得能量。最後恆星的核心會開始形成鐵，但這個過程的燃料很快就會耗盡。由於鐵本身不能再融合提供能量，核心的能量輸出會突然停止，引發大規模的爆炸。

## 只有在超新星這樣的極高能狀態下，才能製造出部分的化學元素。

## 1a 型超新星

雖然大多數超新星是由大質量恆星的快速塌縮和劇烈爆炸所引起，但是有一種類型——稱為 1a 型超新星——的機制卻不相同，這類的超新星發生在雙星系統（成對的恆星相互繞行）中，其中至少有一顆恆星是白矮星（見第 20 頁）。物質從伴星轉移到白矮星上，或是兩個白矮星相互碰撞，都會導致 1a 型超新星爆發。這類的爆發所產生的光量是固定的，因此我們能夠觀察遙遠星系中的 1a 型超新星爆發，來測量星系的距離。

**1 互繞恆星之間的物質轉移**
已經膨脹成紅巨星的年老恆星，開始把外層氣體拋到它繞行的白矮星上，這可能會導致白矮星表面產生稱為「新星」的明亮爆發。

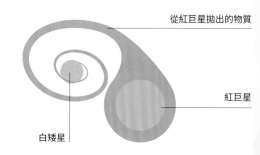

從紅巨星拋出的物質

紅巨星

白矮星

**2 白矮星爆炸**
白矮星獲得多餘的氣體，因此質量逐漸增加，最後會變得不穩定並爆炸形成 1a 型超新星，爆炸時可能會把紅巨星炸開。

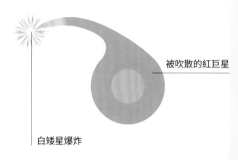

被吹散的紅巨星

白矮星爆炸

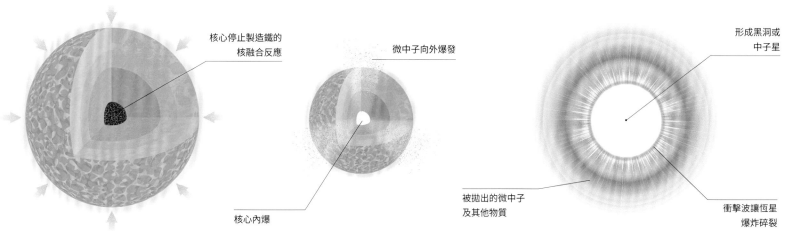

**核心停止製造鐵的核融合反應**

**微中子向外爆發**

**形成黑洞或中子星**

核心內爆

被拋出的微中子及其他物質

衝擊波讓恆星爆炸碎裂

**2 核心融合停止**

由於鐵本身不能再繼續融合產生能量，因此一旦製造鐵的核融合反應減慢，核心產生的能量和壓力突然下降，整個恆星很容易就會塌縮。

**3 核心塌縮釋放微中子**

由於核心以將近四分之一的光速內爆，核心中的鐵原子核分解成中子，伴隨著短暫但極強烈的微小次原子粒子——微中子的爆發。

**4 恆星爆炸**

塌縮恆星從被壓縮的核心反彈回來，伴隨著災難性的衝擊波，對外層施加壓力及高溫。物質被拋出，核心則變成黑洞或中子星。

**超新星爆炸**

當超巨星爆炸時，溫度可達數十億度。在極端條件下，次原子粒子之間的碰撞產生了各種重元素的原子。像是鉛和金在內的部分元素只能透過超新星自然產生，因此宇宙中所有這些元素的原子都起源自超新星。

# 中子星

**在比太陽重四到八倍的恆星核心塌縮形成超新星爆發時，就會形成極端緻密且高溫的恆星殘骸——中子星。**

中子星的體積很小——大約只有 10 到 25 公里，大概和一個大城市差不多。中子星的密度很高，一顆沙粒大小的中子星碎片在地球上的重量，就像一架大型客機一樣。也由於中子星非常緻密，因此會產生極強的重力：相同的物體在中子星表面的重量要比在地球上重了 1000 倍。正常的物質是由原子構成的——其中包含許多空無一物的空間，但中子星則由更緻密的物質所組成，主要成分是稱為中子的次原子粒子。

**自轉軸**
中子星的自轉相當快速，有些可以達到每秒700轉。

**表面**
中子星的重力非常強，因此它的固態表面不但比鋼還堅硬一百萬倍，還被重力拉成幾乎完全光滑的球體。

**磁場**
中子星的磁場非常強大，旋轉的速度和恆星自轉的速度相同。

**輻射束**
中子星會從磁極產生電磁輻射束。

△ **中子星的特徵**
中子星是一種非常緻密的旋轉球體，表面溫度約為攝氏60萬度。它的表面非常光滑，最高的「山脈」高度不超過5公厘。中子星也會以光、無線電波、X射線或伽瑪射線的形式產生電磁輻射束。

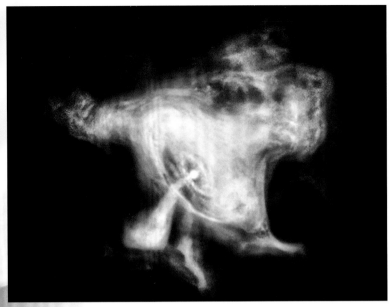

**△ 蟹狀星雲（Crab Nebula）的心臟**
在蟹狀星雲的中心，有顆每秒旋轉30次的中子星，從表面噴出一大團粒子，也會從兩極噴發出輻射束。在這張由錢卓X射線天文臺（Chandra X-ray Observatory）所拍攝的這張影像中，可以看到脈衝星（中央藍白色小點）周圍的環狀結構，這是高速粒子衝入周圍星雲所產生的衝擊波。

**△ 脈衝星3C58**
這張影像是用X射線感應相機拍攝的，顯示出遠古時期超新星爆發的殘骸。明亮的中央區域有顆脈衝星，部分被發出X射線的氣體遮蔽（以藍色顯示）。這顆脈衝星正產生X射線束，向兩邊延伸達數兆公里，並在超新星的其他殘餘物質中產生環圈和漩渦（圖中藍色和紅色部分）。

## 脈衝星

中子星一邊旋轉並將輻射束掃過太空時，看起來就像天上的燈塔。如果每次旋轉時的某個時刻至少有一束輻射束指向地球，那麼我們就會在地球上偵測到一連串的輻射脈衝。我們把能夠以此種方式探測到的中子星稱為「脈衝星」，它們訊號開關的時間精度媲美原子鐘。第一顆脈衝星是在 1967 年被發現，而現在銀河系和附近星系中已知的脈衝星已經超過 2000 顆。

中子星的重力非常強，甚至會彎曲從表面發出的光。所以我們若能看到中子星，就能同時看到中子星的正面和部分的背面。

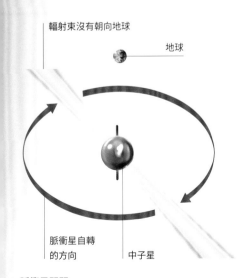

**△ 脈衝星關閉**
當脈衝星旋轉時，輻射束會不斷地掃過太空。本圖所示的某個瞬間，兩道光束都沒有指向地球，因此從地球上觀察者的角度來看，脈衝星是「關閉」的。

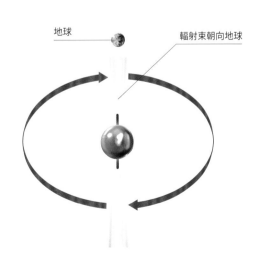

**△ 脈衝星開啟**
片刻之後，脈衝星的其中一道輻射光束指向地球。在地球上若是使用適當的設備，就會偵測到短暫的訊號，或是光、無線電波、X射線或其他輻射的脈衝。

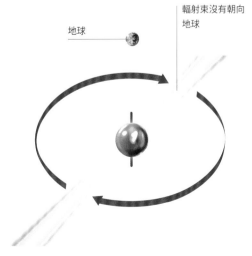

**△ 脈衝星關閉**
在很短的一段時間過後，輻射束不會再掃到地球，因此脈衝或信號將再次「關閉」。脈衝的開和關非常規律地間隔發生，這就是脈衝星的特徵。

# 黑洞

**黑洞是宇宙中最奇特的天體之一，在這個太空區域內的物質被擠壓成密度無限大的小點或環，我們稱之為「奇異點」（singularity）。**

在奇異點周圍的球形區域內，往中心的重力非常強，因此沒有任何東西——包括光線——能夠逃脫。這個一切都無法逃脫的區域邊界稱為「事件視界」（event horizon），任何向內越過這個邊界的事物，都再也無法返回。黑洞有兩種主要的類型，恆星級黑洞是由超巨星在生命終點時發生超新星爆炸後核心塌縮所形成。超大質量黑洞則大得多，我們認為大多數星系的中心都有超大質量黑洞存在。

## 偵測黑洞

黑洞不會發光，所以我們無法直接觀察或是拍攝黑洞。但是我們可以利用黑洞強大的重力會吸引其他物質的特性，來偵測部分的黑洞。這些黑洞的周圍可能有正在旋入黑洞的圓盤狀的氣體和塵埃，同時還會拋出大量的 X 射線或其他輻射。最容易偵測到的是從兩極產生高能粒子噴流的黑洞。

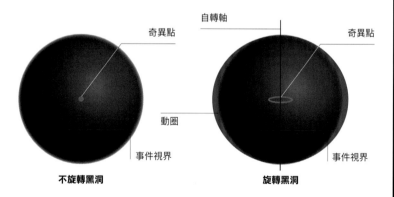

**△ 不旋轉黑洞和旋轉黑洞**

黑洞可以分成旋轉和不旋轉兩種——但天文學家認為大多數黑洞是會旋轉的。不旋轉黑洞中的奇異點是在黑洞中心處密度無限大的點；而在旋轉型黑洞中，奇異點是環形的。兩種類型的事件視界——無法逃脫的區域邊界——都是形成球面形狀，但在旋轉型黑洞事件視界的外圍，還有一個稱為動圈（ergosphere）的區域，任何進入此區域的事物都會被黑洞的自轉拖著跑。

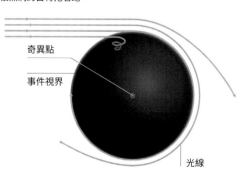

**▷ 重力造成光線彎曲**

黑洞的重力非常強大，因此會造成附近的時空扭曲（見第73頁），並彎曲穿越此處的光線路徑。右圖顯示出原本在黑洞附近平行前進的四條光線路徑，前兩條光線的路徑完全改變，第三條光線最後會在事件視界外環繞黑洞，第四條光線則是穿越事件視界，並旋入黑洞之中。

**超大質量黑洞**

在NGC 4258星系中心有個巨大的黑洞，物質盤旋進入黑洞，同時產生強大的高能粒子噴流。這些噴流撞擊星系的圓盤，並將此處的氣體加熱到上千度，所以這個星系的中心看起來才會這麼明亮，而不是黑色的。這張影像結合了各種類型的輻射，包括可見光（黃色）、紅外線（紅色）和X射線（藍色）。

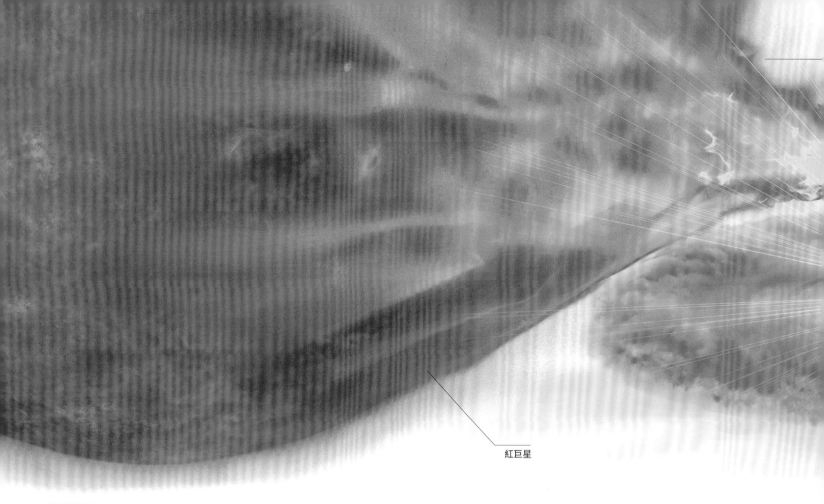

紅巨星

# 聚星

我們的太陽是一顆沒有同伴的孤星，但我們在天空中看到的恆星，大多數都屬於聚星系統——兩顆或更多顆恆星因為受重力束縛而相互繞行。

聚星系統中的恆星可能以各種不同的方式相互繞行。圍繞共同重心旋轉的一對恆星，稱為雙星系統。如果兩顆恆星的質量相同，那麼重心會位在兩顆恆星中間的位置。更常見的雙星是一顆恆星比另一顆恆星更重，於是兩顆恆星的軌道大小就會不同。在三顆恆星或更多顆恆星的系統中，可能會有各種更複雜的軌道。例如，兩顆恆星彼此緊密地繞行，而第三顆恆星則在遠處繞著這兩顆恆星。整體來說，銀河系中有超過一半的恆星是屬於聚星系統，這些系統與星團不同（見第 44-45 頁），星團是一大群只受鬆散重力束縛的恆星集合。

## 真正的雙星和視雙星

看起來像是單一光點的恆星，實際上可能包含了天空中非常靠近的兩顆恆星。這些在太空中相當靠近的恆星，受重力束縛在一起，因此彼此互繞運行——這是「真正的」雙星，天鵝座中的輦道增七（Albireo）就是這樣的例子（見第 124-125 頁）。相較之下，另一種雙星只是在天空中看起來恰好靠得很近，但其實在太空中相距很遠，彼此之間也沒有受到重力束縛——只是從地球上看過去的方向剛好相同，這種雙星稱為光學雙星，摩羯座 Alpha 的雙星就是這種例子（見第 186-187 頁），兩顆成員星相距超過 600 光年遠。

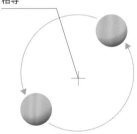

重心的位置與兩顆星的距離相等

△ **質量相等**

在兩顆質量相等恆星所組成的雙星系統中，恆星將圍繞著位於兩者之間的共同重心運行。

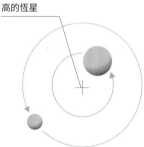

重心的位置比較接近質量較高的恆星

△ **質量不相等**

如果雙星系統中的一顆恆星質量比另一顆大，則系統重心會更接近質量較高的恆星。

重心的位置在大質量恆星的內部

△ **質量有顯著差異**

有時一顆恆星的質量比另一顆大很多，在這種情況下，系統重心可能會位於較大質量恆星的表面，甚至是內部。

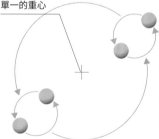

單一的重心

△ **雙雙星**

在雙雙星系統或是四合星系統中，每顆恆星通常繞著另一顆伴星運行，兩對雙星又環繞單一的重心運行。

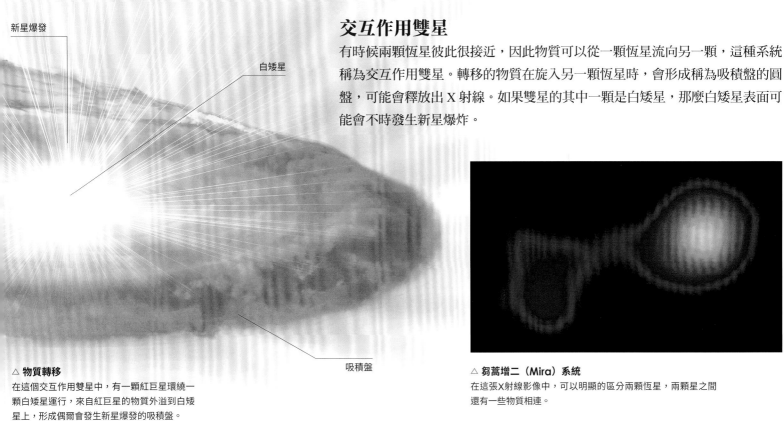

新星爆發

白矮星

吸積盤

△ **物質轉移**
在這個交互作用雙星中，有一顆紅巨星環繞一顆白矮星運行，來自紅巨星的物質外溢到白矮星上，形成偶爾會發生新星爆發的吸積盤。

## 交互作用雙星

有時候兩顆恆星彼此很接近，因此物質可以從一顆恆星流向另一顆，這種系統稱為交互作用雙星。轉移的物質在旋入另一顆恆星時，會形成稱為吸積盤的圓盤，可能會釋放出 X 射線。如果雙星的其中一顆是白矮星，那麼白矮星表面可能會不時發生新星爆炸。

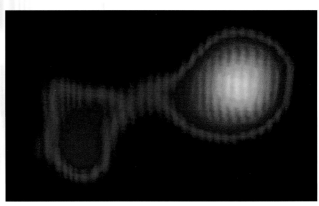

△ **芻蒿增二（Mira）系統**
在這張X射線影像中，可以明顯的區分兩顆恆星，兩顆星之間還有一些物質相連。

▷ **HD 98800系統**
這張想像圖描繪了HD 98800系統的兩對雙星。這四顆恆星都受到重力的束縛，但兩對恆星間的距離約為75億公里。其中一對恆星的周圍有氣體和塵埃組成的盤面，盤面上有兩條明顯的環帶，可能有一顆行星在環帶間的間隙運行。

◁ **真正的雙星系統**
我們可以在這張望遠鏡拍攝的影像中清楚地看到輦道增七（天鵝座Beta）的兩顆明亮恆星，其中一顆是金色，另一顆是藍色。這兩顆恆星在天空中非常靠近，用肉眼看起來就像是一顆恆星似的。天文學家認為輦道增七的兩顆成員星互繞繞行，因此構成真正的雙星系統，但它們互繞的週期約為10萬年。

▷ **蠍蜓座DI系統**
這個複雜的恆星系統距離我們約520光年遠，包含了兩兩成對的四顆恆星。在這張由哈伯太空望遠鏡拍攝的影像中，只能看到其中最明亮的兩顆星。但這四顆恆星都還年輕，周圍包圍著細小的塵埃。

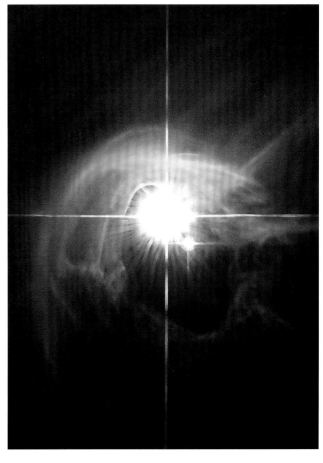

# 變星

**許多恆星並不會穩定地發光，有些會忽然變暗或變亮，有些則是會緩慢地脈動，這些都是所謂的變星。**

從地球上看起來亮度會改變的恆星分為兩大類——內因變星和外因變星。內因變星恆星所發出的光量會以規律的週期變化或脈動，偶爾也會爆發變亮。外因變星則是因為某些天體影響了恆星抵達地球的光線多寡。

## 脈動變星

這種內因變星會因為造成本身體積膨脹收縮的作用力變動（見第26-27頁），因而大小持續不斷地規律變化。有一種稱為造父變星（Cepheid variables）的恆星，在恆星平均發出的光和脈動週期長度之間有密切的關係，這種關係讓天文學家得以確認我們銀河系內恆星以及其他星系的距離。

△ **造父變星**
這顆名為船尾座RS的恆星是造父變星，亮度會在41.4天的週期內有五倍的變化。我們可以從這張哈伯太空望遠鏡拍攝的影像中看到，這顆恆星被厚厚的塵埃籠罩著。

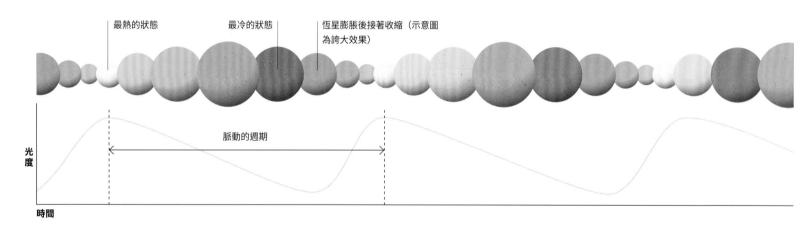

最熱的狀態　　最冷的狀態　　恆星膨脹後接著收縮（示意圖為誇大效果）

光度

脈動的週期

時間

△ **脈動變星的光變曲線**
脈動變星發出的光量會週期性地變化，不同恆星的週期從數個小時到數百天不等。發光量的變化與恆星大小改變有密切的關係。

## 突亮變星或激變星

另一種內因變星稱為新星或激變星，是雙星系統（兩顆星相互繞行，見第41頁）中白矮星表面發生核爆炸而突然變亮的情形。這是因為白矮星的伴星——通常是巨星——已經變得太大，因此外層的氫氣不再被重力束縛在恆星上，而是落往白矮星的表面。接著，白矮星表面累積的氫開始了核融合反應，引發失控的核爆炸。雙星系統在爆發之前可能無法以肉眼看見，因此爆發會讓系統成為「新星」（nova）。有些雙星系統會形成再發新星，兩次新星之間平靜的週期從數年到數千年不等。

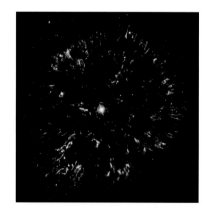

△ **英仙座GK新星**
自1980年以來，英仙座GK大約每三年會發生一次新星爆發。在恆星周圍有一團膨脹的氣體塵埃雲，稱為煙火星雲（Firework Nebula）。

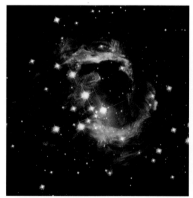

△ **發光的紅色新星**
起初我們認為麒麟座V838恆星的爆發是一顆普通的新星，但現在科學家懷疑這是兩顆恆星碰撞造成的。

# 雙星系統

外因變星視亮度變化的原因，並不是因為恆星發出的光量有所改變。最重要的一種外因變星是食雙星，是由軌道平面與地球視線方向平行的雙星系統（兩顆恆星相互繞行）所構成。從地球上看過去，其中一顆恆星不時會遮擋住另一顆恆星的光線，使得亮度減弱。當較亮的恆星遮擋較暗的恆星時，亮度只會稍微變暗；但如果是較暗的恆星遮擋較亮的恆星時，亮度變暗的程度就會較為明顯。第一個被發現的食雙星是英仙座的大陵五（Algol），其實這個系統是由三顆星組成，其中有兩顆會規律地互相遮擋，每 2.86 天，較暗的一顆星會遮擋住另一顆較亮的星，讓亮度變暗70%，時間持續十個鐘頭左右。

另一種比較不常見的外因變星，是雙星系統中兩顆緊密互繞的恆星形狀扭曲成橢球形所導致，我們將之稱為旋轉橢球狀雙星（見右圖），室女座中的亮星角宿一（Spica）即為此例，其實是一對恆星。

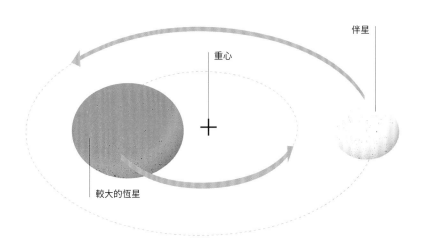

**△ 食雙星和橢球狀變星**
在這種變星中，兩顆繞行共同重心的恆星扭曲成橢球形（蛋形），有時候以側面朝向我們（如圖所示），有時則以末端面對地球（看起來更小、更圓），這會影響從地球看到的恆星亮度。

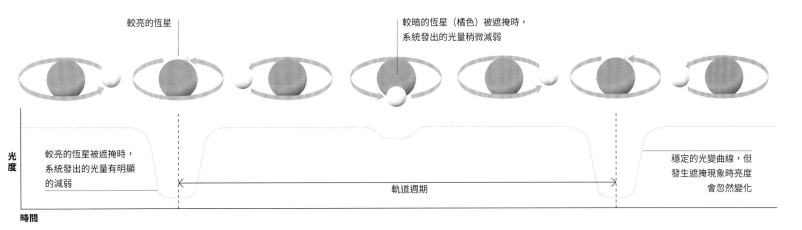

**△ 食雙星的光變曲線**
我們可以藉由恆星亮度規律下降的現象，來偵測食雙星。如果從地球上看到其中一顆恆星遮擋住另一顆恆星的部分光線時，亮度就會變暗。當較暗的一顆星遮擋住較亮的恆星時，亮度減弱的程度會最明顯。

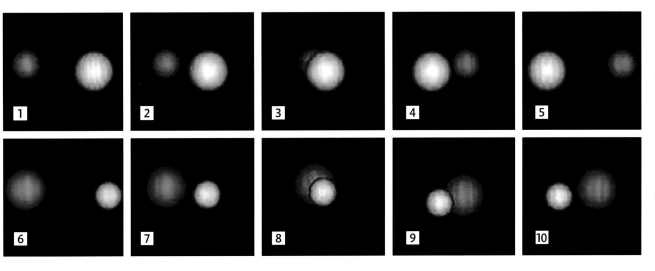

**◁ 雙星互繞的序列影像**
這十張照片取自以特殊紅外線感應攝影機拍攝的短片，顯示出兩顆年輕恆星繞行共同重心的情形。這些影像是由位在智利拉西拉（La Silla）的歐洲南方天文臺（European Southern Observatory）使用自適應光學近紅外系統（ADaptive Optics Near Infrared System，簡稱ADONIS）所拍攝。

# 星團

**星團是一大群從數十顆到數百萬顆不等的恆星被重力束縛在一起所形成,我們的銀河系內就有好幾千個壯觀的星團。**

星團分為球狀星團和疏散星團兩種。球狀星團是古老而密集的恆星集團,有些球狀星團包含的恆星甚至比小型星系還多。相比之下,疏散星團較年輕,包含的恆星數量也少得多,這裡通常也是新生恆星的誕生之處。用肉眼就可以在夜空中看到許多疏散星團和一些球狀星團,若是透過雙筒望遠鏡或天文望遠鏡觀察,更會發現這兩種星團看起來都很壯觀。

## 球狀星團

球狀星團是由1萬到數百萬顆恆星聚集,約略形成球狀,這些恆星大多非常年老。銀河系內有超過150個球狀星團,每個球狀星團可能維持100億年。星團內的恆星往往集中在中央,以隨機的圓形軌道繞行中心。

　　許多球狀星團的成員恆星擁有相同的起源、相似的年齡和化學成分。但也有些球狀星團包含了兩群或是更多群不同時間形成的恆星,有些大質量恆星死亡後的物質會被回收,成為第二代恆星。

## 疏散星團

疏散星團是由數千顆恆星構成,這些恆星是在差不多的時間從同一團氣體塵埃雲中形成的,但與球狀星團相比,疏散星團受到的重力束縛較弱。疏散星團存活的時間較短,只有數億到數十億年不等。在所有類型的星系中都有球狀星團,但疏散星團則指會出現在正大量形成恆星的螺旋星系和不規則星系之中。到目前為止,我們已經在銀河內發現了約1100個疏散星團。

**在我們銀河系內最大的球狀星團是半人馬座Omega,包含了大約1000萬顆恆星。**

▽ **螺旋星系中的星團分布**
在像銀河系這樣的螺旋星系內,星團會分布在星系的不同部分。球狀星團分布在星系盤面上方和下方的銀暈區域,而疏散星團則是在星系的盤面和旋臂上。

星系的中央核球

旋臂上的疏散星團

銀暈內的球狀星團

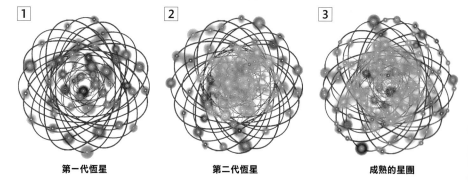

| 1 | 2 | 3 |
|---|---|---|
| 第一代恆星 | 第二代恆星 | 成熟的星團 |

△ **球狀星團內的演化**
在這個星團演化的例子中,有些第一代恆星(紅色)死亡,然後來自這些恆星的物質形成更往星團中心聚集的第二代恆星(藍色),之後第二代恆星的軌道逐漸變化,與較古老的紅色恆星混合。

△ **M7疏散星團**
也被稱為托勒密星團(Ptolemy cluster),由約80顆恆星組成,位於天蠍座之中。雖然距離有980光年遠,但肉眼很容易看到。

**杜鵑座47球狀星團**
杜鵑座47是夜空中最大、最亮的球狀星團之一，位於南半球的杜鵑座中，肉眼看起來像是天空中的模糊光斑，但若以望遠鏡觀察，可以發現這是由數百萬顆恆星聚集形成的巨大集團。星團的中心區域非常擁擠，因此發生了許多恆星碰撞事件。

# 系外行星系統

**繞行太陽以外恆星的行星，稱為系外行星系統。在系外行星系統中繞行的個別行星稱為系外行星。**

到目前為止我們已經發現了 2000 多顆系外行星，大多是在過去十年間發現的。其中約一半是以氣體為主的行星，大小相當於太陽系中的木星或海王星，近距離繞行它們的恆星。這些依偎著恆星的熾熱氣體行星稱為「熱木星」或「熱海王星」。此外，我們也發現了許多可能是由岩石構成的較小系外行星，有些和地球的大小差不多，有些則是低溫的氣體巨行星。這些系外行星繞行的恆星類型，從紅矮星到類似太陽的恆星、紅巨星甚至脈衝星都有。

　　系外行星最特別的一點，或許是我們竟然偵測得到它們。系外行星位在許多光年外，不會自行發光，而且繞著更大更明亮的天體（恆星）運行，這讓偵測系外行星成為艱難的挑戰。到目前為止，我們能直接以望遠鏡取得成像的系外行星相對較少，但已經有十幾種間接探測的方法，以下就是其中最成功的三種方法。

## 平均來說，銀河系內的每顆恆星都至少有一顆行星繞著它運行。

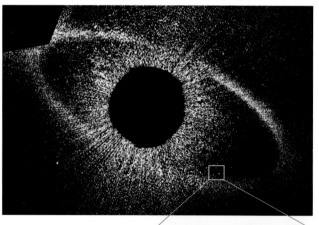

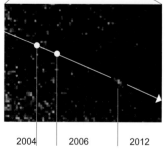

△ **直接成像**
在上圖中可以看到恆星北落師門（Fomalhaut）周圍環繞著由灰塵和氣體形成的圓盤（恆星本身已被遮掩）。哈伯太空望遠鏡直接拍到了圓盤中的行星，右圖顯示出行星的位置及路徑。

2004　　2006　　2012

▷ **凌日法**
這種方法是偵測行星在穿越恆星表面的凌日現象中，所造成的恆星亮度些微減弱，因此要使用非常靈敏的感光儀器。

▷ **重力微透鏡效應**
恆星的重力可以彎曲來自更遙遠恆星的光線，像透鏡一樣讓地球所見的遙遠恆星變亮。若是在造成重力透鏡效應的恆星周圍有系外行星繞行，就能對恆星變亮的程度造成可偵測的變化。

▷ **都卜勒（Doppler）光譜學**
系外行星繞行會造成母恆星運動的「擺動」現象，使來自恆星的光波交替地略微增長（看起來更紅）和縮短（看起來更藍），而我們可以測量到這種現象。

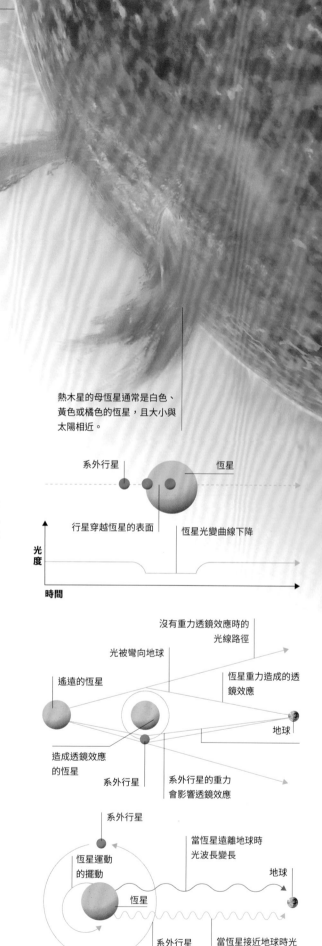

熱木星的母恆星通常是白色、黃色或橘色的恆星，且大小與太陽相近。

系外行星　　　　恆星

行星穿越恆星的表面　　　恆星光變曲線下降

光度

時間

沒有重力透鏡效應時的光線路徑

光被彎向地球

遙遠的恆星

恆星重力造成的透鏡效應

地球

造成透鏡效應的恆星

系外行星

系外行星的重力會影響透鏡效應

系外行星

恆星運動的擺動

當恆星遠離地球時光波長變長

地球

恆星

系外行星的軌道

當恆星接近地球時光波長變短

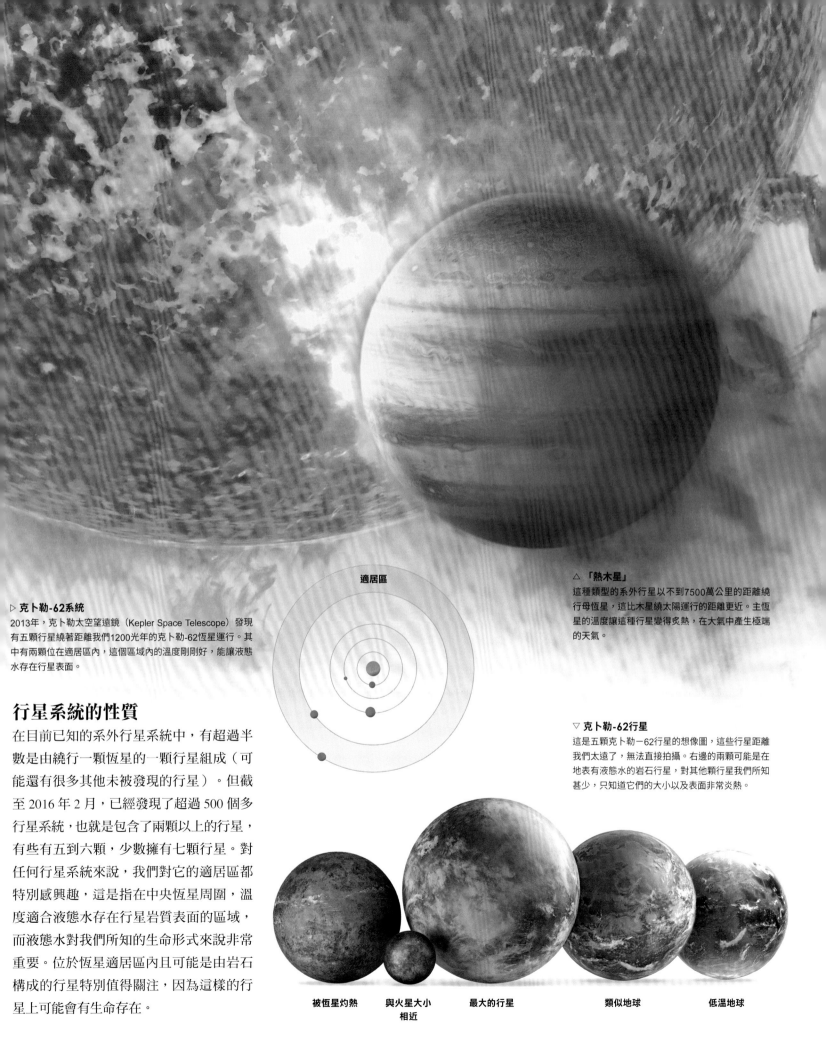

▷ 克卜勒-62系統
2013年，克卜勒太空望遠鏡（Kepler Space Telescope）發現有五顆行星繞著距離我們1200光年的克卜勒-62恆星運行。其中有兩顆位在適居區內，這個區域內的溫度剛剛好，能讓液態水存在行星表面。

適居區

△「熱木星」
這種類型的系外行星以不到7500萬公里的距離繞行母恆星，這比木星繞太陽運行的距離更近。主恆星的溫度讓這種行星變得炙熱，在大氣中產生極端的天氣。

▽ 克卜勒-62行星
這是五顆克卜勒-62行星的想像圖，這些行星距離我們太遠了，無法直接拍攝。右邊的兩顆可能是在地表有液態水的岩石行星，對其他顆行星我們所知甚少，只知道它們的大小以及表面非常炎熱。

## 行星系統的性質

在目前已知的系外行星系統中，有超過半數是由繞行一顆恆星的一顆行星組成（可能還有很多其他未被發現的行星）。但截至 2016 年 2 月，已經發現了超過 500 個多行星系統，也就是包含了兩顆以上的行星，有些有五到六顆，少數擁有七顆行星。對任何行星系統來說，我們對它的適居區都特別感興趣，這是指在中央恆星周圍，溫度適合液態水存在行星岩質表面的區域，而液態水對我們所知的生命形式來說非常重要。位於恆星適居區內且可能是由岩石構成的行星特別值得關注，因為這樣的行星上可能會有生命存在。

被恆星灼熱　　　與火星大小　　　最大的行星　　　類似地球　　　低溫地球
　　　　　　　　相近

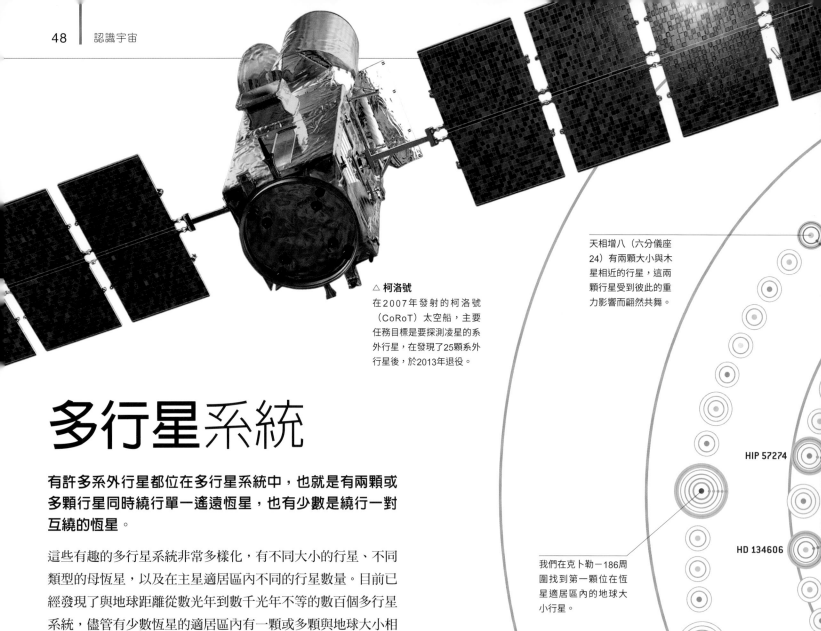

△ **柯洛號**

在2007年發射的柯洛號（CoRoT）太空船，主要任務目標是要探測凌星的系外行星，在發現了25顆系外行星後，於2013年退役。

# 多行星系統

**有許多系外行星都位在多行星系統中，也就是有兩顆或多顆行星同時繞行單一遙遠恆星，也有少數是繞行一對互繞的恆星。**

這些有趣的多行星系統非常多樣化，有不同大小的行星、不同類型的母恆星，以及在主星適居區內不同的行星數量。目前已經發現了與地球距離從數光年到數千光年不等的數百個多行星系統，儘管有少數恆星的適居區內有一顆或多顆與地球大小相近的行星，也因此有生命存在的可能性，但其中只有幾個與我們的太陽系有相似之處。不過我們經常發現新的多行星系統，已經發現的行星數據也經常更新，因此情況會不斷變化。

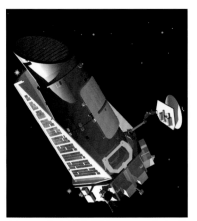

◁ **克卜勒**

美國航太總署的克卜勒太空望遠鏡自2009年發射以來，就利用凌日法尋找系外行星，特別是與地球大小相近的系外行星，到2016年初已經發現了84個多行星系統，每個系統內包含了二到七顆行星，此外也發現了許多單行星系統。

▷ **行星類型**

這張長條圖顯示了截至2016年初，我們發現所有不同大小的系外行星（包含已確認和未確認）數量。我們以相對於地球半徑的倍數，來定義系外行星的大小（舉例來說，超級地球的半徑在1.25到2倍的地球半徑之間）。

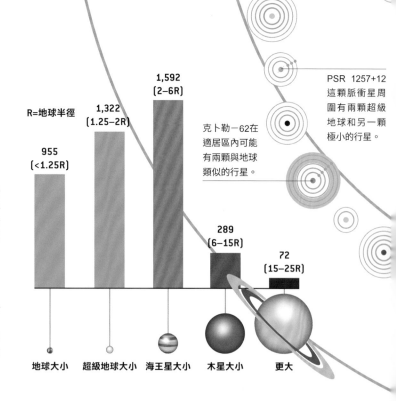

天相增八（六分儀座24）有兩顆大小與木星相近的行星，這兩顆行星受到彼此的重力影響而翩然共舞。

HIP 57274

HD 134606

我們在克卜勒－186周圍找到第一顆位在恆星適居區內的地球大小行星。

PSR 1257+12
這顆脈衝星周圍有兩顆超級地球和另一顆極小的行星。

克卜勒－62在適居區內可能有兩顆與地球類似的行星。

R=地球半徑

955
(<1.25R)

1,322
(1.25–2R)

1,592
(2–6R)

289
(6–15R)

72
(15–25R)

地球大小　超級地球大小　海王星大小　木星大小　更大

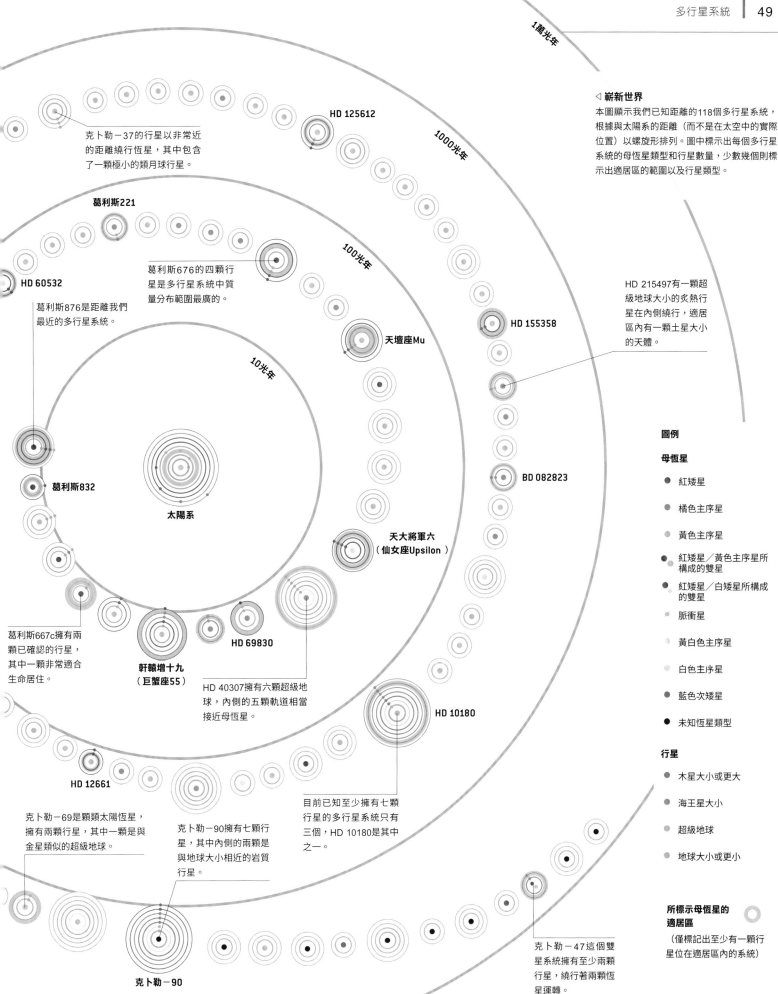

1萬光年

克卜勒－37的行星以非常近的距離繞行恆星，其中包含了一顆極小的類月球行星。

HD 125612

1000光年

◁ 嶄新世界
本圖顯示我們已知距離的118個多行星系統，根據與太陽系的距離（而不是在太空中的實際位置）以螺旋形排列。圖中標示出每個多行星系統的母恆星類型和行星數量，少數幾個則標示出適居區的範圍以及行星類型。

葛利斯221

100光年

葛利斯676的四顆行星是多行星系統中質量分布範圍最廣的。

HD 155358

HD 60532

葛利斯876是距離我們最近的多行星系統。

天壇座Mu

HD 215497有一顆超級地球大小的炙熱行星在內側繞行，適居區內有一顆土星大小的天體。

10光年

圖例

母恆星

太陽系

● 紅矮星

● 橘色主序星

● 黃色主序星

● 紅矮星／黃色主序星所構成的雙星

葛利斯832

BD 082823

● 紅矮星／白矮星所構成的雙星

脈衝星

天大將軍六
（仙女座Upsilon）

黃白色主序星

白色主序星

葛利斯667c擁有兩顆已確認的行星，其中一顆非常適合生命居住。

HD 69830

● 藍色次矮星

● 未知恆星類型

軒轅增十九
（巨蟹座55）

HD 40307擁有六顆超級地球，內側的五顆軌道相當接近母恆星。

行星

● 木星大小或更大

HD 10180

● 海王星大小

HD 12661

● 超級地球

● 地球大小或更小

克卜勒－69是顆類太陽恆星，擁有兩顆行星，其中一顆是與金星類似的超級地球。

克卜勒－90擁有七顆行星，其中內側的兩顆是與地球大小相近的岩質行星。

目前已知至少擁有七顆行星的多行星系統只有三個，HD 10180是其中之一。

所標示母恆星的
適居區

（僅標記出至少有一顆行星位在適居區內的系統）

克卜勒－47這個雙星系統擁有至少兩顆行星，繞行著兩顆恆星運轉。

克卜勒－90

# 星系

**星系有各式各樣的形狀和大小，有像我們銀河系一樣的複雜螺旋形，也有由古老的紅色和黃色恆星組成的巨大球形，以及由一團團的氣體、灰塵和新生恆星所構成的不規則形星系。**

星系是宇宙中物質能夠緊密聚集、進而形成恆星的唯一一種地方，大多數的恆星終其一生都位在星系之中。星系藉由重力作用束縛在一起，目前我們認為大多數的星系中央都有超大質量黑洞存在。

## 星系的類型

1920 年代，美國的愛德溫·哈伯證實在銀河系以外還有其他星系存在。他將星系細分為幾種不同的類型，並以字母和數字代碼區分。橢圓星系（E0 至 E7 型）大致呈現球形，但範圍從圓球體到細長的雪茄形，現在我們知道這類的星系主要是由紅色和黃色的年老恆星構成。螺旋星系（S 型和 SB 型）是扁平的圓盤狀，旋臂中有密集的恆星形成區域，中央則有年老的紅色和黃色恆星。透鏡狀星系（S0 型）有個被圓盤包覆住的中心，但沒有旋臂，而不規則形星系（Irr I 型和 II 型）是沒有固定形狀的團塊，星系中富含恆星形成物質。

△ **橢圓星系**
像M60這樣的橢圓星系（如圖，另一個星系是NGC 4647螺旋星系）是由無數恆星以各種不同角度的重疊橢圓軌道繞行的球狀恆星系統，這類星系內用來形成新生恆星的氣體很少，因此主要是由年老的低質量紅色和黃色恆星組成。大小範圍從稀疏的矮星系到巨大的「巨大橢圓星系」不等，巨大橢圓星系是宇宙中最大型的星系。

橢圓星系

◯ E0　　◯ E2　　◯ E5　　◯ S0

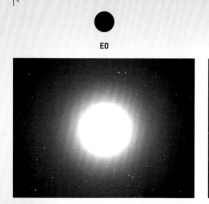

△ **M89**
如室女座的M89這樣的E0型星系幾乎是由恆星構成的完美球體，這類星系包括了最亮和最大的巨大橢圓星系。

△ **M32**
像仙女座星系的衛星星系M32這樣的E2型星系，其中一軸的長度明顯長於另一軸，通常比最亮的E0型星系暗。

△ **M110**
像仙女座星系的衛星星系M110這樣更偏細長的星系，實際上略呈盤狀。由於星系旋轉的關係，恆星的軌道被壓縮在一個平面內。

△ **ESO 381-12**
透鏡狀（S0型）星系有類似螺旋星系的中心和扁平的恆星盤，但由於缺乏氣體，幾乎沒有新的恆星生成。

△ **哈伯星系分類音叉圖**
愛德溫·哈伯將各種不同的星系類型排列成音叉的形狀，他認為這說明了星系隨著時間演化的方式，雖然真正的故事比這還要更為複雜（見第62-63頁）。橢圓星系根據形狀編號，E0的形狀最接近圓球形。而螺旋星系有兩種不同的類型——旋臂直接從中央延伸出的正常螺旋星系（Sa型到Sc型或Sd型），以及旋臂從貫穿中央的棒狀構造延伸出的棒旋星系（SBa到SBc型）。

**天文學家認為宇宙中的星系與銀河系中的恆星一樣多。**

## 不規則星系

不規則星系是由相對無固定形狀的氣體、塵埃和恆星團塊組成，最著名的例子是銀河系最亮的衛星星系——大麥哲倫雲（Large Magellanic Clouds）和小麥哲倫雲（Small Magellanic Clouds）。不規則星系富含恆星形成的原始物質，往往正在劇烈地形成大量恆星，因此以它們的大小而言算是相當明亮。較大的不規則星系可能會有一些內部結構，像是中央的棒狀結構或是單獨而不明顯的旋臂——哈伯將這些星系分類為 Irr I 型星系，而 Irr II 型星系是真正無固定形狀的星系。

▷ **NGC 1427A**
科學家認為「矮不規則星系」在星系演化中扮演著重要的角色，星系內的恆星重元素相對較少，可能代表宇宙早期歷史遺留下來的原始物質，但最近才被點燃形成恆星。如NGC 1427A就因為衝入天爐座星系團引發了恆星形成，而被這些新生的明亮恆星照亮。

螺旋星系

Sa　　　　　Sb　　　　　Sc

△ **NGC 7217**
像飛馬座NGC 7217這樣的Sa型螺旋星系，恆星和氣體圓盤環繞著由年老恆星構成的中心。一波波密集形成的恆星構成了緊密纏繞的旋臂。

△ **M91**
Sb型螺旋星系直接從中央伸出的旋臂較不緊密，以這類星系來說，后髮座的M91旋臂算是比較黯淡的。

△ **M74**
如雙魚座M74這樣的Sc型螺旋星系旋臂更鬆散，但通常與Sa和Sb型一樣明亮。但是最鬆散的Sd型螺旋星系通常黯淡得多。

SBa　　　　　SBb　　　　　SBc

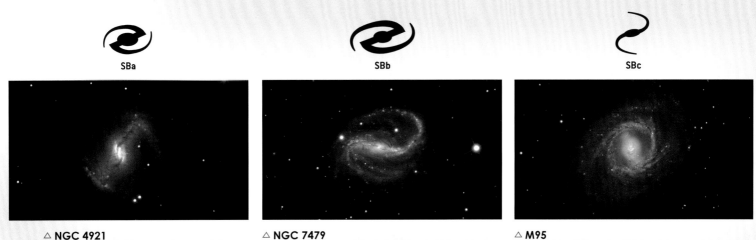

△ **NGC 4921**
棒旋星系的分類和沒有棒狀結構的螺旋星系類似，如后髮座NGC 4921這樣的SBa型星系，就有緊密纏繞的旋臂。

△ **NGC 7479**
像是飛馬座NGC 7479這樣的SBb型星系的螺旋結構更鬆散，但從核心延伸出的中央棒狀結構仍相當明顯。

△ **M95**
美麗的M95位在獅子座方向，是距離我們3800萬光年的棒旋星系，像這樣的SBc型星系的旋臂是最鬆散的。

# 星系分類

### 1 螺旋星系

位於2100萬光年外的M101風車星系（Pin-wheel Galaxy），相對於其他星系來說與地球的距離不算遠，大小也比銀河系大了約50%，因此成為少數幾個我們可以研究個別區域的星系之一。風車星系的旋臂系統範圍廣闊，但似乎不太對稱，星系核心偏離真正的中心，可能是因為過去與其他星系產生交互作用所致。

### 2 棒旋星系

NGC 1300星系是棒旋星系的原型。星系的兩條螺並不是一直往內旋向中央的核心，而是以包括核心在內的棒狀結構相互連接。從這張精細的哈伯太空望遠鏡影像中可以看到，星系核心也有自己的螺旋結構。棒狀結構的氣體向內流動，然後旋入核心。

### 3 橢圓星系

橢圓星系除了簡單的球形之外，沒有什麼特殊的結構。這張可見光影像是由哈伯太空望遠鏡拍攝的IC 2006巨大橢圓星系，這類星系是在數十億年前形成，並藉由吸收衛星系而愈變愈大。由於IC 2006的年齡較老，主要是由古老的低質量恆星組成，且幾乎沒有恆星形成活動。

### 4 透鏡狀星系

這類星系因形狀近似透鏡而得名。NGC 2787是距離地球最近的透鏡狀星系之一。這張可見光影像顯示出，緊密纏繞的塵埃帶幾乎以同心圓環繞星系的明亮核心。在星系的邊緣可以看到幾個明亮的光斑，事實上，每個光斑都是由數十萬顆恆星構成並繞行NGC 2787的星團。

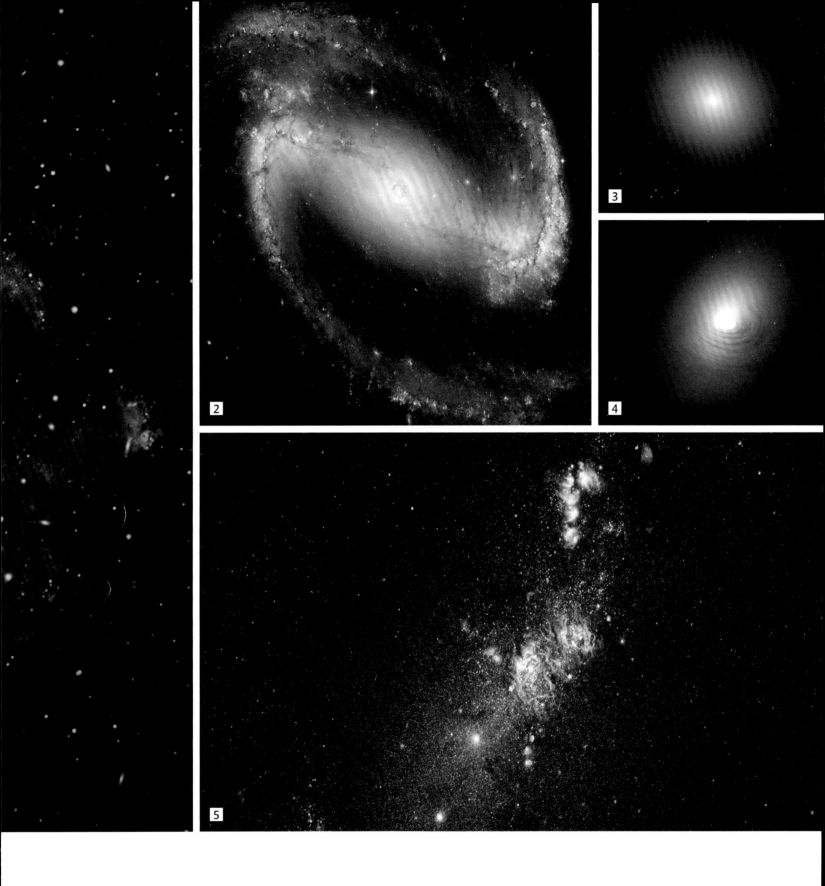

許多不規則星系也是天文學家所說的「星遽增星系」（starburst galaxy），特徵是有大量的新恆星生成。NGC 4214就是這樣的例子，星系內豐富的氫氣正促使明亮的新生星團出現，較老的紅色恆星也提供早期恆星形成事件的證據。

巨大橢圓星系是所有星系中最大型的，每個星系可能都包含了數兆顆恆星。

# 銀河系

**我們在天空中看到的所有恆星，都位在我們的家園星系──銀河系之中。這個巨大的恆星系統擁有數千億顆恆星，寬約 12 萬光年，是結構複雜的棒旋星系。**

銀河系中可見的恆星形成一個圓盤，中心有一個凸起的核球，雖然銀河系的直徑很寬，但銀盤的高度平均只有 1000 光年。從地球上沿著銀河系的盤面望過去，會比從盤面往上或往下望向星系之間的太空能看到更多的恆星，所以我們見到的銀河系才會是一條由無數黯淡遙遠恆星融合而成的乳白色寬廣光帶。

銀河系中央的核球以低質量的紅色和黃色恆星為主，含有較高的金屬豐度（見第 29 頁），但周圍的銀盤充滿了氣體、塵埃和較年輕的恆星。與所有的螺旋星系相同，銀河系的恆星分散在整個圓盤上，但最亮的恆星則集中在旋臂上。恆星因與中心的距離不同，而以不同的速率繞行，因此旋臂不可能是永久性的結構。相反地，旋臂之所以明顯可見，是因為此處是恆星形成的活躍區域。恆星在旋臂中誕生，其中最大最亮的恆星在軌道進入更寬的銀盤之前，就已經結束了短暫的生命週期。

## 旋臂

天文學家最近證實，銀河系是個棒旋星系，星系中央有恆星形成一個約 2 萬 7000 光年的長方形棒狀結構。銀河系的旋臂是因為恆星、氣體和塵埃進出稱為密度波（density wave，見右頁）的螺旋狀「塞車區域」所造成的。

**最新的證據顯示銀河系有四條旋臂──兩條大旋臂和兩條小旋臂，這兩種旋臂的恆星有明顯的差異。**

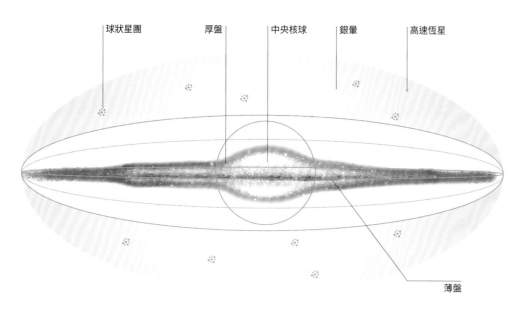

| 球狀星團 | 厚盤 | 中央核球 | 銀暈 | 高速恆星 |

薄盤

**銀河之心**
銀河系的中心區域隱藏在交錯縱橫的星雲和塵埃帶後方，但X射線和紅外線可以穿透這些遮蔽物，顯露出複雜的結構、巨大的星團，以及高達數百萬個太陽質量的巨大黑洞（深埋在圖右的明亮氣體雲之中）。

◁ **銀河系的橫切面**
從側面看，銀河系的中央是約8000光年寬的凸出核球，周圍環繞著銀盤。銀河系上方和下方的寬廣銀暈區域看來大多空無一物，但此處仍有球狀星團，以及從銀河系盤面射出的迷途高速恆星和高溫氣體。

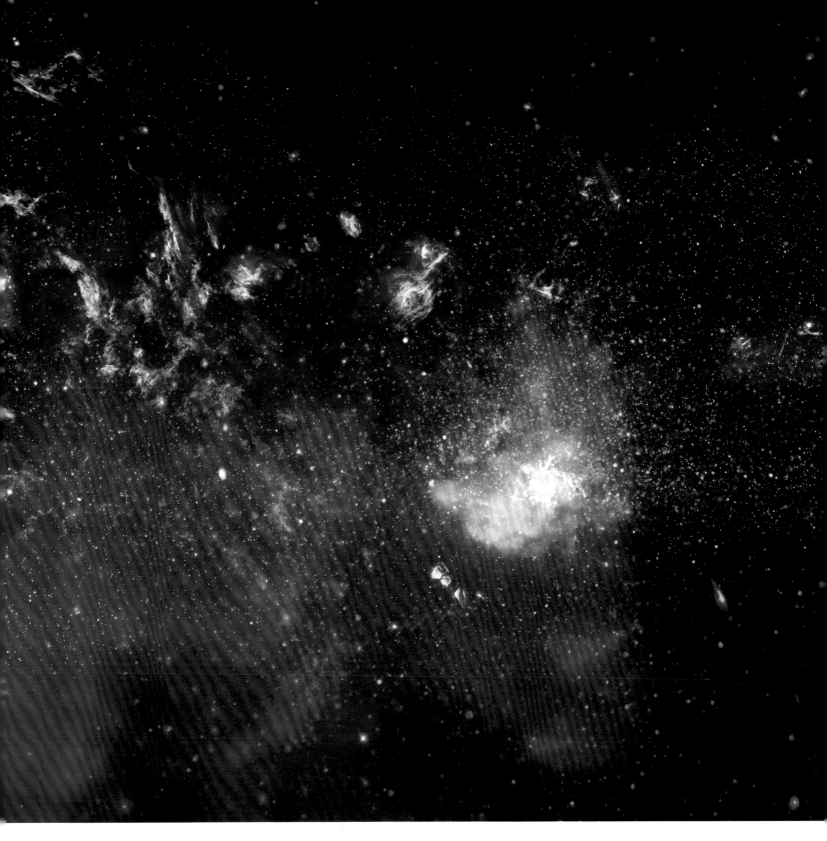

**旋臂的形成**

◁ **完美有序的軌道**
在最理想的情況下，以橢圓軌道圍繞行星系中心的天體，彼此的最長軸會完全對齊。天體在軌道的愈外側，會因為距離中心愈遠而移動得愈慢。

◁ **混沌軌道**
在完全混亂的情況下，星系內天體的軌道會以不同的方向對齊，且不會形成螺旋結構。在此示意圖中的軌道數量與另外兩者（左圖和右圖）相同。

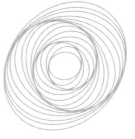

◁ **密度波**
當天體的軌道排列成彼此之間有些微的偏移時，就會產生旋臂結構，通常是由另一個星系的潮汐力所造成。這會使得軌道變慢，物質堆積在密度較高的螺旋形區域中。

# 聚焦銀河系

太陽系是銀河系這個棒旋星系的一部分。在這
張廣角影像中，銀河盤面看起來像是橫越智利
查南托高原（Chajnantor plateau）高原上阿塔
卡瑪大型毫米及次毫米波陣列（Atacama
Large Millimeter/ submillimeter Array，簡稱
ALMA）天線上方的弧形。大量的遙遠恆星散
發光芒，恆星間散布著滿是塵埃的星雲和發光
的氣體──新的恆星正在此處誕生，加入構成
銀河系的數十億顆恆星行列。

　　阿塔卡瑪大型毫米及次毫米波陣列的66個
天線直徑為12公尺或7公尺，以紅外線和無線
電波之間的波長觀察天空。這個陣列位於海拔
5000公尺的高海拔乾燥地區，空氣中幾乎沒有
任何會吸收輻射的水蒸氣。上方的大氣層非常
稀薄，又幾乎沒有其他無線電訊號干擾，讓這
片高原成為觀測此波段的理想地點。

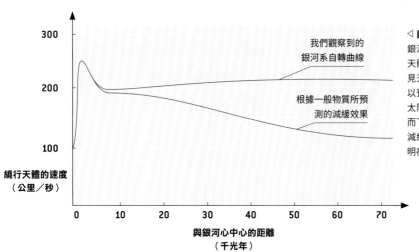

**△ 自轉曲線**

銀河系並不是單一塊的固體，恆星和其他天體各以不同的速度繞中心運行。如果可見天體的分布就是質量分布，那麼我們可以預期恆星繞行銀河系中心的速度，會像太陽系中的行星那樣，隨著距離遠離中心而下降。但實際上銀河系天體自轉速度的減緩程度並未隨距離變遠而明顯下降，表明在可見的銀盤之外還有暗物質存在。

我們觀察到的銀河系自轉曲線

根據一般物質所預測的減緩效果

繞行天體的速度（公里／秒）

與銀河心中心的距離（千光年）

# 俯瞰銀河系

**我們的銀河系是個直徑超過 12 萬光年的巨大恆星圓盤，但我們在天空中看到的絕大多數恆星，都只侷限在我們太陽系周圍非常小的範圍內。**

銀河系包含了 1000 億到 4000 億顆恆星，其中大部分是質量僅為太陽一小部分的矮星。但是銀河系的總質量約介於 1 兆到 4 兆個太陽質量之間——遠遠超過恆星的總質量。這些額外質量有許多是來自銀河盤面中的塵埃和氣體，但暗物質（見第 74-75 頁）的貢獻遠遠超過這些正常物質的總和。

研究顯示至少有 1000 億顆（說不定多很多）行星繞著恆星運轉，大多數可見物質都位於中心核球和高度僅 1000 光年的扁平銀盤中，在銀暈區域則有流浪的恆星、球狀星團和大量的暗物質。

千光年

40  30  20

英仙座旋臂

外圍旋臂

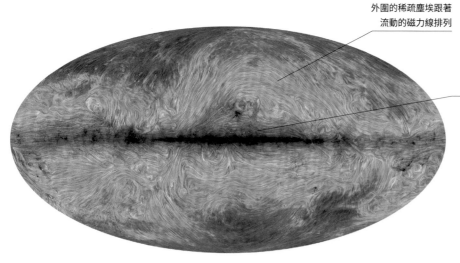

外圍的稀疏塵埃跟著流動的磁力線排列

在銀盤附近聚集的塵埃

**△ 塵埃和磁場**

雖然塵埃只占了我們星系組成的一小部分，但它對恆星和行星形成有非常重要的作用。更重要的是，塵埃粒子有與局部磁場對齊的傾向。因此，塵埃粒子發射出的微波可用來作為推測銀河系整體磁場的方式，就像這張歐洲航太總署（ESA）普朗克（Planck）衛星觀測到的銀河磁場圖。

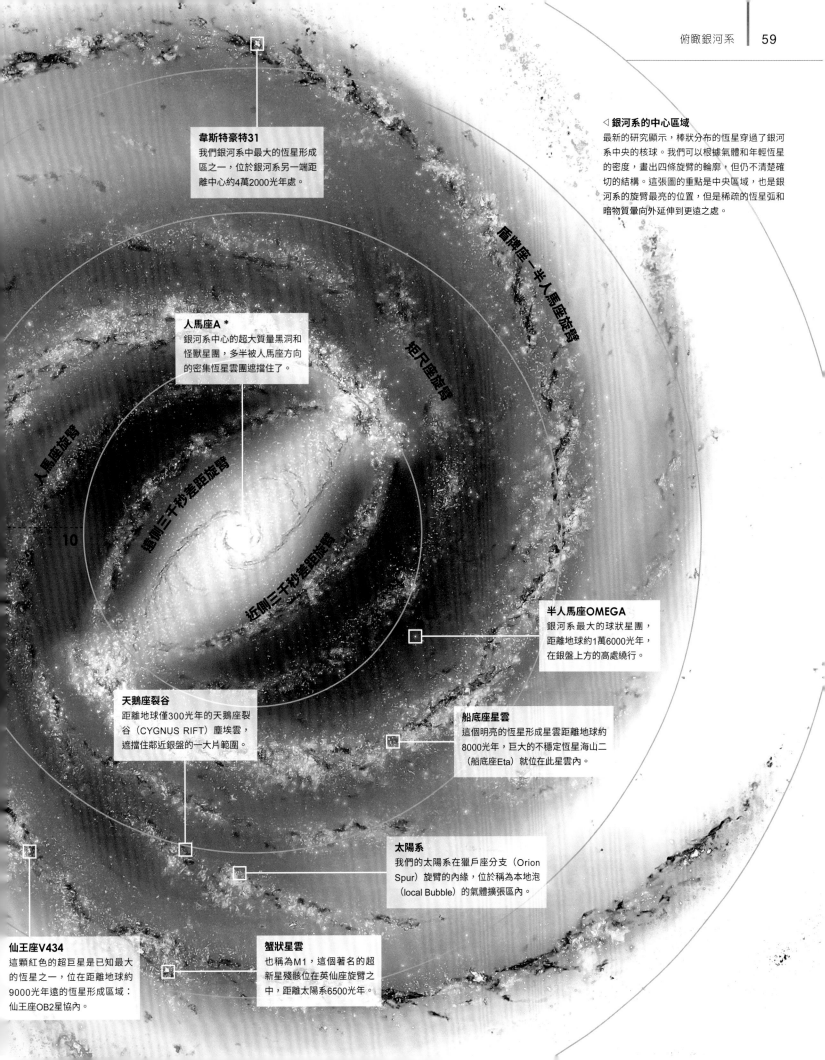

**韋斯特豪特31**
我們銀河系中最大的恆星形成區之一，位於銀河系另一端距離中心約4萬2000光年處。

▷ **銀河系的中心區域**
最新的研究顯示，棒狀分布的恆星穿過了銀河系中央的核球。我們可以根據氣體和年輕恆星的密度，畫出四條旋臂的輪廓，但仍不清楚確切的結構。這張圖的重點是中央區域，也是銀河系的旋臂最亮的位置，但是稀疏的恆星弧和暗物質量向外延伸到更遠之處。

盾牌座－半人馬座旋臂

矩尺座旋臂

**人馬座A ***
銀河系中心的超大質量黑洞和怪獸星團，多半被人馬座方向的密集恆星雲團遮擋住了。

人馬座旋臂

遠側三千秒差距旋臂

近側三千秒差距旋臂

10

**半人馬座OMEGA**
銀河系最大的球狀星團，距離地球約1萬6000光年，在銀盤上方的高處繞行。

**天鵝座裂谷**
距離地球僅300光年的天鵝座裂谷（CYGNUS RIFT）塵埃雲，遮擋住鄰近銀盤的一大片範圍。

**船底座星雲**
這個明亮的恆星形成星雲距離地球約8000光年，巨大的不穩定恆星海山二（船底座Eta）就位在此星雲內。

**太陽系**
我們的太陽系在獵戶座分支（Orion Spur）旋臂的內緣，位於稱為本地泡（local Bubble）的氣體擴張區內。

**仙王座V434**
這顆紅色的超巨星是已知最大的恆星之一，位在距離地球約9000光年遠的恆星形成區域：仙王座OB2星協內。

**蟹狀星雲**
也稱為M1，這個著名的超新星殘骸位在英仙座旋臂之中，距離太陽系6500光年。

# 活躍星系

**很多星系的中央都有無法單純以恆星解釋的能量輸出現象，這些活躍星系看起來有很多種不同的形式，但都可以用同樣的機制來解釋。**

活躍星系的中心區域附近產生大量能量——不僅僅是可見光，還有無線電波、X射線、紫外線和伽瑪射線。活躍星系可以分為四種主要的類型：西佛星系（Seyfert galaxy）、無線電波星系、類星體，和蝎虎BL型類星體（blazar）。西佛星系看起來是正常的螺旋星系，但中央有了明亮而集中的輻射源，無法單純地以恆星星光來解釋不尋常的總能量輸出。相比之下，無線電波星系的特點是星系中央兩側的兩個大型無線電波發射氣體雲（在某些情況下，在大型氣體雲和星系中心有狹窄的噴流相連）。類星體是非常遙遠的星系，中央有強烈的星點狀光源，比西佛星系明亮得多。類星體也是無線電波源，並且會在

數小時或數天內改變亮度。最後一種的蝎虎BL型類星體與類星體大致相似，不同之處在於輻射有明顯的不同。

天文學家認為，所有這些不同類型的活動實際上都是同一種天體發動的，稱為活躍星系核（active galactic nucleus，簡稱AGN）。從活躍星系核能量輸出速度的改變，可看出它的範圍比太陽系還要小，能在這麼小的空間區域釋放如此大量的能量，唯一的天體是物質掉落超大質量黑洞所形成的過熱「吸積盤」（accretion disk）。落入黑洞的物質量，以及我們從地球上觀察活躍星系核的角度，決定了我們會看見哪種類型的活躍星系。

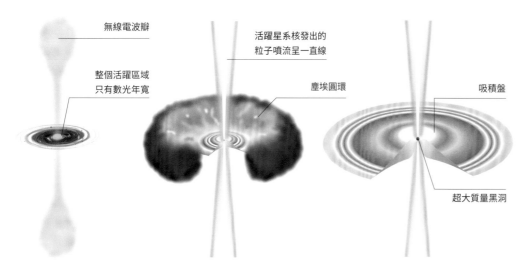

無線電波瓣

整個活躍區域
只有數光年寬

活躍星系核發出的
粒子噴流呈一直線

塵埃圓環

吸積盤

超大質量黑洞

△ **整個星系**
從遠處看到的活躍星系可能被兩個巨大的無線電波發射瓣包圍，這是中央圓盤噴出的粒子噴流遇到星際空間的氣體時產生的。如果我們能夠看見活躍星系核的中央區域，輸出的光會讓周圍的星系相形見絀。

△ **塵埃圓環**
活躍星系的中心區域被厚厚的環形氣體和塵埃圍繞，遮擋住了光線。如果我們從側邊看到圓環，那麼周圍的無線電波瓣是我們唯一能觀察到的不尋常活動跡象，顯示這是一個無線電波星系。

△ **核心**
活躍星系核的核心是超大質量黑洞。相當於一百萬或更多太陽質量的氣體將物質拉向滅亡之途，加熱到數百萬度並發出強烈的輻射。如果粒子噴流直接指向地球，我們看到的活躍星系核就會是蝎虎BL型類星體。

### 古老的核心

類星體距離我們數十億光年遠，又非常明亮，發出的光受宇宙膨脹（見第70-71頁）所造成的紅移量非常高。因此，我們見到的類星體還處在宇宙演化的早期階段。天文學家懷疑，大多數星系在早期都曾經歷類星體的階段。

氣體反射最近一次爆炸性活動所產生的輻射，形成「光回波」

中央黑洞的位置

### △ 活躍的銀河系

很久以前，我們自己星系的超大質量黑洞就已經把周圍物質清空，並進入休眠狀態，但是像迷途小行星這樣的天體仍然偶爾會進入它的勢力範圍之內。發生這種情況時，物質被劇烈撕裂，導致強烈的輻射爆發。

# 本星系群互撞

銀河系是名為本星系群的小型星系團成員，旁邊還有螺旋星系仙女座星系（M31），較小的三角座螺旋星系（M33）、大麥哲倫雲和小麥哲倫雲，以及數十個不同類型的矮星系。在本星系群中，仙女座星系和銀河系的質量比其他星系要大得多，這兩個星系受到重力影響，以不斷增加的速度被拉聚靠近，會在約40億年後以接近每秒110公里的速度正面撞擊——這幅想像圖描繪的就是未來在地球夜空所能見到這個驚人場景。恆星之間不太可能發生碰撞，但氣體雲碰撞將引發一波新的恆星形成。隨著兩個星系的質量往中心集中，兩個星系將合併成稱為「銀河仙女系」（Milkomeda）的單一巨大系統。

# 星系碰撞

**有些星系之間的距離以它們的大小來說非常靠近，因此經常發生星系碰撞。**
**這些壯觀的事件引發劇烈的恆星形成，對星系演化有極為重要的影響。**

星系碰撞時，星系內的恆星彼此距離太遠，因此很少發生撞擊。但是巨大的恆星形成氣體雲團正面互撞，導致氣體壓縮，並引發劇烈的恆星形成。融合氣體的強大重力將恆星拉向中心，導致碰撞星系在數億年內合併。

## 星系演化

研究證據顯示，星系會隨著時間從一種類型轉變成另一種類型——在早期的宇宙中多為不規則星系，現在的宇宙中大多是螺旋星系，橢圓星系則最常在星系團（見第 66-67 頁）的中心見到。因此，天文學家認為星系碰撞對星系演化有關鍵性的影響：富含氣體的螺旋星系一開始是由較小的不規則星系形成，而橢圓星系是由螺旋星系互相碰撞所產生，這會使星系內的恆星進入混亂的軌道，引發劇烈的恆星形成，最後把氣體推向無法再形成新恆星的星系際空間。

根據碰撞的能量和附近的環境，合併星系的重力可能會從周圍環境拉回足夠的物質，產生新的圓盤，最終重新開始形成恆星，創造出新的螺旋星系，而這個星系最後又會加入另一次合併。

△ **近距離遭遇**
星系接近要比直接碰撞更常見，接近時產生的潮汐力會讓諸如旋臂這類的特徵更明顯。

△ **旋臂鬆開**
星系聚集合併時，星系內的恆星軌道會被打亂，於是旋臂鬆開，恆星各自散落在星系際空間內。

△ **星遽增**
最後多數恆星處於混亂的軌道，氣體也在巨大的恆星形成雲氣中撞擊在一起。在超大質量黑洞的帶領下，星系核心相互合併。

△ **以橢圓星系結束**
碰撞的加熱效應驅使氣體遠離星系，停止了恆星形成的爆發，留下一個以較年老、黯淡的恆星為主的橢圓星系。

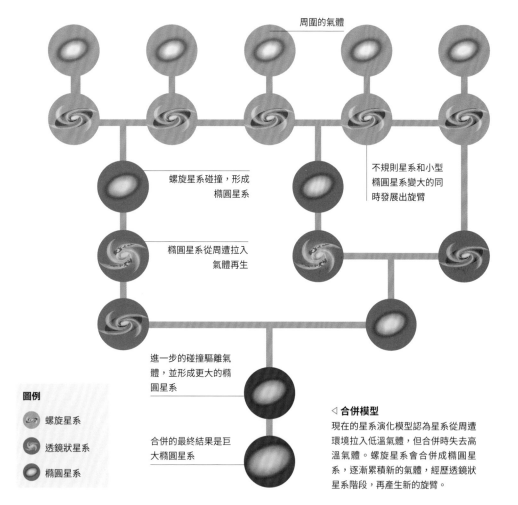

周圍的氣體

螺旋星系碰撞，形成橢圓星系

不規則星系和小型橢圓星系變大的同時發展出旋臂

橢圓星系從周遭拉入氣體再生

進一步的碰撞驅離氣體，並形成更大的橢圓星系

**圖例**

🌀 螺旋星系

透鏡狀星系

橢圓星系

合併的最終結果是巨大橢圓星系

◁ **合併模型**
現在的星系演化模型認為星系從周遭環境拉入低溫氣體，但合併時失去高溫氣體。螺旋星系會合併成橢圓星系，逐漸累積新的氣體，經歷透鏡狀星系階段，再產生新的旋臂。

**星系碰撞**

這一對交互作用星系合稱阿普（Arp）273，位在仙女座方向，離地球約3億光年。阿普273正處在星系合併的早期階段，較大星系的其中一條旋臂已經向太空鬆開，而較小的星系正在經歷劇烈的恆星形成，創造出會逐漸演化成球狀星團的「超級星團」。

# 星系團和超星系團

**大多數星系都位在星系團內,從幾十個到上千以上的星系因重力而束縛在一起。星系團的邊緣交融形成超星系團,在似乎空無一物的太空各處形成宛如蜘蛛網的細絲構造。**

星系團中的星系聚集在數百萬光年的空間中,形成巨大的質量和物質積聚,是宇宙中因重力而產生的最大結構。因此,無論星系團內有多少星系,在太空中所占的範圍大小通常都不會差別太大(約 1000 萬到 2000 萬光年寬)。超星系團或甚至更大的結構,則反映了大霹靂本身造成的大尺度物質分布(見第70-71 頁)。

## 星系團的類型

銀河系位於一個低密度星系團中,稱為本星系群,銀河系是其中三個大型螺旋星系之一,周圍有 50 個左右的小星系,大部分是微小而黯淡的矮星系。大多數的小型星系團似乎都與此相似,主要的大型星系是螺旋星系和不規則星系。但包含大量星系的星系團非常不同,通常是以充滿紅色和黃色恆星的橢圓星系為主。這是個重要的線索,暗示橢圓星系是在密集的星系團內,由其他類型的星系碰撞合併所產生。

**本星系群（銀河系）**

**天爐座星系團**

**波江座星系團**

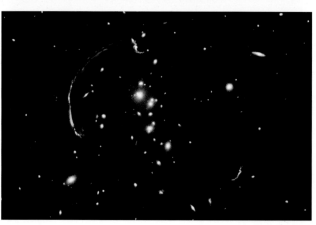

◁ **后髮座星系團**
后髮座星系團距離地球大約3億2000萬光年遠,由大約1000個星系組成,大部分是橢圓星系或透鏡狀星系。我們可以從這張紅外線影像看到大量的矮星系,但它們發出的可見光太過微弱,因此無法探測到。

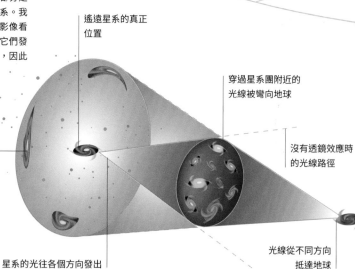

**遙遠星系的真正位置**

**穿過星系團附近的光線被彎向地球**

**沒有透鏡效應時的光線路徑**

**從地球上所見的星系方向和扭曲的星系影像**

**星系的光往各個方向發出**

**光線從不同方向抵達地球**

◁ **透鏡效應**
由透鏡效應引起的影像扭曲,讓天文學家能夠用重力當作天然望遠鏡來發現黯淡遙遠的天體,也能用來計算造成透鏡效應的星系團中的質量分布情形。

△ **重力透鏡**
星系團中的巨大質量積聚產生了稱為「重力透鏡」的效應。巨大的質量會改變鄰近的空間形狀(見第73頁)。穿過巨大星系團的光線會改變方向,因此星系團外的星系影像會扭曲,有時還會被放大。

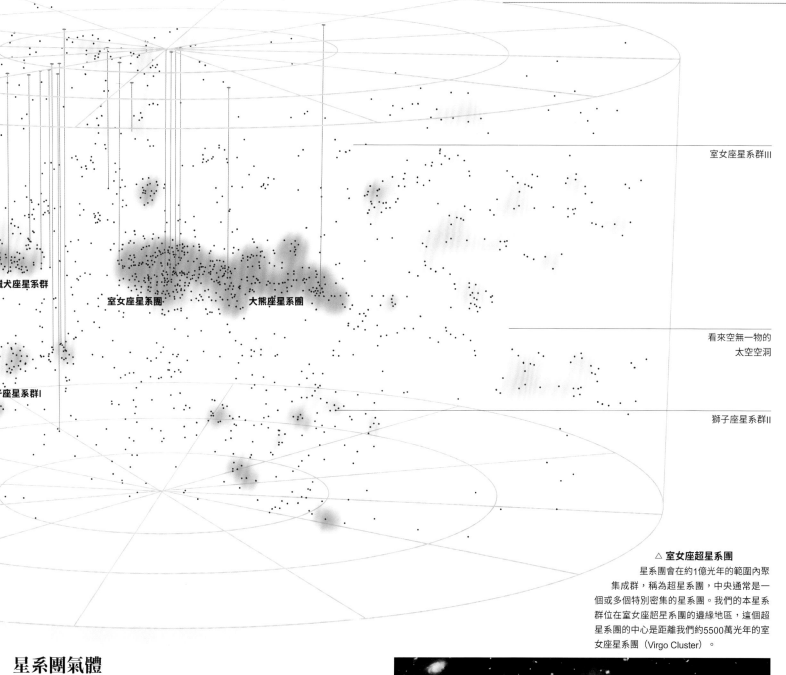

室女座星系群III

看來空無一物的
太空空洞

獅子座星系群II

室女座星系群團

室女座星系團

大熊座星系團

**△ 室女座超星系團**
星系團會在約1億光年的範圍內聚集成群，稱為超星系團，中央通常是一個或多個特別密集的星系團。我們的本星系群位在室女座超星系團的邊緣地區，這個超星系團的中心是距離我們約5500萬光年的室女座星系團（Virgo Cluster）。

# 星系團氣體

從太空 X 射線望遠鏡拍攝密集星系團的影像顯示，大多數星系團中看似空無一物的空間，充滿了溫度 1000 萬度或更高的過熱氣體。科學家認為這些高溫氣體起源於星系團內的個別星系，是在星系團成員發生碰撞的過程中被加熱而逃逸。較高溫的氣體粒子移動得更快，因此更容易逃離原始星系的重力，但不會脫離整個星系團的範圍。X 射線氣體往往會慢慢積聚在星系團的中心，而且在最密集的星系團中含量也最多，質量可能比所有可見星系的總和還要高 20 倍。

**▷ 不斷演化的星系團**
從這張結合了可見光、紅外線和X射線影像（分別以綠色、紅色和藍色表示）的IDCS J1426星系團照片，可以看到X射線氣體除了集中在最近發生碰撞的星系周圍之外，大部分都與可見星系分離。

# 星系團

## 1 室女座星系團

室女座星系團是距離地球最近的大型星系團，可能有2000個星系散落在室女座和后髮座的範圍內。其中較大型的星系混合了螺旋星系和橢圓星系（橢圓星系是由螺旋星系碰撞形成）。最大的成員是位在星系團中心的巨大橢圓星系M87，距離地球約5300光年遠。

## 2 阿貝爾383

緻密的阿貝爾383星系團距離我們約25億光年遠，從個別星系剝離出的巨大過熱氣體雲使它成為強大的X射線源。這個星系團的質量巨大，因此能夠成為重力透鏡，彎曲周圍的空間，並偏轉來自更遙遠星系的光線路徑，產生扭曲的光弧。

## 3 史蒂芬五重星系（Stephan's Quintet）

飛馬座中的這五個星系讓人迷惑不已，其中四個距離地球約2億9000萬光年的星系緊密聚集，但其實左上角的藍色螺旋星系是更接近的前景天體。在接下來的10億年左右，其他四個成員——三個螺旋星系和一個橢圓星系——幾乎肯定會合併成一個巨大橢圓星系。

## 4 MOO J1142 + 1527

這個怪獸星團距離地球約85億光年，由於距離非常遙遠，它所發出的光線已經被紅移（見第72頁）到幾乎超過可見光的範圍。因此一直要到2015年結合了兩個獨立的紅外太空望遠鏡的觀測，才發現這個天體。它的質量與胖子星系團（見右欄）相近，可能是在宇宙歷史最初數十億年中形成的少數巨大星系團之一。

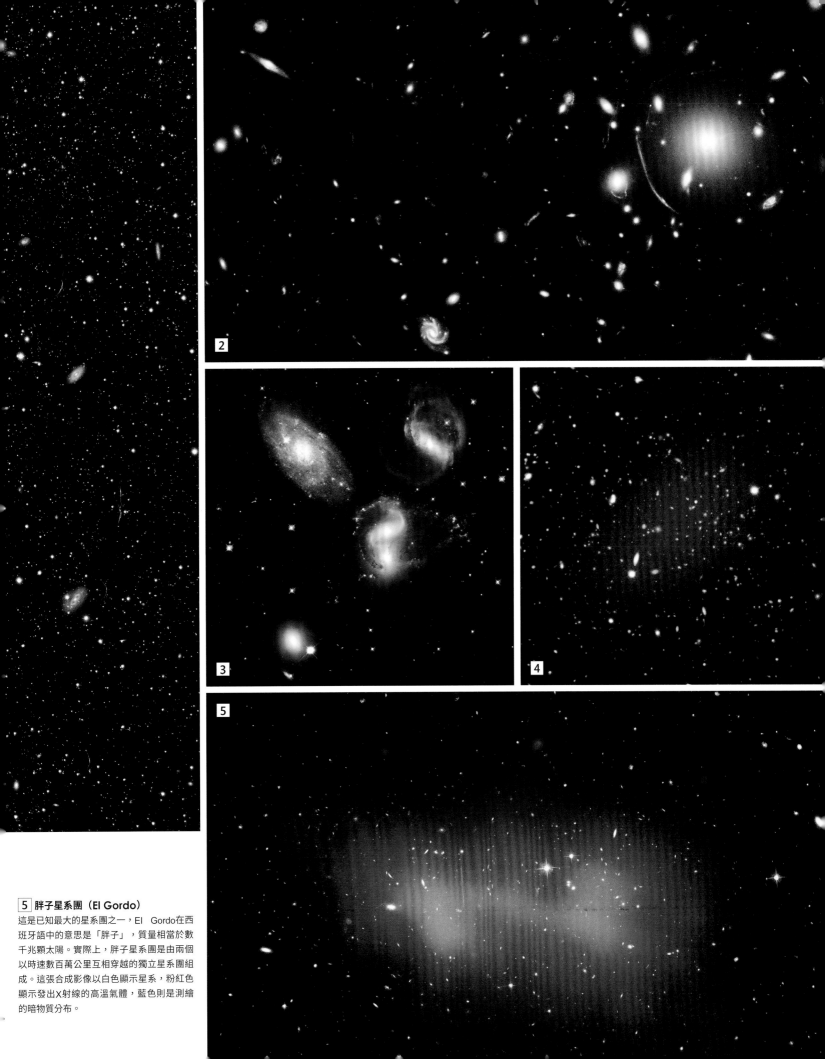

5 **胖子星系團（El Gordo）**

這是已知最大的星系團之一，El Gordo在西班牙語中的意思是「胖子」，質量相當於數千兆顆太陽。實際上，胖子星系團是由兩個以時速數百萬公里互相穿越的獨立星系團組成。這張合成影像以白色顯示星系，粉紅色顯示發出X射線的高溫氣體，藍色則是測繪的暗物質分布。

# 膨脹的宇宙

**一般來說離地球愈遠的星系，正以愈快的速度遠離我們。這是整體宇宙仍在膨脹的重要證據。更重要的是，宇宙的膨脹速度愈來愈快。**

宇宙膨脹的關鍵證據來自都卜勒效應（可藉此測量發光天體接近或遠離地球的速度），讓我們發現愈遙遠的星系以更快的速度遠離地球。這種現象的最佳解釋是宇宙整體正在膨脹，因此宇宙內的星系會互相遠離——就像蛋糕中的葡萄乾在烤箱中隨著麵糊膨脹而逐漸分開一樣。

## 都卜勒效應和紅移

都卜勒效應是聲音或光這樣的波經過觀察者時，所產生的波長和頻率變化。在日常生活中，當救護車鳴笛加速經過時，我們會感受到都卜勒頻移：救護車接近我們時，聲波會愈來愈快地通過，音高也愈高；但是救護車遠離時，聲波會較慢抵達，因此音高會下降。

波前被拉長　　　　　　　　波前相互接近

星系移動的方向

△ **紅移和藍移**
星系遠離我們時，發出的光線波長被拉伸，因此看起來較紅。附近的星系接近我們時，發出的光線波長被壓縮，因此看起來較藍。這會影響從星系發出的光譜線，使我們得以精確測量這些變化。

▷ **宇宙膨脹**
宇宙擴張不僅是太空中的星系之間相互遠離——大部分是空間本身的膨脹引起的。這是大霹靂爆炸的結果，當時不僅形成了物質，還造就了空間和時間。

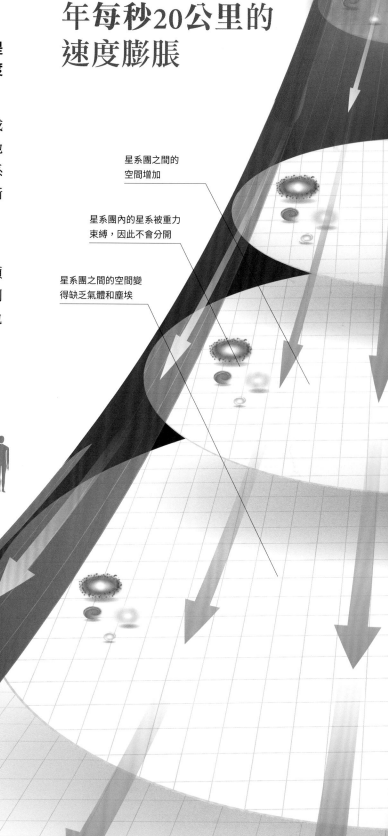

# 宇宙以每百萬光年每秒20公里的速度膨脹

星系團之間的空間增加

星系團內的星系被重力束縛，因此不會分開

星系團之間的空間變得缺乏氣體和塵埃

宇宙持續膨脹

## 回溯時間

雖然光是宇宙中最快的東西，但它的速度仍然有限，一年約前進 9.5 兆公里。計入宇宙膨脹的因素，我們就能把望遠鏡變成時光機。我們看到太空中愈遠的天體，光抵達我們所花的時間就愈長，我們就看到愈久遠之前的時間。因此，最遙遠的星系看起來也是最古老和最原始的。

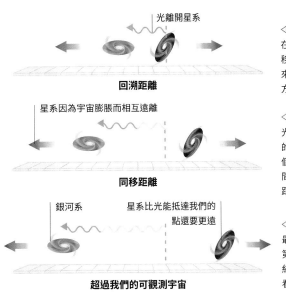

光離開星系

**回溯距離**

星系因為宇宙膨脹而相互遠離

**同移距離**

銀河系　　　　星系比光能抵達我們的點還要更遠

**超過我們的可觀測宇宙**

◁ **延展的太空**
在宇宙尺度上，大部分遙遠星系的紅移不是來自單純的都卜勒頻移，而是來自光線穿過膨脹的宇宙時被拉伸的方式。

◁ **退行星系**
光線可能需要一段時間才能穿過遙遠的星系之間，但光線終於抵達時，兩個星系的距離可能又更遠了。星系之間真正分開的距離稱為它們的「同移距離」。

◁ **變成不可見**
最遙遠的天體——在宇宙早期形成的第一代恆星和星系——經歷了極端的紅移，即使用最先進的望遠鏡也無法看見。

## 利用紅移測繪

因為愈遙遠的星系紅移愈大（這種效應稱為哈伯定律），因此我們可以利用紅移本身，來估算那些因為太遙遠而無法用其他方式測量距離的星系。測繪天空不同區域的星系紅移，能夠顯示出超星系團如何形成稱為「細絲」（filament）的延展長鏈和薄片網絡，以及由細絲所圍繞、稱為「空洞」（void）的巨大空曠區域。

**2度視場星系紅移巡天**

10h 11h 12h 13h 14h 03h 02h 01h 00h 23h 22h

紅移 0.05 0.10 0.15 0.20

十億光年 0.50 1.00 1.50

△ **紅移巡天**
這張來自2度視場星系紅移巡天（2dF Galaxy Redshift Survey）觀測而得的天圖，描繪出在兩片廣闊天區中超過20萬個星系的紅移，揭露了寬達數億光年的結構。這些結構太大，因此無法從大霹靂之後的重力效應形成。相反地，科學家認為這些結構深植於形成所有事物的物質初始分布。

# 宇宙的大小和結構

**我們所能見到的周遭宇宙範圍，受限於光的速度和宇宙膨脹的速率，但是宇宙整體的大小遠遠超出這個界限。**

大約在138億年前產生宇宙的大霹靂，不僅創造了物質，也創造了空間和時間。因此，理論上我們能見到的宇宙範圍是有限的，因為我們能看到的，只有光線已經來到我們眼前的那些區域。所以我們處於「我們的可觀測宇宙」的球形泡泡中心，但是宇宙本身的範圍遠遠超出這個邊界。事實上，宇宙中的每個位置都是它自己的可觀測宇宙的中心。

## 宇宙微波背景輻射

在大霹靂之後的瞬間，宇宙是個不透明的的膨脹火球，沒有光可以從中逃脫。因此，我們實際所能見到的宇宙最遙遠區域，是對應於大約38萬年後的時期，此時宇宙早期的「霧」已經散去。如果我們在任何方向上看得夠遠，仍然可以看到來自火球邊緣的光線，但在它抵達我們的138億年的旅程中，已經被紅移掉（見第70頁），因此來自火球的光線讓現在的整片天空以微波波段發光。

## 可觀測宇宙

我們對宇宙的觀測，僅限於光線能在過去的138億年中抵達我們的天體。然而，由於宇宙膨脹的關係（見第70-71頁），宇宙中最遙遠的區域本身正以光速遠離我們。因此來自可觀測宇宙之外區域的光線，無論經過多長時間都永遠無法抵達地球。

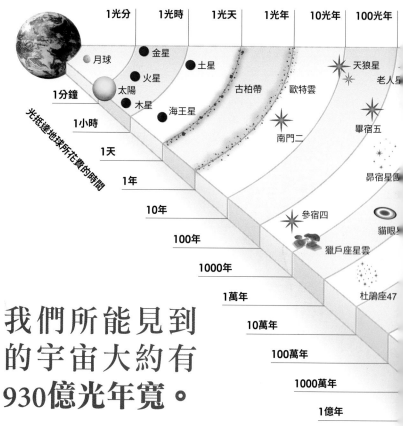

**我們所能見到的宇宙大約有930億光年寬。**

△ **回溯過往**
想要研究今天已不復存在的年輕宇宙特徵，方法之一就是往太空中看得更遠。在很遠的距離之外，我們能看到年輕的星系正在形成，說不定很快就能看到來自最初恆星的輻射。宇宙微波背景代表我們可以偵測到的最古早、最遙遠的光輻射。

△ **輻射圖**
歐洲太空總署的普朗克衛星測繪微波背景輻射的變化，對應了極微小的溫度差異。這些較早期宇宙溫度和密度的微小變化，顯示即使在這麼早期的宇宙已經有些地方開始形成結構。

**圖例**

| 圖示 | 名稱 | 圖示 | 名稱 | 圖示 | 名稱 |
|---|---|---|---|---|---|
| | 月球 | | 行星狀星雲 | | 星系 |
| | 行星 | | 球狀星團 | | 星系團 |
| | 恆星 | | 疏散星團 | | 銀河系中心 |
| | 行星形成星雲 | | | | |

## 時空

阿爾伯特・愛因斯坦的狹義相對論和廣義相對論，把宇宙的結構解釋成一個四維的「流形」（manifold），其中包含了三個我們熟悉的空間維度（長度、寬度和高度），這三個維度可以互換，也都能和第四個維度：時間互換。時空互換的情況僅在極端情況下才看得出來，例如物體以接近光速移動時，以及相當大的質量存在時。根據愛因斯坦的觀點，大型天體周圍的重力就是天體扭曲時空的方式造成的一種結果。

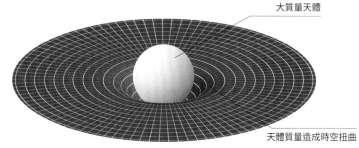

大質量天體

天體質量造成時空扭曲

**△ 扭曲的空間**
我們很難以四維的方式把時空概念視覺化，但如果把空間想像成一片扁平的橡膠板，那會容易許多。大質量的天體會在橡膠版上產生塌陷（重力場），並偏轉附近其他天體移動的路徑，甚至是光線（見第64頁）。

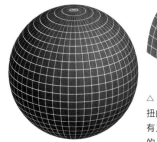

開放的宇宙

**△ 宇宙的形狀**
扭曲時空代表宇宙中的物質量影響了宇宙本身的形狀。如果有足夠的質量，那麼宇宙會向內彎曲，而且會是「封閉」的。如果質量不足，那麼時空會向外彎曲，且會是開放的。暗能量的發現（見第74頁）顯示我們的宇宙屬於後者。

封閉的宇宙

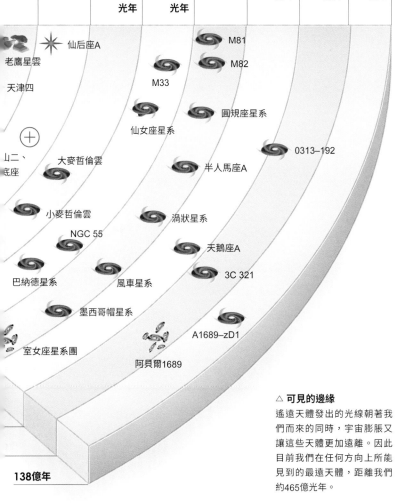

| | 萬光年 | 10萬光年 | 100萬光年 | 1000萬光年 | 1億光年 | 10.4億光年 | 162億光年 | 465億光年 |
|---|---|---|---|---|---|---|---|---|

138億年

**△ 可見的邊緣**
遙遠天體發出的光線朝著我們而來的同時，宇宙膨脹又讓這些天體更加遠離。因此目前我們在任何方向上所能見到的最遠天體，距離我們約465億光年。

## 不只一個宇宙

我們熟悉的宇宙肯定超出了我們所能見到的範圍，但這個宇宙是唯一的嗎？或者說，我們是更寬廣的多元宇宙的一部分嗎？一種稱為「永恆膨脹」的理論認為，我們的宇宙只是眾多宇宙中的一個。我們宇宙一開始時發生的那種暴脹能量爆發，正在持續產生新的「泡泡宇宙」。

**▷ 永恆膨脹？**
如果我們的宇宙是由相同原料創造出來的眾多宇宙之一，那麼個別泡泡宇宙的邊界可能偶爾會發生碰撞和交互作用。

**測繪暗物質**
我們無法直接看到暗物質，因此我們對它
的理解大部分來自所謂的重力透鏡效應
——因質量的集中使時空結構扭曲，偏轉
更遙遠物體的光線。這張影像以淺藍色表
示雙魚座方向CI 0024 + 17星系團周圍的暗
物質分布。

# 暗物質和暗能量

宇宙中發光的物質僅占整體組成的一小部分，另外還有大量稱為「暗物質」的不可見質量，以及另一種稱為「暗能量」的神祕物質。

天文學家自 1930 年代以來，就一直懷疑有暗物質存在。這種物質不但黑暗，而且完全不與光產生交互作用，只能透過重力感受到它的存在。最近，宇宙學家發現暗能量似乎能抵消重力的影響，使宇宙膨脹（見第 70-71 頁）加速。

## 暗物質的本質

暗物質的第一個證據來自兩個發現：星系在星系團內的運行方式，以及恆星在銀河系內的繞行速度。兩者都顯示宇宙所包含的暗物質要比發光物質多了約五倍。部分的暗物質可能是像死亡恆星和迷途行星這類黯淡的緻密天體，但大部分可能是未知的次原子粒子——僅透過重力與正常物質產生交互作用的微小天體。

## 什麼是暗能量？

在 1990 年代，宇宙學家發現始於大霹靂（見第 14-15 頁）的宇宙膨脹，並不如我們所預期的受到宇宙內所有暗物質和發光物質的重力影響而減速，而是隨著時間加速。這種造成宇宙膨脹的物質稱為暗能量，但我們對它所知甚少——它可能是時空本身某個不變的性質，即「宇宙常數」（cosmological constant），或者是一種因地而異的局部力量「第五元素」（quintessence）。哪種理論是正確的，可能會對宇宙的命運產生重要影響。

△ **子彈星系團（Bullet cluster）**
兩個遙遠星系團之間的碰撞，揭露了暗物質的運動。星系團大部分的發光物質是發出X射線的氣體雲（粉紅色），但暗物質（藍色）的分布則大致與可見星系（白色）的分布相同。

4.9% 正常物質

26.8% 暗物質

68.3% 暗能量

▷ **宇宙的組成**
宇宙學家可以利用愛因斯坦著名的等式 $E=mc^2$，來估計暗能量，與暗物質和發光物質本身帶有的能量這兩者之間的總體平衡。

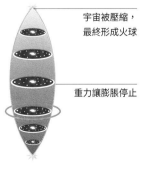

宇宙被壓縮，最終形成火球

重力讓膨脹停止

**大崩墜（Big Crunch）**

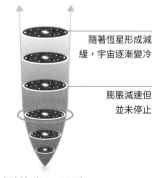

隨著恆星形成減緩，宇宙逐漸變冷

膨脹減速但並未停止

**大凍結（Big Chill）**

△ **宇宙的命運**
暗物質和發光物質的總合（重力讓宇宙膨脹減速）與暗能量（使宇宙膨脹加速）之間的精確平衡，最終將會決定我們的宇宙如何終結。

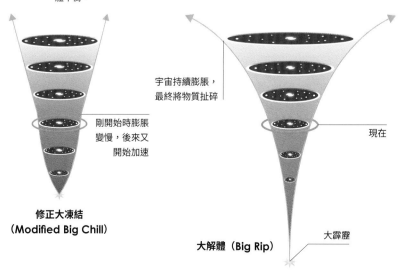

宇宙持續膨脹，最終將物質扯碎

剛開始時膨脹變慢，後來又開始加速

現在

**修正大凍結（Modified Big Chill）**

大霹靂

**大解體（Big Rip）**

# 觀察夜空

**光是我們得知宇宙遙遠天體資訊的主要來源，要捕捉發自遙遠恆星和星系的光線並加以研究，地面望遠鏡仍是重要的工具。**

鮮少有來自太空的物體抵達地球，有的話大多也都是來自附近的範圍。因此，研究從遙遙太空抵達地球的光線，是了解更寬廣宇宙中天體的最佳方式之一。有許多其他形式的輻射會被地球的大氣層吸收，天文學家使用位於太空的天文臺（見第 80-81 頁），就是為了利用那些輻射的波長來研究天體。

　　內望遠鏡能夠利用較大的面積收集光線，聚焦成小得多的影像，讓我們能夠看見那些黯淡到肉眼無法見到的天體。

放大這些微小的影像，我們就能分辨更精細的細節。然而現代科學使用的望遠鏡，與在自家後院觀星使用的望遠鏡非常不同，大多數是反射望遠鏡，這種類型的望遠鏡使用一系列的面鏡，把光線帶到會聚的路徑上，並在探測儀器上聚焦成影像。望遠鏡由可前後擺動的架臺支撐，讓它能夠跟上天體在天空中移動的路徑。天文學家使用一種稱為「干涉法」的技術連結兩個或更多個望遠鏡，以偵測更精密的細節。

▷ **折射望遠鏡和反射望遠鏡**
1609年左右，一位荷蘭的眼鏡製造商使用以透鏡為主的折射望遠鏡設計，發明了第一架望遠鏡。折射望遠鏡使用一面稱為物鏡的透鏡來收集光線，並將光線彎曲到焦點，而另一面透鏡（目鏡）則用來放大影像。最簡單的反射望遠鏡設計是艾薩克·牛頓（Isaac Newton）在1668年左右發明的，利用曲面鏡來收集光線，把光線引導到次鏡，再引導到以透鏡構成的目鏡。

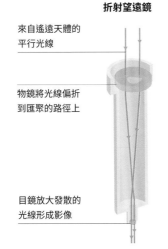

**折射望遠鏡**

來自遙遠天體的平行光線

物鏡將光線偏折到匯聚的路徑上

目鏡放大發散的光線形成影像

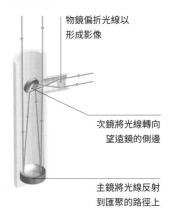

**反射望遠鏡**

物鏡偏折光線以形成影像

次鏡將光線轉向望遠鏡的側邊

主鏡將光線反射到匯聚的路徑上

◁ **向光線學習**
專業的天文學家很少直接透過望遠鏡的目鏡觀察，而是使用儀器把光線引導到各種偵測器上——包括數位相機、光度計（精確測量來自單獨天體的光線亮度），以及能夠分析光線顏色的光譜儀，這讓科學家能夠了解恆星的化學組成。

**葉凱士天文臺**
102公分，美國威斯康辛州，1893
最大型的反射式望遠鏡

**海爾反射鏡**
508公分，美國加州，1948
單一鏡面反射望遠鏡的里程碑

**多鏡面望遠鏡**
等效口徑4.5公尺，美國亞利桑那州，1979
開創性的多鏡面望遠鏡，在2000年改建為單鏡面望遠鏡

**哈伯太空望遠鏡**
2.4公尺，低空地球軌道，1990
第一架大型太空望遠鏡

**詹姆斯·韋伯太空望遠鏡**
6.5公尺，低空地球軌道，2018
預定的哈伯接班人

**凱克望遠鏡**
2x10公尺，夏威夷，1993/1996
第一座使用干涉儀的大型望遠鏡

**加那利大型望遠鏡**
10.4公尺，西班牙帕爾馬（La Palma），2008
最大的單一口徑望遠鏡

**超大望遠鏡**
4x8.2公尺，智利，1998-2000
總集光面積最大

**巨型麥哲倫望遠鏡**
等效口徑24.5公尺
將於智利建造，2025

**歐洲極大望遠鏡**
39.3公尺
於智利建造中，2024

△ **集光面積**
在20世紀的大部分時間裡，望遠鏡的集光面積受到技術的限制，但望遠鏡儀器在過去的數十年發展相當迅速。

0　　10　　20　公尺

**一般的20公分反射望遠鏡收集到的光量，是人類肉眼的830倍。**

**研究型望遠鏡**
大多數現代研究型望遠鏡，如圖中的歐洲極大望
遠鏡（European Extremely Large Telescope），
都位於山頂上，讓望遠鏡能高過氣流紊亂、又會
吸收光線的大氣層。使用多個面鏡可以增加望遠
鏡的集光面積，也能對更黯淡的天體成像。

◁ **無線電波望遠鏡**
人類在1930年代發現了來自
太空的無線電波信號，而今科
學家利用巨大的碗形天線加以
測量。無線電波的波長更長，
代表需要更大的集光面積才能
分辨出細節，但我們可以用陣
列的方式連結無線電波天線，
如圖中位於美國新墨西哥州的
這個無線電波天線陣列。

# 望遠鏡發展史

望遠鏡是天文學家不可或缺的重要工具，能讓人類目力及於更遙遠之處，還能讓我們以不同的方式處理影像和數據，流傳後世。

一般認為望遠鏡是荷蘭的眼鏡製造商漢斯・李普希（Hans Lippershey）在 1608 年發明的，但第一個用望遠鏡觀察天空的，是義大利物理學家伽利略・伽利萊（Galileo Galilei）。自此望遠鏡技術有了長足的進步──鏡面反射望遠鏡的設計、能讓望遠鏡與恆星同步運動的架臺、用來分析星光化學組成的光譜學，以及能夠留下永久觀測記錄的攝影。現代的電腦控制和太空望遠鏡更是擴大了望遠鏡技術的極限。

伽利略・伽利萊

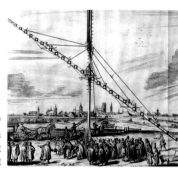

約翰・赫維留（Johannes Hevelius）建造的航空望遠鏡

### 1609年

**伽利略的望遠鏡** 伽利略的第一臺透鏡望遠鏡能讓影像放大三倍，但後來的設計很快地改進。他用望遠鏡發現了月球上的山脈、太陽上的黑子，以及肉眼無法看見的無數恆星。

### 1673年

**航空望遠鏡（Aerial telescope）** 改善望遠鏡放大倍率的一種方法，是使用相隔較遠的較大透鏡。在17世紀中期就曾根據這種想法，把透鏡懸掛在31公尺長的開放式結構上，作出一架巨大的航空望遠鏡。

位在夏威夷茂納開亞火山（Mauna Kea）高海拔處的兩座凱克望遠鏡

位於美國新墨西哥州的超大天線陣列

### 1980年

**望遠鏡陣列** 利用一種稱為干涉法的技術，能結合來自數個望遠鏡的訊號，模擬出單一臺大型儀器不可能達到的解析力。首度應用這項技術是用來觀測長波無線電波的超大天線陣列。

### 1970年

**軌道天文臺** 第一顆X射線天文衛星烏呼魯（Uhuru，在瓦西里語中意為「自由」）發射，是嶄新太空天文學時代的濫觴，讓我們得以利用被地球大氣阻擋的波段來研究宇宙。這些波段不僅包括X射線，還有紫外和紅外輻射。

### 1949年

**山頂的望遠鏡** 天文學家早已知道在高海拔處進行觀測，有助於減少影響星光的大氣亂流。但一直要到20世紀下半葉，才真正能在偏遠的山頂建立天文臺。

哈伯太空望遠鏡

### 1980年代

**多鏡面望遠鏡** 傳統鏡面的重量，讓望遠鏡的發展在20世紀中期一直停滯不前。但從1980年代開始，工程上的突破使望遠鏡能夠邁向更大的尺寸。關鍵的技術是排列蜂窩狀的多片鏡面，以模擬單一反射鏡面。

### 1990年

**哈伯太空望遠鏡** 早在1946年，就有人提出了把大型光學望遠鏡放在地球大氣層上方，以達到完美觀測條件的想法。哈伯太空望遠鏡在軌道上經歷了修復和升級，運作了超過四分之一個世紀。與現今的地面大型望遠鏡相比，哈伯的尺寸雖然不算大，但由於位置絕佳，因此能帶給我們令人驚嘆的影像和革命性的科學發現。

牛頓式反射望遠鏡的複製品

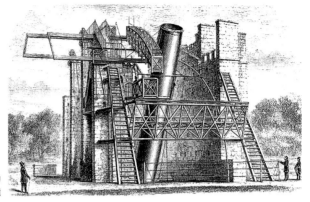

威廉·帕森斯的望遠鏡

## 1668年

**牛頓式反射望遠鏡** 英國物理學家和數學家艾薩克·牛頓設計了第一臺利用曲面鏡而非透鏡來收集光線的望遠鏡，這種望遠鏡緊湊輕巧得多，稱為牛頓式反射望遠鏡。

## 1781年

**威廉·赫歇爾** 18世紀晚期，英國天文學家威廉·赫歇爾（William Herschel）為他的反射望遠鏡面鏡開發了新的金屬，製造出當時最優異的望遠鏡，並發現包括天王星在內的新天體。

## 1845年

**帕森斯的龐然大物** 愛爾蘭天文學家威廉·帕森斯（William Parsons）在愛爾蘭的比爾城堡（Birr Castle）莊園內，建造了擁有1.8公尺面鏡的巨大反射望遠鏡。但由於需要牆壁支撐，這座望遠鏡僅能指向固定的範圍。後來的70多年，這座巨大的望遠鏡一直是世界最大的望遠鏡。

V-2火箭發射

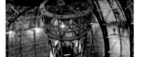

胡可望遠鏡

## 1949年

**太空中的天文學** 在1940年代後期，美國天文學家使用擄獲的德國V-2戰爭火箭，在地球大氣層之上攜帶輻射探測器進行短程飛行，證實地球大氣阻擋了諸如X射線等來自太空的輻射。

## 1933年

**無線電波天文學** 美國物理學家卡爾·顏斯基（Karl Jansky）發現來自天空的無線電波訊號與銀河的東升西落有關，為無線電波天文學揭開了序幕。無線電波的波長較長，因此需要非常大的集光面積。

## 1917年

**胡可望遠鏡（Hooker Telescope）** 威爾遜山天文臺（Mount Wilson Observatory）的2.5公尺胡可反射望遠鏡是第一座可機動操縱的巨大望遠鏡，到1949年之前保有世界最大望遠鏡的頭銜。在發現宇宙膨脹時，這座望遠鏡扮演了關鍵角色。

歐洲極大望遠鏡想像圖

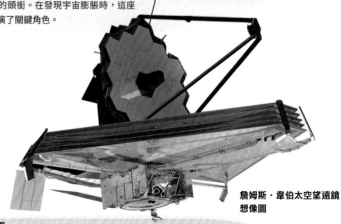

詹姆斯·韋伯太空望遠鏡想像圖

## 1998年

**超大望遠鏡** 智利歐洲南方天文臺的超大望遠鏡是由四座獨立的8.2公尺反射望遠鏡構成，不僅代表製造單一大型鏡片技術的突破，也能夠結合來自多個望遠鏡的光線。

## 2014年

**未來的巨型望遠鏡** 目前歐洲極大望遠鏡正在智利的阿塔卡馬沙漠興建中，這個望遠鏡的主鏡直徑超過39.3公尺，由798個獨立的面鏡構成，要到2024年才會開始啟用。

## 2018年

**詹姆斯·韋伯太空望遠鏡** 觀測紅外波段的詹姆斯韋伯太空望遠鏡是美國航太總署的哈伯望遠鏡接班人，能讓我們窺探前所未見的宇宙深處。巨大的遮陽板可以保護望遠鏡不受太陽的高溫和地球輻射的影響。

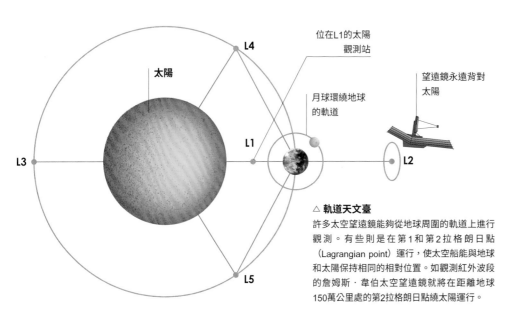

太陽

L4

L3

L1

L2

L5

位在L1的太陽觀測站

月球環繞地球的軌道

望遠鏡永遠背對太陽

△ **軌道天文臺**
許多太空望遠鏡能夠從地球周圍的軌道上進行觀測。有些則是在第1和第2拉格朗日點（Lagrangian point）運行，使太空船能與地球和太陽保持相同的相對位置。如觀測紅外波段的詹姆斯‧韋伯太空望遠鏡就將在距離地球150萬公里處的第2拉格朗日點繞太陽運行。

**星系演化探測器（Galaxy Evolution Explorer，簡稱 GALEX）**
用於觀測星系的紫外線衛星。

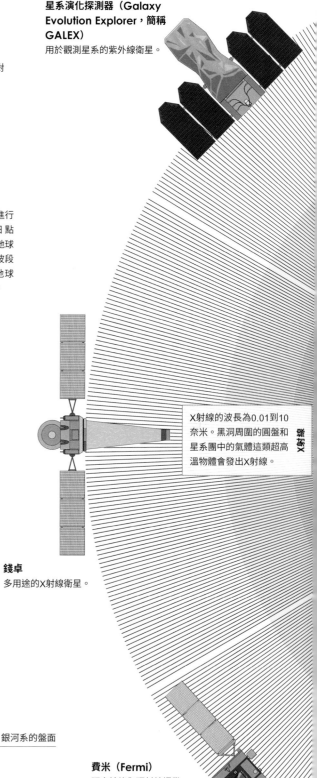

X射線的波長為0.01到10奈米。黑洞周圍的圓盤和星系團中的氣體這類超高溫物體會發出X射線。

**錢卓**
多用途的X射線衛星。

# 太空望遠鏡

**在地球上空軌道環繞的望遠鏡，不僅讓我們看到了不可見輻射被地球大氣阻擋的天體，也讓天文學家能利用可見光進行更精確的研究，為我們開啓了宇宙的新疆界。**

我們用來用觀察宇宙的可見光只是一種電磁波，是以自增強電場和磁場的形式在太空中移動的能量包。我們感受到顏色這種光的性質取決於光的波長，但其實電磁波譜的範圍寬廣得多，包含了很多更長和更短的電磁波，遠遠超過我們所能見到的顏色範圍。機器人式的太空望遠鏡能讓天文學家研究這些難以捉摸的波段，但這些望遠鏡往往與地面儀器有很大的差異，例如紅外望遠鏡就需要極度的冷卻，才不會讓自身發出的熱淹沒了微弱的訊號，而X射線和伽瑪射線則會直接穿過大多數的傳統鏡面望遠鏡。

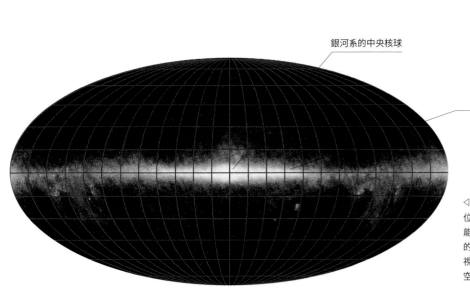

銀河系的中央核球

銀河系的盤面

**費米（Fermi）**
研究神祕伽瑪射線爆發的望遠鏡。

◁ **全天巡天**
位在地面上的望遠鏡會因為所在緯度的關係，只能觀察到特定的天區，而太空望遠鏡就少了這樣的限制。雖然地球可能隨時阻擋望遠鏡的大部分視野，但它們仍有足夠的時間可以巡查整片天空，建立像這張以紅外波長測繪的全天圖。

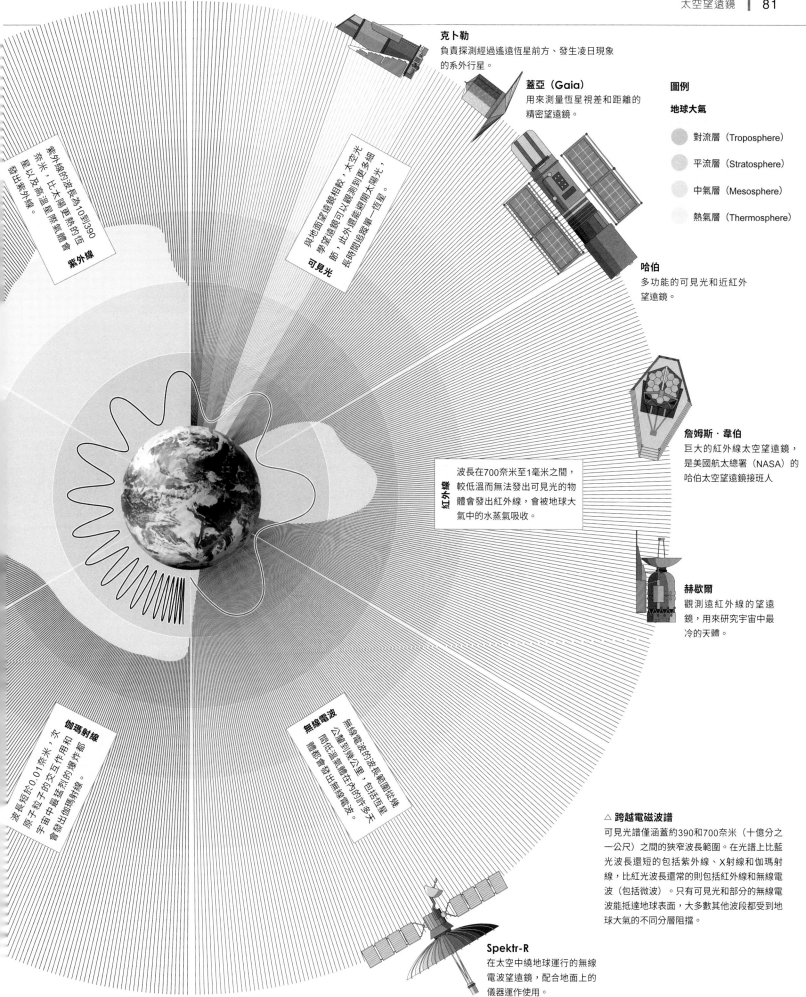

**克卜勒**
負責探測經過遙遠恆星前方、發生凌日現象的系外行星。

**蓋亞（Gaia）**
用來測量恆星視差和距離的精密望遠鏡。

**哈伯**
多功能的可見光和近紅外望遠鏡。

**詹姆斯·韋伯**
巨大的紅外線太空望遠鏡，是美國航太總署（NASA）的哈伯太空望遠鏡接班人

**赫歇爾**
觀測遠紅外線的望遠鏡，用來研究宇宙中最冷的天體。

**圖例**

**地球大氣**

對流層（Troposphere）

平流層（Stratosphere）

中氣層（Mesosphere）

熱氣層（Thermosphere）

**紫外線**
紫外線的波長為10到390奈米，比太陽更熱的恆星以及高溫星際氣體會發出紫外線。

**可見光**
與地面望遠鏡相較，太空望遠鏡可以觀測到更多細節，此外還能避開大陽光，長時間追蹤單一恆星。

**紅外線**
波長在700奈米至1毫米之間，較低溫而無法發出可見光的物體會發出紅外線，會被地球大氣中的水蒸氣吸收。

**伽瑪射線**
波長短於0.01奈米，次原子粒子的交互作用和宇宙中最劇烈的爆炸都會發出伽瑪射線。

**無線電波**
涵蓋電波波長範圍從幾公釐到幾十公里，包括眾多天體輻射會用無線電波譜在內的許多天體輻射會用無線電波。

**Spektr-R**
在太空中繞地球運行的無線電波望遠鏡，配合地面上的儀器運作使用。

△ **跨越電磁波譜**
可見光譜僅涵蓋約390和700奈米（十億分之一公尺）之間的狹窄波長範圍。在光譜上比藍光波長還短的包括紫外線、X射線和伽瑪射線，比紅光波長還常的則包括紅外線和無線電波（包括微波）。只有可見光和部分的無線電波能抵達地球表面，大多數其他波段都受到地球大氣的不同分層阻擋。

# 尋找外星生命

從古至今，人類總是對地球以外還有生命的可能性感到著迷，而外星生命存在的機率，以及探測到外星生命的希望，在近年來已經多次大幅提升。

尋找宇宙生命的行動已經有所轉變，因為我們發現自己的太陽系裡就有被海洋覆蓋的衛星，同時又有活躍的火山活動，另外還有無數的系外行星繞著其他恆星運行，為不同生命形式提供可能安居的家園。

## 生命的必要條件

傳統的理論認為，生命始於早期地表上含有化學物質的溫暖淺海，也就是所謂的「原始湯」，這似乎是最理想的環境，能同時提供形成生命的三種必要條件：碳基化學物質、水，和以陽光形式提供的能源。現在看來，碳和水這兩個條件似乎仍屬合理，因為這是複雜化學作用發展的基礎。但是「嗜極端生物」的發現，已經改變了對生命定義以及生存所需條件的看法；這類生物生活在深海火山口黑暗深淵，甚至是地底深層的高溫岩石中，以化學能為食。

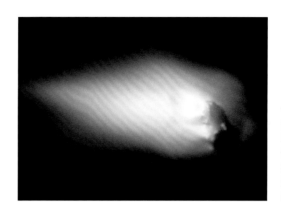

◁ 運輸生命

有些天文學家推測，地球上的生命不見得需要從零開始演化。隕石或彗星內部可能就帶有生物，或至少有助於生命發生的複雜化學物質，在行星之間轉移。

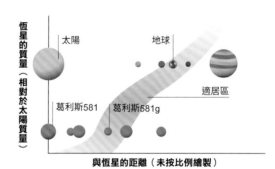

◁ 適居區

在任何恆星周圍最適合生命居住的地方，可能都有類地球行星，這個區域的溫度剛剛好，能讓表面有液態水存在。目前我們已經確認了一些這樣的行星，在銀河系中這一類的行星可能數量龐大。

▽ 耐逆境生物

緩步動物是一群體型微小的動物，也稱為「水熊蟲」，從牠的耐受性可看出，生命能夠在與地表迥異的條件下持續生存。水熊蟲能忍受極端的溫度和壓力，能在太空的真空中生存，並能承受輻射的轟擊。

## 生命的特徵

任何形式的生命，都必須透過一系列稱為新陳代謝的化學反應來維持自己的生存，因而不可避免地會逐漸改變周遭的環境。例如氧這種具有天然反應性的化學物質，經常會以礦物化合物的形式鎖在岩石中，若不是因為生命的演化，和數十億年來光合作用植物和藻類的代謝反應，地球的大氣就不會有氧氣存在。因此，大氣層中的氧氣有可能作為一種化學生物特徵，表明生物的存在。天文學家已經測量了一些系外行星的大氣，但未來的望遠鏡應該會讓這樣的探測更普遍。

△ **土衛二（Enceladus）的海洋**
2005年，美國航太總署的卡西尼號（Cassini）探測器發現了土星的小型衛星土衛二上噴發出巨大的水冰煙流，顯示在地底下有一片因強大潮汐力加熱而保持液態的隱藏海洋，使得土衛二成為太陽系最有可能的生命棲所之一。

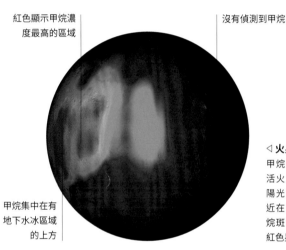

紅色顯示甲烷濃度最高的區域

沒有偵測到甲烷

甲烷集中在有地下水冰區域的上方

◁ **火星上的甲烷**
甲烷是一種只能由微生物或活火山產生的氣體，暴露在陽光下會迅速分解，因此最近在火星大氣層中發現的甲烷斑塊，引發不少有關這顆紅色星球的有趣疑問。

> 我們的銀河系中可通訊的文明估計數量從數百萬個，到只有一個都有可能。

## 智慧生物

搜尋地外智慧（Search for Extraterrestrial Intelligence，簡稱SETI）計畫使用各種方法，希望能夠追蹤宇宙中智慧外星人的證據。最常見的一種方法是在天空中尋找人為的無線電波信號，但必須是外星人故意朝著我們發射訊號，才比較有機會偵測到。

其他的方法還包括尋找科技特徵，如行星大氣中的污染，甚至外星工程導致的恆星光線變化。

▷ **太空中的信息**
在1970年代發射的兩艘太空探測器——1972年的先鋒10號（Pioneer10）和1973年的先鋒11號攜帶了繪有象形圖案訊息的金屬板。這些訊息是給可能在將來某個時間點攔截或找到其中一艘探測器的任何智慧生物。

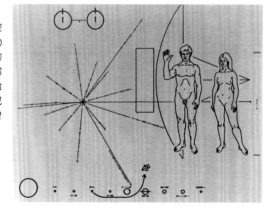

▷ **德雷克方程式**
1961年，搜尋地外智慧計畫的先驅法蘭克·德雷克（Frank Drake）設計了德雷克方程式，用來評估銀河系中任何時候可能透過無線電訊號進行通訊的文明數量。

**圖例**
● 德雷克方程式在1961年的估計
● 近期的估計

| 銀河系內可能與我們通訊的文明數量 | 銀河內恆星形成的速率 | 恆星有行星的可能性 | 每個行星系統中能夠維持生命的行星平均數量 | 上述行星發展出生命的可能性 | 演化出智慧生物的可能性 | 智慧生物發展出通訊技術的可能性 | 能夠通訊的文明的平均壽命 |
|---|---|---|---|---|---|---|---|

$$N = R \times f_p \times n_e \times f_1 \times f_i \times f_c \times L$$

| | | | | | | | | | | | | | | |
|---|---|---|---|---|---|---|---|---|---|---|---|---|---|---|
| 500 | 2,100 | 10 | 7 | 0.5 | 1.0 | 1 | 3 | 0.1 | 0.1 | 0.1 | 0.1 | 1.0 | 1.0 | 1萬年 | 1萬年 |

星座大觀

幾千年前，富有想像力的人類把恆星連成簡單的圖形，構成了最初的星座。天體運行的知識是有實用性的，夜晚的旅行者利用明亮的恆星和星座作為導航的輔助工具，恆星和星座的東升西落就像簡單的時鐘，而它們每年在天空中的移動則是日曆。再者，

# 夜空中的圖形 ─────────○

天空也像一本圖畫書，說書人可以在星空中想像出神靈、英雄和神獸的輪廓。不同的文明根據自身文化，有屬於自己的星座想像。目前我們所用的星座源於約 2000 年前古希臘人的 48 個星座，之後再加上了 16 至 18 世紀的天文學家發明的星座，特別是希臘人看不到的遙遠南方天空。在 1920 年代，天文學的管理機構——國際天文學聯合會（International Astronomical Union）正式認可了 88 個星座，這些星座填滿了從天球北極到南極之間的每個區域，之間沒有任何間隙。在這個時代，我們已經能用電腦控制地面和太空的望遠鏡，星座不再適用於原本的目的，但想要指出天體位於天空的大略區域時，星座仍然是有用的方法。此外，星座也讓我們與最初開始仰望星空、試圖了解宇宙運行的人類產生聯繫。

◁ **恆星的軌跡**
這些位在智利阿塔卡瑪大型毫米及次毫米波陣列（Atacama Large Millimetre / submillimeter Array，簡稱ALMA）上方天空的旋轉光跡，是長時間曝光所拍攝的恆星軌跡。雖然看起來這些恆星好像繞著天球南極轉動，但實際上這是地球繞著自轉軸旋轉的效果。

# 繪製星圖

人類觀察天空已有數千年之久，許多不同的文化把自己的神話，與他們在數以千計的可見恆星中辨認出來的圖形連結起來。

如今，國際天文學聯合會認可的星座有88個，這些星座在地球周圍形成完整的球體（見第94-95頁）。現代的星座系統奠基於古希臘天文學家托勒密所描述的48個星座，其他文明也在天空中辨認出不同的圖形，連結到自身的神話和傳說中，但目前只有希臘的星座系統被官方認可。一直要到16世紀的水手航向南半球展開探索，人類才開始測繪全新的天球區域，並創造新的星座。

巴比倫的黏土板

早期希臘星座的天球

## 公元前3000-1000年

**天文學的黎明** 蘇美和巴比倫的天文學家觀察太陽和恆星每年的運動，創造出第一批星座——如古丹納（GUD.AN.NA），也就是現代的金牛座。他們把觀察結果以楔形文字記錄在像這樣的黏土板上。

## 公元前400-250年

**第一個希臘星座系統** 希臘天文學家歐多克斯（Eudoxus）在一本名為《物象》（Phaenomena）的書中，把修正過的巴比倫星座引進西方。原始的文本早已佚失，但被另一位希臘人阿拉托斯（Aratus）改寫成教學詩，後來翻譯成拉丁文。

愛德蒙·哈雷

拜耳繪製的武仙座

## 1679年

**哈雷的南天巡天** 英國天文學家愛德蒙·哈雷（Edmond Halley）首次在聖赫勒納島（island of St Helena）對南天的天空進行了精確的觀測。他的星表包含341顆星，並發明了一個新的星座「查爾斯橡樹座」（Robur Carolinum），但未被其他天文學家接受。

## 1603年

**第一張全天星圖** 德國律師兼業餘天文學家約翰·拜耳（Johann Bayer）出版了第一本涵蓋整個天球的星空圖集《測天圖》（Uranometria）。48個托勒密星座各以一整頁的篇幅呈現，另有一頁記載12個新的南方星座。

## 1592年至1612年

**新的星座** 荷蘭製圖師兼天文學家彼得勒斯·普朗修斯（Petrus Plancius）引進了15個新的星座，其中12個位於歐洲無法見到的遙遠南方天空之中，星座內包含了荷蘭航海家彼得·德任·凱澤（Pieter Dirkszoon Keyser）和弗雷德里克·德·霍特曼（Frederick de Houtman）記錄到的恆星。

赫維留的小獅座

拉卡伊的南天星圖

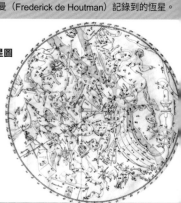

## 1690年

**赫維留的新星座** 波蘭天文學家約翰·赫維留發表了一份超過1500顆恆星的星表，比第谷·布拉赫的星圖更加詳盡精確，此外還有一份新的星圖。赫維留發表了十個新的星座，其中有七個仍然被現在的天文學家接受。

## 1725年

**佛蘭斯蒂德的星圖和星表** 英國第一位皇家天文學家約翰·佛蘭斯蒂德（John Flamsteed）製作了第一份使用望遠鏡觀測的主要星表，這份星表在他逝世之後才與《天體圖集》（Atlas Coelestis）一起出版，成為下個世紀的標準參考文獻。

## 1751年至1752年

**更多的南天星座** 法國天文學家尼古拉·路易斯·拉卡伊（Nicolas Louis de Lacaille）從好望角（Cape of Good Hope）觀測南天星空，發表了一份近2000顆恆星的星表及星圖。他引進了14個新的南天星座，這些星座直至今日仍被天文學家認可。

正在觀察天空的依巴谷

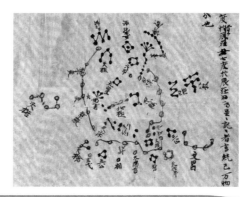

古代的中國星座

## 約公元前150年

**第一份重要的星表** 希臘天文學家依巴谷（Hipparchus）編纂了第一份重要的古老星表，將850顆星分成40多個星座。依巴谷還把恆星分成六個亮度等級，這是星等系統的起源。

## 約150年

**《天文學大成》** 希臘天文學家托勒密（Ptolemy）發表了一份名為《天文學大成》（Almagest）的希臘天文學概要，其中包含擁有48個星座的依巴谷星表的修訂版，之後將近1500年一直是西方天文學的標準著作。

## 約650年

**最古老的星圖** 現存最古老的星圖是一份繪於7世紀的中國卷軸。中國的星座比西方的星座小，數量比較多，有超過250個，托勒密的星座只有48個。中國的天文學家也比希臘人多記錄了數百顆恆星。

第谷的天文臺「天堡」（Uraniborg）

杜勒的北天星圖

阿爾蘇菲描繪的金牛座

## 1598年

**第谷·布拉赫** 丹麥天文學家第谷·布拉赫（Tycho Brahe）製作了一份更新的星表，收錄了1000多顆恆星，比托勒密的《天文學大成》精確了十倍。由於當時尚未發明望遠鏡，他使用的仍然是輔助肉眼觀測的儀器。

## 1515年

**杜勒的星圖** 阿爾布雷希特·杜勒（Albrecht Dürer）根據托勒密的《天文學大成》星表，繪製了第一張歐洲印刷星圖。其中一半描繪了黃道帶和北天的星座，另一半描繪了南邊的天空。星圖中的星座是依照天球上的位置反向繪製的。

## 964年

**阿拉伯星圖** 阿爾蘇菲（Al-Sufi）是位波斯天文學家，在西方以阿左飛（Azophi）之名為人所知。他的著作《恆星之書》（The Book of the Fixed Stars）是希臘《天文學大成》的更新版本，包括以阿拉伯風格繪製的各星座圖解，這是《天文學大成》中沒有的。

《波德星圖》中的飛馬座

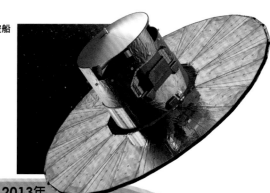

蓋亞太空船

## 1801年

**最偉大的星圖** 這份最古老的手繪星圖是由柏林天文臺（Berlin Observatory）臺長約翰·艾勒特·波德（Johann Elert Bode）於1801年出版，名為《波德星圖》（Uranographia），包含了1萬7700顆恆星，分為100多個星座，其中有五個星座是波德本人發明的。

## 1922年－1930年

**最後清單** 新成立的國際天文學聯合會（IAU）將認可的星座數量定為88個，涵蓋了整個天球，並正式制定星座邊界。從此時開始，就不能再添增新的星座。

## 1989年至1993年

**來自太空的星表** 歐洲太空總署的依巴谷（Hipparcos）衛星，為了紀念依巴谷而以他的名字命名。這顆衛星以前所未有的精確度蒐集資料，用於編纂出一份超過10萬顆恆星位置、運動和亮度的星表。

## 2013年

**3D的銀河系** 歐洲的蓋亞觀測衛星發射，耗時五年測量超過10億顆恆星的距離和運動，建立我們銀河系的三維地圖。

# 天球

**雖然恆星與地球之間的距離各不相同,但為了方便記錄它們在天空中的位置,我們假想所有的恆星都位在環繞地球的巨大球體內側。**

這個巨大的假想球體稱為天球。除了太陽之外,天空中的每顆恆星,以及其他包括星系在內的遙遠天體,都位在這個球面幾乎固定的位置上——更精確地說,要以極長的時間尺度來看,它們的位置才會改變。其他較近的天體,像是太陽和其他太陽系內的天體,看起來就像是以不同速度徘徊於天球的背景恆星之間,但仍遵循可預測的模式移動。

## 把天空當作一顆球

就像地球這個真實的球體一樣,天球也有北極、南極、赤道,和相當於緯度和經度的線條。它就像是地球儀的天體版本,我們可以在天球上記錄恆星和星系的位置,就像在地球儀上的特定緯度和經度找到不同城市的位置一樣。天球的概念還能幫助天文學家或是任何人更了解星座在地球上方的位置、夜晚的時間,以及在一年中的不同時間能看見哪些不同的天體。

**天球**
想像中的大型球體,所有恆星都「固定」在它表面上。

**黃道面**
想像中的平面,地球在這個平面上繞行太陽。

**太陽系行星的軌道**
大部分其他行星繞行太陽的軌道都很接近黃道面。

**太陽**

**黃道**
黃道面與天球相交的圓。

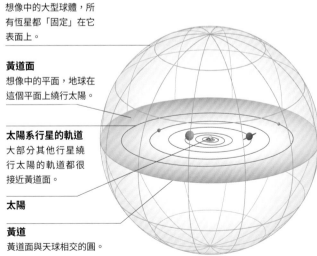

△ **黃道**
黃道是天球上的一個大圓圈,代表黃道面(地球繞太陽運行的平面)與天球的球面相交之處。從地球看出去,在天球的背景恆星中,太陽會一直在黃道上運動,而行星的軌跡則會在黃道附近。

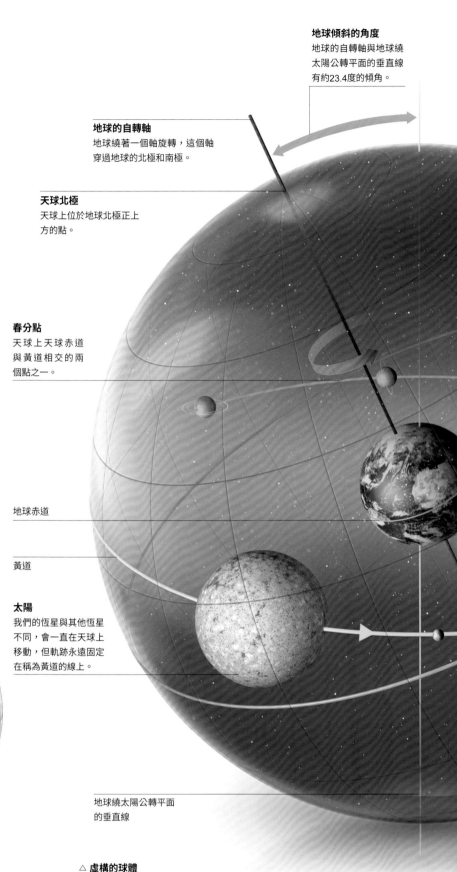

**地球傾斜的角度**
地球的自轉軸與地球繞太陽公轉平面的垂直線有約23.4度的傾角。

**地球的自轉軸**
地球繞著一個軸旋轉,這個軸穿過地球的北極和南極。

**天球北極**
天球上位於地球北極正上方的點。

**春分點**
天球上天球赤道與黃道相交的兩個點之一。

**地球赤道**

**黃道**

**太陽**
我們的恆星與其他恆星不同,會一直在天球上移動,但軌跡永遠固定在稱為黃道的線上。

**地球繞太陽公轉平面的垂直線**

△ **虛構的球體**
天球純粹是個想像的概念,有特定的形狀,但沒有特定的大小。天文學家使用天球表面上明確定義的定點和曲線,作為描述或決定恆星和各種類型天體位置的參考。

**天球赤道**
天球上位於地球赤道
正上方的大圓。

天球表面

**秋分點**
天球上天球赤道與
黃道相交的兩個點
之一。

**天球南極**
天球上位於地球南極
正上方的點。

## 恆星的視運動

如果有一個人站著不動，抬頭望向夜空，那麼他會看到恆星和其他天體緩慢地沿著彎曲的路徑在天空中移動。之所以會有這樣的視運動，是因為地球在天球內旋轉。所見的運動模式會依觀察者的位置而變化，在南北兩個半球的視運動看起來很相似，只是在北半球恆星似乎繞著天球北極逆時針旋轉，而在南半球則是繞著天球南極順時針旋轉。

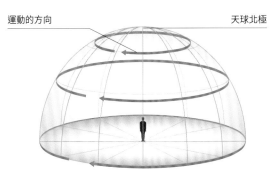

運動的方向　　天球北極

**△ 北極的視運動**
從觀察者的角度來看，恆星似乎繞著頭頂正上方的一點——天球北極——逆時針旋轉，地平線附近的恆星繞著地平線移動。

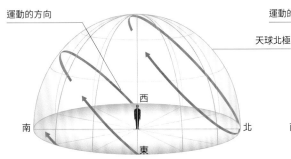

運動的方向　　天球北極
西　　南　　北　　東

**△ 北半球中緯度地區的視運動**
對這個觀察者來說，大多數恆星從東邊升起，穿過南邊的天空，在西邊落下。但靠天空北側的恆星繞著天球北極逆時針旋轉。

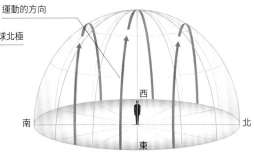

運動的方向
天球北極
西　　南　　北　　東

**△ 赤道上的視運動**
對於站在赤道上或靠近赤道的觀察者來說，恆星似乎從東邊垂直上升，劃過頭頂，然後再從西邊垂直落下。

## 天球坐標

天文學家可以使用類似緯度和經度的坐標系統，記錄天球上任何天體的位置。天文學家使用的坐標稱為赤緯和赤經，赤緯是以天球赤道以北或以南的度數來測量，而赤經是以天球赤道上春分點以東的度數來測量。

**▷ 精確定位恆星位置**
天球上赤緯的測量與地球表面緯度測量的方式非常相似，而赤經的測量則非常類似於經度的表示方法。圖中這顆恆星的赤緯（declination，簡稱Dec）為+45°，赤經（right ascension，簡稱RA）為1小時或15°。

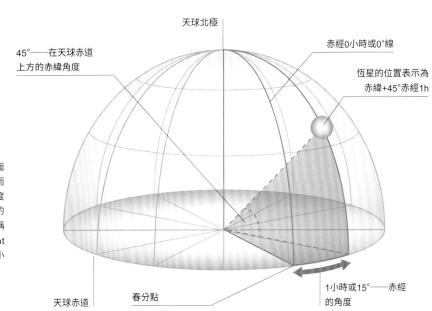

天球北極

45°——在天球赤道上方的赤緯角度

赤經0小時或0°線

恆星的位置表示為
赤緯+45°赤經1h

天球赤道　　春分點

1小時或15°——赤經的角度

# 黃道帶

雖然這個現象因為太陽的光芒太過耀眼而不太明顯，但當地球繞著太陽公轉時，太陽看起來就像在背景恆星間沿著天球上的一條帶狀區域移動，這個區域稱為黃道帶。

太陽在繞行天球的年度旅程中，會沿著稱為黃道的圓圈移動（見第 90 頁）。而在天球上往黃道兩側延伸約 8-9° 的範圍稱為黃道帶。黃道經過 13 個星座，這些星座至少有部分位於黃道帶中，因此也稱為黃道星座。占星術中的黃道帶被劃分為 12 個均等的區域，稱為「宮」，沒有包含蛇夫座。

太陽會在每個黃道星座中停留一段時間，但日期與占星術的黃道十二宮日期並不一致。這是由於歲差的影響，且各星座的大小也不相同。

每當太陽穿過黃道帶的某個特定區域時，我們會受到眩光的影響而難以看清衛在天球此區域內的恆星。在地球上最容易觀察到的，是天球中與太陽相反方向區域內的恆星，能在半夜看見。在一年的時間裡，地球繞行太陽時在夜晚所能見到的天球範圍——包括黃道帶的不同部分——有很大的變化。

蛇夫座是黃道帶上的第13個星座。

北半球冬至時，是太陽位在天球赤道下方最遠的時候。

## 太陽的移動

| 星座 | 在每個星座中的日期 | 星座 | 在每個星座中的日期 |
|------|------------------|------|------------------|
| 白羊座 | 4月19日－5月13日 | 天蠍座 | 11月23日－11月29日 |
| 金牛座 | 5月14日－6月19日 | 蛇夫座 | 11月30日－12月17日 |
| 雙子座 | 6月20日－7月20日 | 人馬座 | 12月18日－1月18日 |
| 巨蟹座 | 7月21日－8月9日 | 摩羯座 | 1月19日－2月15日 |
| 獅子座 | 8月10日－9月15日 | 寶瓶座 | 2月16日－3月11日 |
| 室女座 | 9月16日－10月30日 | 雙魚座 | 3月12日－4月18日 |
| 天秤座 | 10月31日－11月22日 | | |

△ **黃道的日期**
太陽經過13個黃道星座的日期與黃道十二宮的日期完全不同。

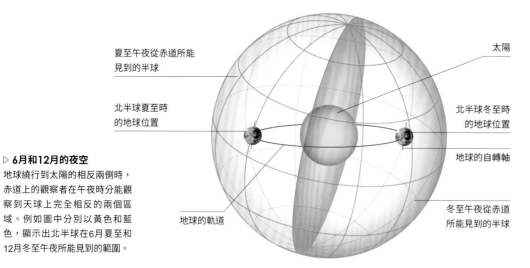

▷ **6月和12月的夜空**
地球繞行到太陽的相反兩側時，赤道上的觀察者在午夜時分能觀察到天球上完全相反的兩個區域。例如圖中分別以黃色和藍色，顯示出北半球在6月夏至和12月冬至午夜所能見到的範圍。

夏至午夜從赤道所能見到的半球

北半球夏至時的地球位置

地球的軌道

太陽

北半球冬至時的地球位置

地球的自轉軸

冬至午夜從赤道所能見到的半球

▷ **黃道帶**
黃道帶占了天球表面積的六分之一（圖中之深度為誇示），黃道貫穿中心。與太陽一樣，月球和太陽系行星的路徑也侷限在黃道帶中。

天秤座
蛇夫座
天蠍座
人馬座
摩羯座

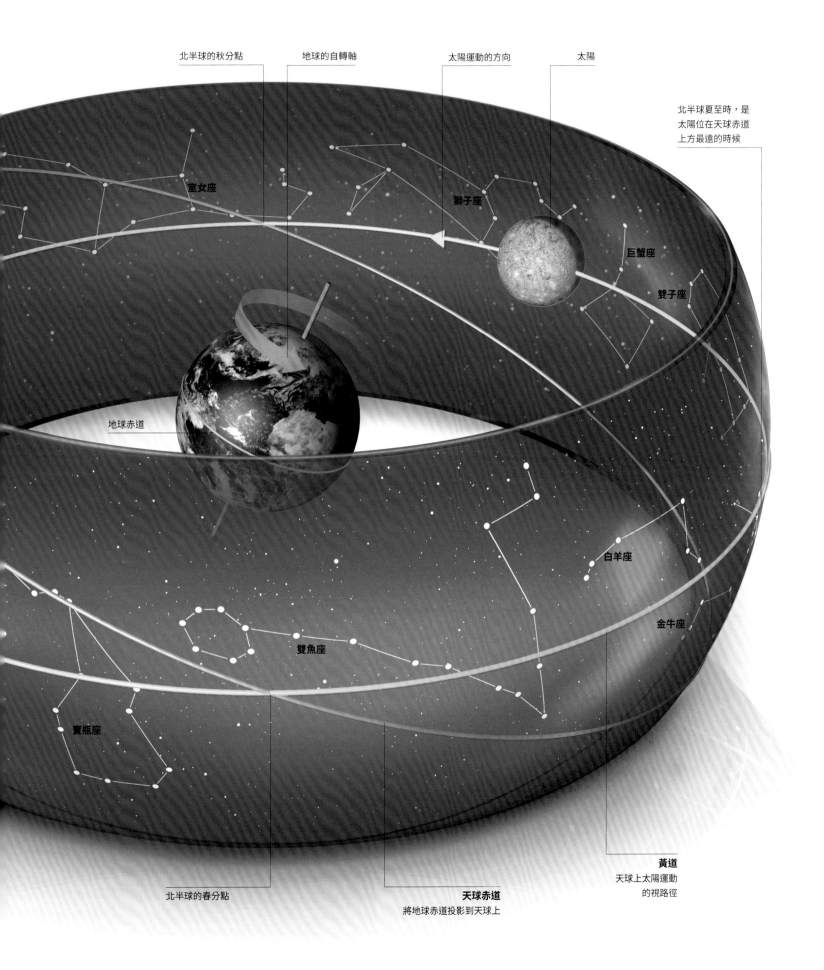

北半球的秋分點

地球的自轉軸

太陽運動的方向

太陽

北半球夏至時，是
太陽位在天球赤道
上方最遠的時候

室女座

獅子座

巨蟹座

雙子座

地球赤道

白羊座

雙魚座

金牛座

寶瓶座

**黃道**
天球上太陽運動
的視路徑

北半球的春分點

**天球赤道**
將地球赤道投影到天球上

# 測繪星空

**天文學家為了尋找太空中的天體，以及製作星圖，使用了稱為天球的參考坐標。天球是以地球為中心的虛擬球殼，可以定位天空中的任何物體。**

我們知道太空中的天體與地球的距離可近可遠，但為了定出它們的位置，我們想像這些天體全都被固定在天球內部。天球就像地球本身一樣，可以用經度線和包括赤道在內的緯度線分割。同樣地，正如地球的陸地區域被劃分成不同的國家，天球也被劃分為稱為星座的不同區域。

天球是圍繞地球的假想球體。

星座的邊界是水平或垂直的直線。

▷ **星座**

數千年來，人類用假想的線條把恆星連在一起，賦予它們不同的圖形，稱為星座，包括動物和神話中野獸和英雄的輪廓。20世紀初，國際天文學聯合會正式定義了88個星座，給予正式的名稱並定出每個星座的邊界位置。在這個現代的系統中，星座是天空中特定的區域，而不是恆星之間的線條圖形。

▽ **觀察者的位置**

從地球上某個特定的位置，在任何時間點都可以看到最多半個天球的範圍，其他的部分則被地球本身擋住。是否能看到特定的星座，也取決於觀察者的位置。例如，在北緯56度到南極之間可以看到整個大犬座。但在這個範圍北邊的帶狀區域內就只能看到部分的大犬座，而在北極周圍的區域則完全看不到大犬座。

**從太空中觀察的獵戶座**
在獵戶座中，假想的線條圖案代表希臘神話中獵人或戰士的身體。

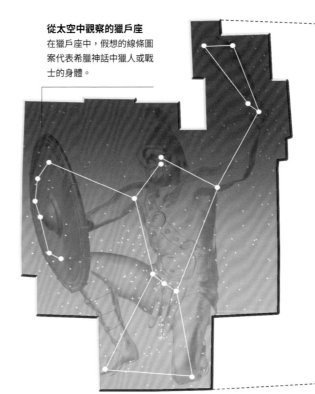

不可見

部分可見

全部可見

**大犬座在地球上的可見度**

大犬座

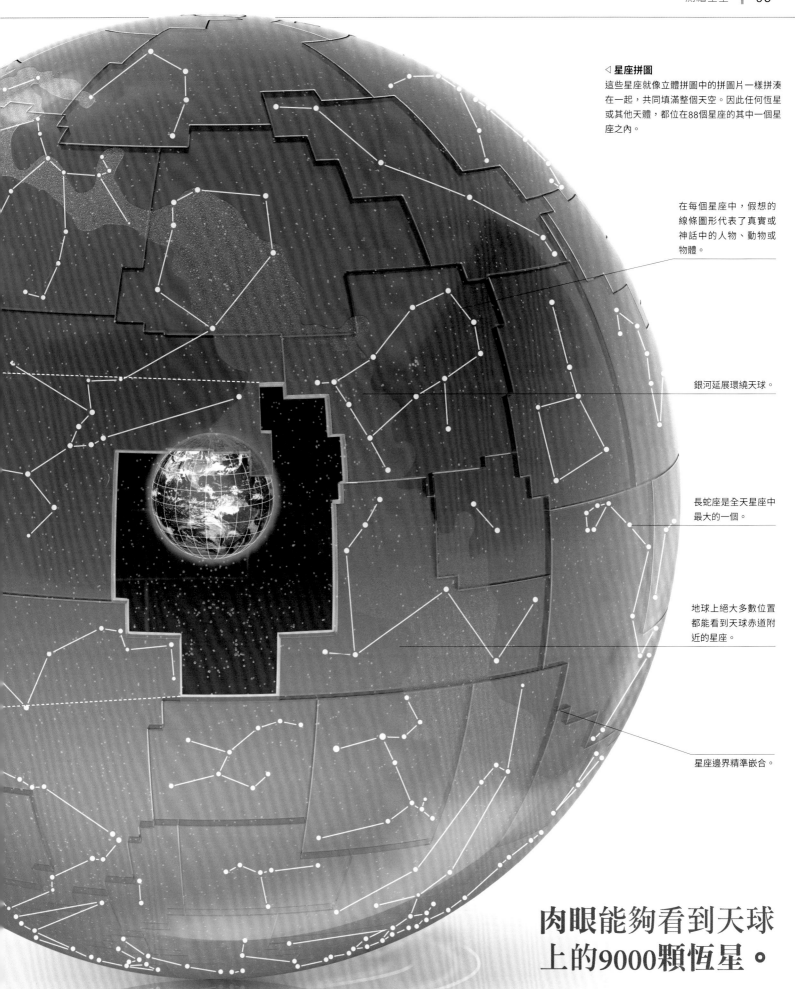

◁ 星座拼圖
這些星座就像立體拼圖中的拼圖片一樣拼湊在一起，共同填滿整個天空。因此任何恆星或其他天體，都位在88個星座的其中一個星座之內。

在每個星座中，假想的線條圖形代表了真實或神話中的人物、動物或物體。

銀河延展環繞天球。

長蛇座是全天星座中最大的一個。

地球上絕大多數位置都能看到天球赤道附近的星座。

星座邊界精準嵌合。

肉眼能夠看到天球上的9000顆恆星。

# 星圖

接下來幾頁介紹的六張星圖涵蓋了整個天球,其中北極區和南極區各有一張,兩者之間的帶狀區域有四張。

### 可見度、星等和距離

每個星座都有一個數據欄位,提供星座的關鍵資訊,包括可見全部星座範圍的緯度範圍,以及出現在天空最高處的月份。每顆主要恆星都有亮度符號標示出視星等,以及距離符號標示出恆星與地球的距離,以光年為單位。

北緯80度
北緯40度
0度
南緯40度
南緯80度

☼ 亮度　　⟷ 距離

### 星圖圖例

個別星座的星圖標示出星座內的主要恆星,包括構成星座圖形的恆星,和其他值得注意的恆星。星形的視星等(亮度)如右邊圖例所示。星圖上也標註了關鍵的深空天體,如星系、星雲和星團,右邊圖例列出了各自的代表符號。

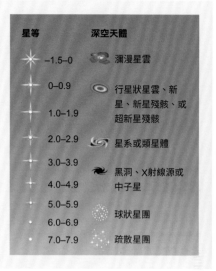

| 星等 | | 深空天體 | |
|---|---|---|---|
| -1.5-0 | | | 瀰漫星雲 |
| 0-0.9 | | | 行星狀星雲、新星、新星殘骸、或超新星殘骸 |
| 1.0-1.9 | | | |
| 2.0-2.9 | | | 星系或類星體 |
| 3.0-3.9 | | | |
| 4.0-4.9 | | | 黑洞、X射線源或中子星 |
| 5.0-5.9 | | | 球狀星團 |
| 6.0-6.9 | | | |
| 7.0-7.9 | | | 疏散星團 |

六張星圖共同顯示出地球周圍的整片天空,以及全部88個星座的位置。這兩頁的圓形星圖都是以天極為中心,接下來四頁的四幅星圖則涵蓋了赤道區域,每張星圖都以天球赤道的四分之一為中心。六張星圖之後的頁面就開始一一介紹個別星座。

# 星圖1
## 北極天區星空

這張星圖以天球北極為中心,顯示出北極天區的星座,涵蓋的範圍從赤緯90度的極點向南延伸到赤緯50度處。位於小熊座內的北極星距離極點不到1度,幾乎就位於這張星圖的中心。北極星和周圍的其他恆星是拱極星,對北半球的觀察者來說,這些恆星從來不會落到地平線下方。拱極星的天區範圍取決於觀察者的緯度,愈往北走範圍愈大。

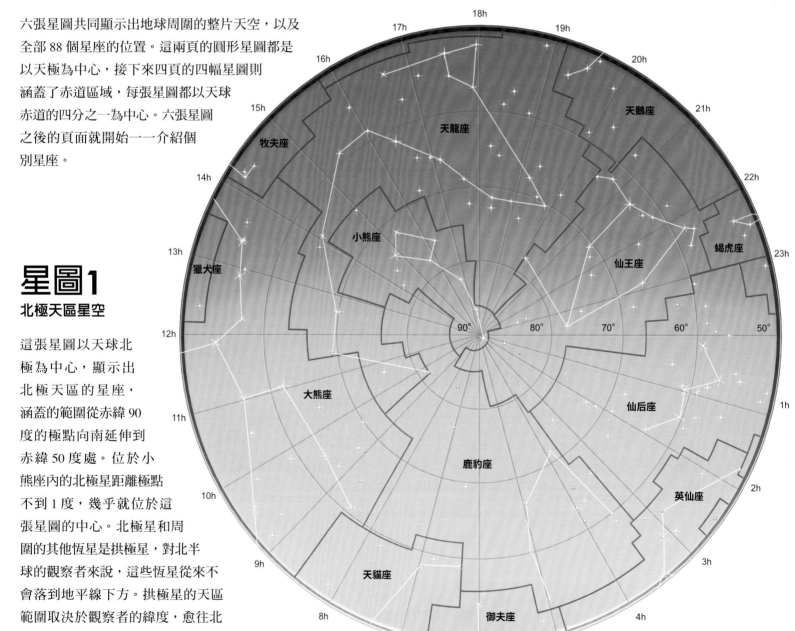

## 光度等級

大型星座的頁面列出了關鍵恆星的光度（發射的總能量，以太陽能量的倍數表示）尺度，包括光度最低和最高的主要亮星。

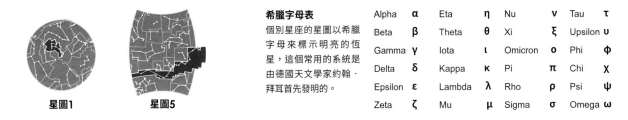

太陽的
0-50 倍

太陽的
50-100 倍

太陽的
100-250 倍

太陽的
250-500 倍

太陽的
500-1000倍

太陽的
1000-5000 倍

太陽的
5000-1萬倍

太陽的
1萬-100萬倍

太陽的100萬倍以上

## 星座定位圖

每個星座的數據欄位都有一張定位圖，標示出星座在天球上的位置。定位圖的編號與這幾頁的大範圍星圖相對應。

星圖1

星圖5

## 希臘字母表

個別星座的星圖以希臘字母來標示明亮的恆星，這個常用的系統是由德國天文學家約翰‧拜耳首先發明的。

| Alpha | α | Eta | η | Nu | ν | Tau | τ |
|-------|---|------|---|---------|---|---------|---|
| Beta | β | Theta | θ | Xi | ξ | Upsilon | υ |
| Gamma | γ | Iota | ι | Omicron | ο | Phi | φ |
| Delta | δ | Kappa | κ | Pi | π | Chi | χ |
| Epsilon | ε | Lambda | λ | Rho | ρ | Psi | ψ |
| Zeta | ζ | Mu | μ | Sigma | σ | Omega | ω |

# 星圖2
## 南極天區星空

這張星圖以天球南極為中心，顯示出南極天區的星座。涵蓋的範圍從赤緯-90度的極點向北延伸到赤緯-50度處。極點周圍的天空缺乏明亮的恆星，沒有一顆恆星的距離夠近而能確定極點的位置。對南半球的觀察者來說，極點周圍的恆星是拱極星，這些恆星在夜空中整夜可見，不會落到在地平線下方。觀察者所在的位置愈南，天區中拱極星的數量就愈多。

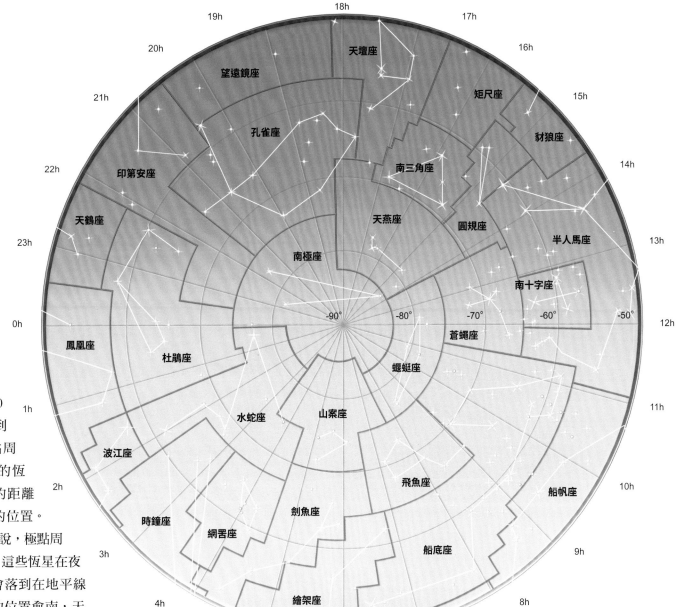

# 星圖3
## 赤道天區

這張星圖涵蓋的天區範圍最適合在 9 月、10 月和 11 月的傍晚觀察。星圖的中心是天球赤道與黃道（太陽的路徑）的交點，每年 3 月下旬太陽會從南邊越過此交點向北邊移動，這裡也是赤經開始測量的基準點，相當於地球上的經度 0 度。

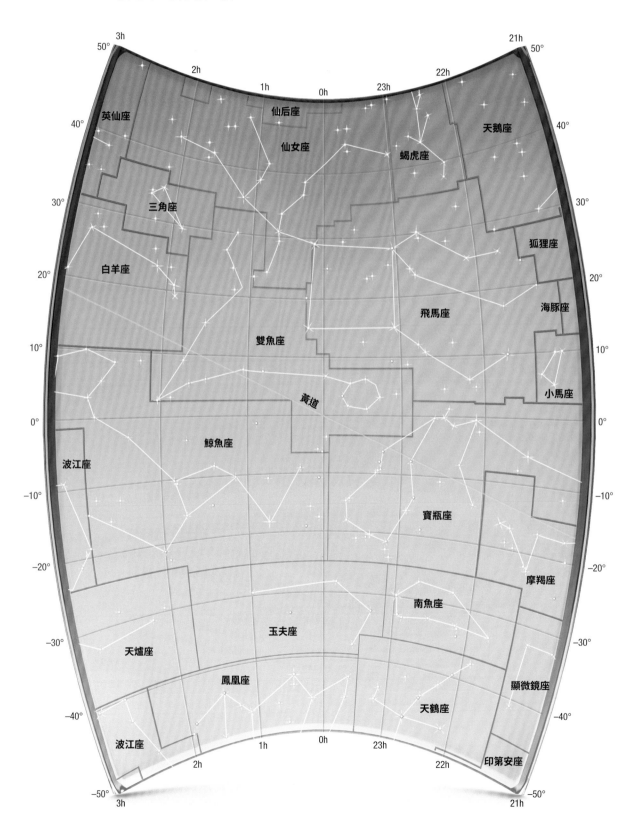

# 星圖4
## 赤道天區

這張星圖涵蓋的天區範圍最適合在6月、7月和8月的傍晚觀察。圖中的
太陽路徑總是位於天球赤道以南。每年12月21日左右，南半球白天最長、
北半球白天最短的那天，太陽會抵達路徑中最南的一點，位於人馬座內。
濃密的銀河系星野流經此區域，從北邊的天鵝座一路延綿到南邊的天蠍座。

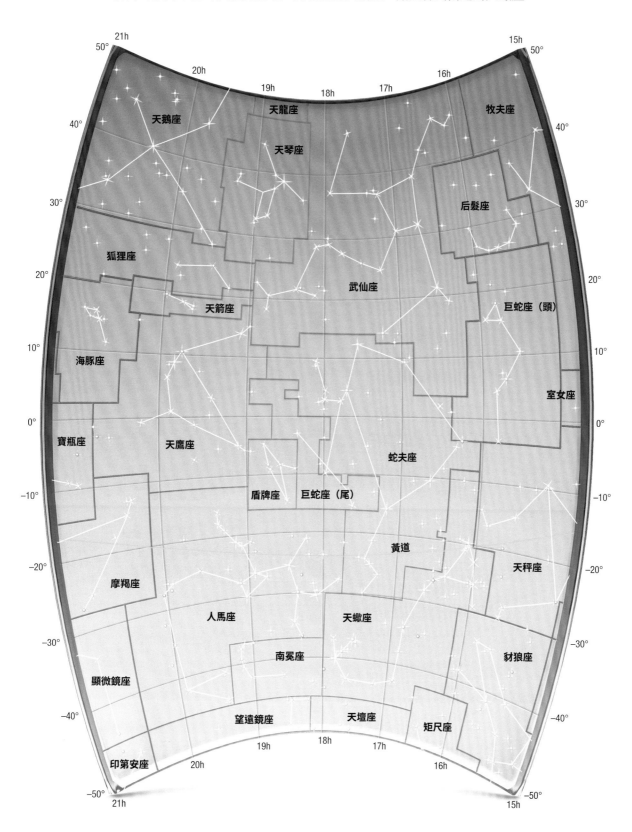

# 星圖5
## 赤道天區

這張星圖涵蓋的天區範圍最適合在 3 月、4 月和 5 月的傍晚觀察。星圖的中心是天球赤道與黃道（太陽的路徑）的交點，每年 9 月由北邊越過位於室女座內的此交點往南邊移動，這天整個星球的晝夜等長。牧夫座的大角星（Arcturus）出現在天空之際，也代表北半球春天的來臨。

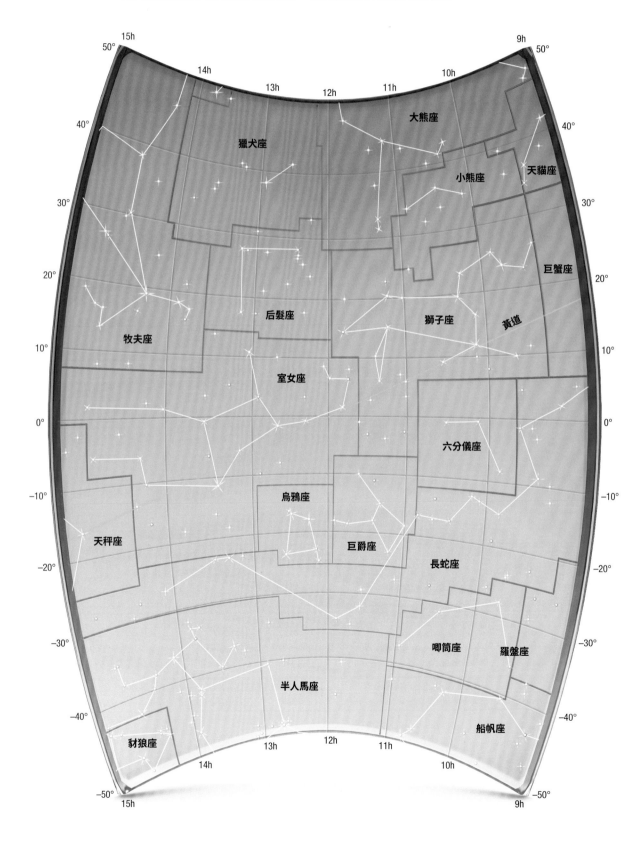

# 星圖6
### 赤道天區

這張星圖涵蓋的天區範圍最適合在 12 月、1 月和 2 月的傍晚觀察。星圖中的太陽路徑總是位於天球赤道以北。每年 6 月 21 日左右，太陽會抵達路徑中赤緯最南的一點，位在金牛座和雙子座的邊界，這天也是北半球白天最長、南半球白天最短的一天。

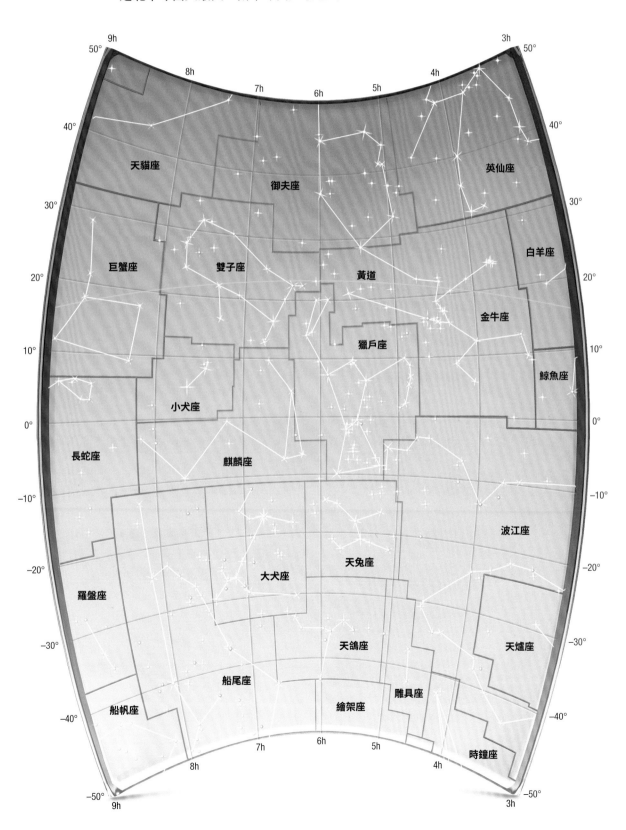

# 小熊座 URSA MINOR
## 小熊

**小熊座的範圍涵蓋了天球北極，星座中最明亮的恆星是勾陳一，也就是北極星。這個星座代表了一隻小熊，陪伴著大熊座所代表的大熊。**

小熊座包含了七顆排列成平底鍋形狀的主要恆星，有點像是北斗七星的縮小版，因此也有人稱它為小北斗。在希臘神話中，小熊座代表扶養宙斯的一位女神。勾陳一是小熊座中最明亮的恆星，非常靠近天球北極，是夜晚尋找北方的簡易指標。

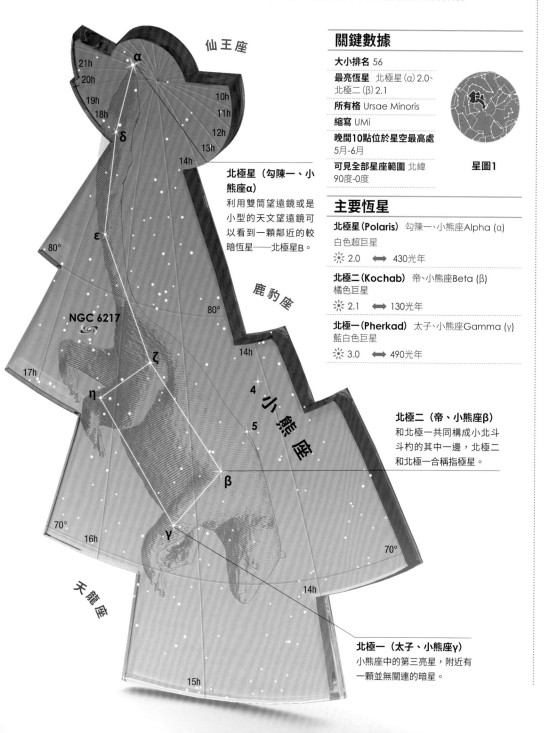

## 關鍵數據

**大小排名** 56

**最亮恆星** 北極星 (α) 2.0、北極二 (β) 2.1

**所有格** Ursae Minoris

**縮寫** UMi

**晚間10點位於星空最高處** 5月-6月

**可見全部星座範圍** 北緯90度-0度

星圖1

## 主要恆星

**北極星 (Polaris)** 勾陳一、小熊座Alpha (α)
白色超巨星
☀ 2.0　⟷ 430光年

**北極二 (Kochab)** 帝、小熊座Beta (β)
橘色巨星
☀ 2.1　⟷ 130光年

**北極一 (Pherkad)** 太子、小熊座Gamma (γ)
藍白色巨星
☀ 3.0　⟷ 490光年

**北極星（勾陳一、小熊座α）**
利用雙筒望遠鏡或是小型的天文望遠鏡可以看到一顆鄰近的較暗恆星——北極星B。

**北極二（帝、小熊座β）**
和北極一共同構成小北斗斗杓的其中一邊，北極二和北極一合稱指極星。

**北極一（太子、小熊座γ）**
小熊座中的第三亮星，附近有一顆並無關連的暗星。

# 仙王座
## CEPHEUS
### 神話中的衣索比亞國王

**仙王座是個暗淡的北天星座，形狀看起來像是個有尖頂的屋子，代表希臘神話中的國王，造父變星的原型也位於此星座內。**

據說仙王座是衣索比亞的國王，當時的衣索比亞是位於地中海東部的神祕國家，而不是我們現在知道位於非洲的衣索比亞。隔壁的仙后座是他的妻子，仙女座是他的女兒。仙王座最重要的特徵是兩顆著名的變星。造父一（仙王座 Delta）是第一顆被稱為造父變星的脈動變星。1784 年，英國的業餘天文學家約翰·古德利克（John Goodricke）注意到它的亮度變化，每 5 天 9 小時會從從 3.5 等變暗到 4.4 等。它也是一顆三合星，利用小型的天文望遠鏡可以看到其中一顆較暗的伴星。另一顆變星是造父四（仙王座 Mu），因為明顯的紅色而被稱為石榴星，是一顆紅色的超巨星，大約每兩年會從 3.4 等變暗到 5.1 等。

△ **IC 1396**
IC 1396位在仙王座南邊與天鵝座的交界處附近，是個被大量發光氣體環繞的星團。在這張照片中能夠看到明亮氣體旁的剪影，這個黑暗的區域稱為象鼻星雲，是充滿氣體和塵埃的新生恆星形成區。

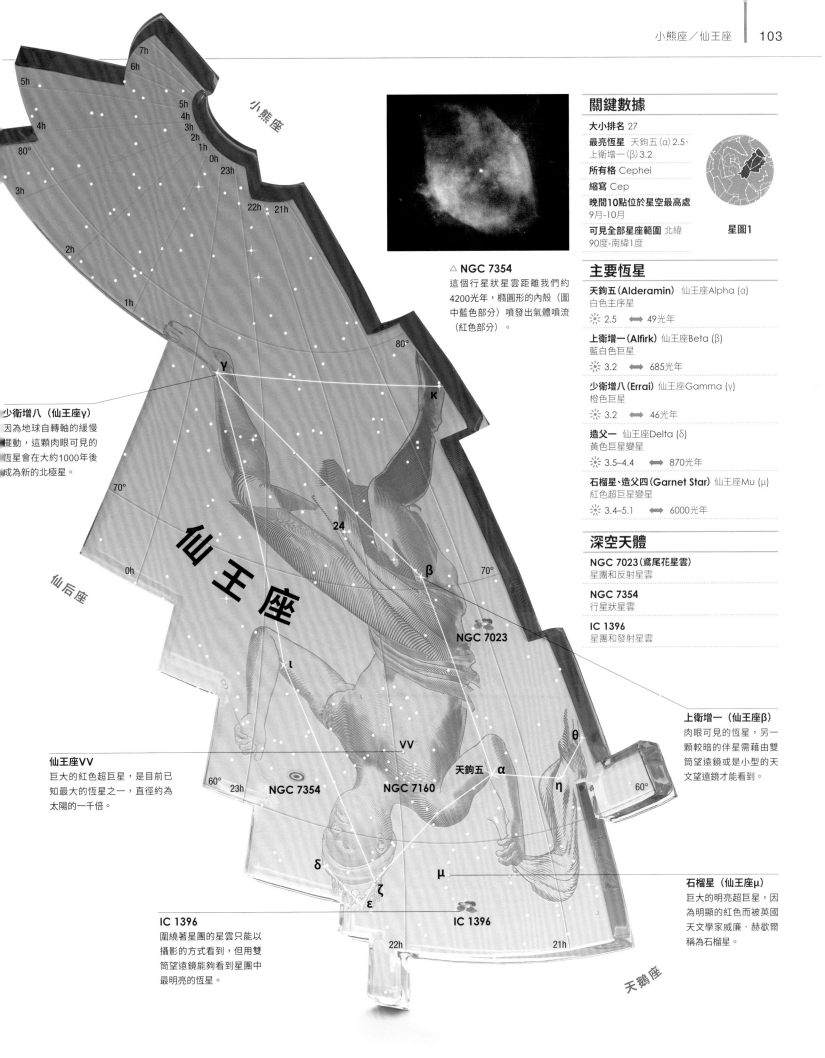

## 關鍵數據

**大小排名** 27

**最亮恆星** 天鉤五（α）2.5、
上衛增一（β）3.2

**所有格** Cephei

**縮寫** Cep

**晚間10點位於星空最高處**
9月-10月

**可見全部星座範圍** 北緯
90度-南緯1度

△ **NGC 7354**
這個行星狀星雲距離我們約
4200光年，橢圓形的內殼（圖
中藍色部分）噴發出氣體噴流
（紅色部分）。

## 主要恆星

**天鉤五（Alderamin）** 仙王座Alpha（α）
白色主序星

☀ 2.5 ⟷ 49光年

**上衛增一（Alfirk）** 仙王座Beta（β）
藍白色巨星

☀ 3.2 ⟷ 685光年

**少衛增八（Errai）** 仙王座Gamma（γ）
橙色巨星

☀ 3.2 ⟷ 46光年

**造父一** 仙王座Delta（δ）
黃色巨星變星

☀ 3.5–4.4 ⟷ 870光年

**石榴星、造父四（Garnet Star）** 仙王座Mu（μ）
紅色超巨星變星

☀ 3.4–5.1 ⟷ 6000光年

## 深空天體

**NGC 7023（鳶尾花星雲）**
星團和反射星雲

**NGC 7354**
行星狀星雲

**IC 1396**
星團和發射星雲

**少衛增八（仙王座γ）**
因為地球自轉軸的緩慢
擺動，這顆肉眼可見的
恆星會在大約1000年後
成為新的北極星。

**上衛增一（仙王座β）**
肉眼可見的恆星，另一
顆較暗的伴星需藉由雙
筒望遠鏡或是小型的天
文望遠鏡才能看到。

**仙王座VV**
巨大的紅色超巨星，是目前已
知最大的恆星之一，直徑約為
太陽的一千倍。

**石榴星（仙王座μ）**
巨大的明亮超巨星，因
為明顯的紅色而被英國
天文學家威廉・赫歇爾
稱為石榴星。

**IC 1396**
圍繞著星團的星雲只能以
攝影的方式看到，但用雙
筒望遠鏡能夠看到星團中
最明亮的恆星。

仙后座

仙王座

天鵝座

光度

尚書增一（天龍座Omega）
太陽的6倍

天桴增一（天龍座Nu）
太陽的9倍

天廚一（天龍座De
太陽的46倍

# 天龍座 DRACO
## 天上的飛龍

**天龍座蜿蜒環繞天球北極近半圈，最容易辨認的是構成天龍頭部的四顆恆星。**

天龍座代表古希臘神話中的巨龍，海克力士（Hercules）的 12 項任務之一就是要殺死天龍。在天空中，武仙座海克力士跪在天龍旁邊，一隻腳踩在天龍的頭上。雖然天龍座的範圍很大，但並不特別明顯。星座中最亮的天桴四（Etamin）亮度只有 2 等。這個星座有許多可以用小型天文望遠鏡，或甚至雙筒望遠鏡區分的雙星，包括天桴二是兩顆 5 等的雙星；天龍座 Psi(φ) 是 5 等和 6 等的雙星；天龍座 16 和 17 兩顆都是 5 等星；天龍座 40 和 41 則都是 6 等星。天龍座較少引人注目的深空天體，包括貓眼星雲（NGC 6543）和扭曲成螺旋狀的蝌蚪星系（UGC 10214）。

**天龍座Psi (ψ)**
5等和6等的雙星，可以輕易地使用小型的天文望遠鏡區分。

小熊座

40, 41

NGC 6786

天龍座

NGC 6503

NGC 6621/6622

NGC 6543

Abell 2218

**NGC 6543**
行星狀星雲，俗稱貓眼星雲，距離我們大約3000光年遠，利用小型天文望遠鏡可以看到藍色的圓盤。

UGC 1021

16, 17

**右樞是大約3000年前的北極星，但由於地球自轉軸擺動的關係，現在離天球北極有一段距離。**

武仙座

**扶筐三（天龍座39）**
一對分離較遠的雙星，分別為5等和8等，可以利用雙筒望遠鏡或小型天文望遠鏡區分。

**天桴四（天龍座Gamma）**
天龍座最亮的恆星，亮度2.2等。與天桴三（天龍座β）、天桴二（天龍座ν）、天桴一（天龍座ξ）構成龍頭的菱形部分。

**天桴二（天龍座Nu）**
一對分離較遠的雙星，皆為5等的白色恆星，可以利用雙筒望遠鏡或小型天文望遠鏡看見。

天棓四（Etamin）
太陽的250倍

右樞（Thuban）
太陽的255倍

天棓三（Rastaban）
太陽的905倍

## 關鍵數據

**大小排名** 8

**最亮恆星** 天棓四（γ）2.2、
少宰（η）2.7

**所有格** Draconis

**縮寫** Dra

**晚間10點位於星空最高處**
4月-8月

**可見全部星座範圍** 北緯
90度-南緯4度

**星圖1**

## 主要恆星

**右樞（Thuban）** 天龍座Alpha（α）
藍白色巨星
☀ 3.7 ⟺ 303光年

**天棓三（Rastaban）** 天龍座Beta（β）
黃色超巨星
☀ 2.8 ⟺ 380光年

**天棓四（Etamin）** 天龍座Gamma（γ）
橘色巨星
☀ 2.2 ⟺ 154光年

**天廚一** 天龍座Delta（δ）
黃色巨星
☀ 3.1 ⟺ 97光年

**上弼** 天龍座Zeta（ζ）
藍白色巨星
☀ 3.2 ⟺ 330光年

**少宰** 天龍座Eta（η）
黃色巨星
☀ 2.7 ⟺ 92光年

## 深空天體

**NGC 6503**
螺旋星系

**NGC 6543（貓眼星雲）**
行星狀星雲

**NGC 6621和NGC 6622**
交互作用星系

**NGC 6786**
螺旋星系

**UGC 10214（蝌蚪星系）**
瓦解的螺旋星系

**上輔（天龍座Lambda）**
亮度為4.1等的紅巨星，距離
我們335光年。

△ UGC 10214
也稱為蝌蚪星系（Tadpole Galaxy），這個形狀特別的星系
往後延伸出大約28萬光年的恆星和氣體流。影像左上方的
前景的旋臂是個較小的穿越星系，它的重力拉出了長長的
蝌蚪尾巴。

▽ NGC 6543
這個行星狀星雲至少由11個氣體和塵埃殼層組成，可能是
中心的恆星以1500年的間隔脈衝向外噴出所形成。殼層組
成的圖案像貓的眼睛，因此也稱為貓眼星雲。

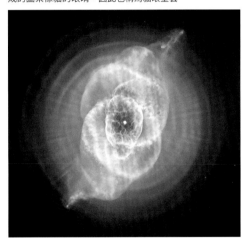

大熊座

M102

▷ 恆星距離
構成天龍座形狀的主要恆
星都距離地球不到500光
年。最近的是距離我們69
光年的上宰（天龍座θ）。
最遠的則是距離500光年
的少尉（天龍座κ），距離
500光年。最亮的天棓四
（天龍座γ）距離相對較
近，只有154光年遠。

地球

少尉（天龍座Kappa）
490光年

尚書增一（天龍座Omega）76光年

右樞（天龍座Alpha）303光年

上宰（天龍座Theta）69光年

天棓四（天龍座Gamma）154光年

距離

王良三（仙后座Eta）
太陽的1倍

王良一（Caph）
太陽的30倍

閣道三（Ruchbah）
太陽的70倍

# 仙后座
## CASSIOPEIA
### 驕傲的皇后

位在銀河裡的仙后座有五顆主要的亮星，排列成像 W 的鋸齒狀，因此在北方的夜空中很容易辨認。

在希臘神話中，仙王座的妻子仙后座是一位驕傲的皇后。海神波賽頓（Poseidon）為了懲罰她的驕傲，派出一隻怪物破壞他們國家的海岸線。仙后座和仙王座為了擺脫這隻怪物，只好把他們的女兒仙女座拴在岩石上作為祭品。幸運的是，她被英仙座從怪物的嘴裡救了出來。這個神話中的所有角色，都是夜空中緊鄰的星座。仙后座中有兩個超新星爆炸的殘骸。其中一個是 1572 年從地球能看到的第谷之星（Tycho's Star）。另一個發生在大約一個世紀後，但當時無法看見。使用小型天文望遠鏡可以看到仙后座中的幾個特色，包括美麗的雙星王良三（仙后座 Eta）和幾個疏散星團，特別是M52、M103 和 NGC 457。

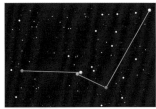

◁ 星座形狀改變
所有恆星都在太空中移動，因此星座的形狀也會隨著時間逐漸變化。左列圖為構成仙后座的恆星在5萬年前的樣子（上圖），以及5萬年後（中圖）和10萬年後（下圖）的形狀。

公元前5萬年

公元5萬年

公元10萬年

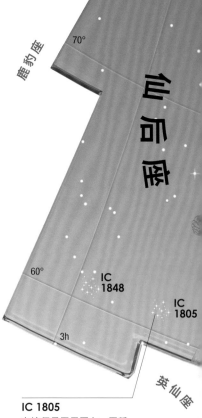

鹿豹座

3h

70°

仙后座

60°

IC
1848

IC
1805

3h

英仙座

IC 1805
在這個星團周圍有一團稱為心狀星雲（Heart Nebula）的發光氣體，因為它的形狀看起來很像人類的心臟。

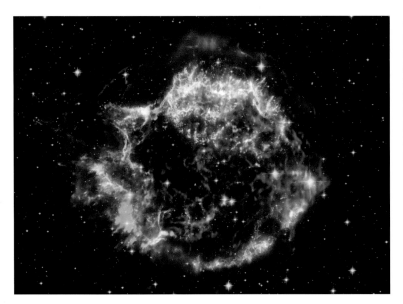

◁ 超新星殘骸仙后座A
天空中最強烈的無線電波源仙后座A，是距離我們約1萬1000光年的超新星爆炸殘骸。那個超新星的光應該在17世紀抵達地球，但在當時卻沒有留下觀察記錄，可能是被周圍的灰塵遮蔽而變暗。這張爆發恆星的影像結合了紅外線（紅色）、可見光（黃色）和X射線（綠色和藍色）波長觀測的結果。

▷ 恆星距離
仙后座的五顆主要恆星排列成明顯的W形，因此不少人會覺得這五顆星之間的相對距離可能很接近。但其實它們與地球的距離相差很遠。五顆星中，距離最遠的策（仙后座γ），也就是W形中間的那顆星，比離我們最近的王良一（仙后座β）要遠了超過十倍。

地球

閣道二（仙后座Epsilon） 410光年

策（仙后座Gamma）
550光年

王良一（仙后座Beta） 55光年

王良四（仙后座Alpha） 230光年

距離

王良四（Shedir）
太陽的540倍

閣道二（仙后座Epsilon）
太陽的630倍

策（仙后座Gamma）
太陽的3400倍

# 1572年11月，仙后座發生了亮度直逼金星的超新星爆炸，即使在白天也能看見。

### M103
可用雙筒望遠鏡或是小型的天文望遠鏡觀測，約由80顆恆星組成。因為外型的關係，也稱為ET星團、貓頭鷹星團（Owl Cluster），或是蜻蜓星團（Dragonfly Cluster）。

### SN 1572
首度由天文學家第谷·布拉赫觀測到的超新星，因此也稱為第谷之星。在1572年有幾個月，這顆超新星都是天空中最亮的星。

### 仙后座A
雖然沒有人觀測到這顆超新星的爆炸，但它留下的殘骸現在是個強大的無線電波源。

### 騰蛇十二、仙后座Rho（ρ）
騰蛇十二是光度很高的超巨星，亮度相當於50萬顆太陽。這顆恆星大約每10個月大小和亮度會生變化。

星圖1

## 關鍵數據
**大小排名** 25

**最亮恆星** 王良四（α）2.2、策（γ）2.2

**所有格** Cassiopeiae

**縮寫** Cas

**晚間10點位於星空最高處**
10月-12月

**可見全部星座範圍** 北緯90度-南緯12度

## 主要恆星

**王良四（Shedir）** 仙后座Alpha（α）
橘色巨星
☀ 2.2 ⟷ 230光年

**王良一（Caph）** 仙后座Beta（β）
白色巨星
☀ 2.3 ⟷ 55光年

**策** 仙后座Gamma（γ）
藍白色次巨星
☀ 2.4 ⟷ 550光年

**閣道三（Ruchbah）** 仙后座Delta（δ）
白色次巨星
☀ 3.4 ⟷ 99光年

**閣道二** 仙后座Epsilon（ε）
藍色巨星
☀ 3.4 ⟷ 410光年

**王良三** 仙后座Eta（η）
黃色主序星
☀ 3.4 ⟷ 19光年

**騰蛇十二** 仙后座Rho（ρ）
黃色超巨星變星
☀ 4.1-6.2 ⟷ 1萬2000光年

## 深空天體

**M52**
明亮的疏散星團，約有100顆恆星

**M103**
小型的疏散星團，約有25顆恆星

**NGC 457**
鬆散的疏散星團，約有80顆恆星

**NGC 663**
大型的疏散星團，約有80顆恆星

**NGC 7635**
發射星雲；也稱為氣泡星雲（Bubble Nebula）

**IC 1805**
被心狀星雲（Heart Nebula）環繞的星團

**仙后座 A**
超新星殘骸；強烈無線電波源

**SN 1572**
超新星殘骸

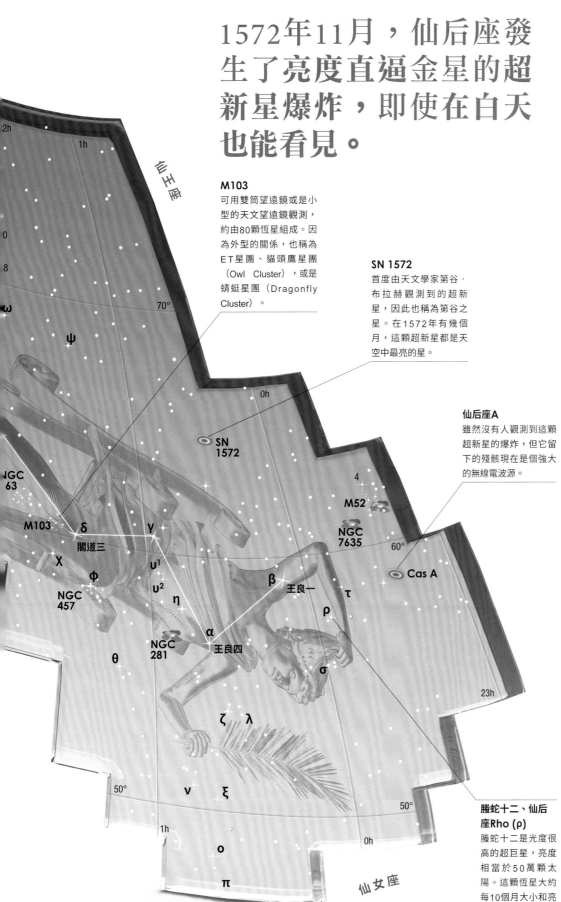

# 天貓座 LYNX
## 山貓

**這個北天的星座填滿了大熊座和御夫座之間的區域。一連串的恆星從天貓的鼻子延伸到尾部。**

波蘭天文學家約翰・赫維留以敏銳的視力聞名，他在 1687 年創立了天貓座，據他說只有敏銳如山貓的眼睛才能辨認出這個星座。大多數以肉眼觀察的人只能看到最亮星 α 等少數幾顆星。如果使用望遠鏡，就可以看到有趣的雙星和聚星，如三合星天貓座 19，由兩顆分別為 6 等和 7 等的恆星組成，另外還有一顆 8 等伴星距離較遠。值得注意的深空天體是遙遠的球狀星團 NGC 2419，和稱為天貓弧（Lynx Arc）的巨大恆星形成區。

◁ **天貓弧**
這個距離我們約120億光年遠的巨大光弧，讓我們得以穿越時光，一窺過去那段恆星劇烈形成的時期。天貓弧是已知最大、最亮、最高溫的恆星形成區域。它比著名的獵戶座星雲（Orion Nebula）亮了一百萬倍，擁有一百萬顆藍白色的恆星，是銀河系中類似溫度恆星的兩倍之多。

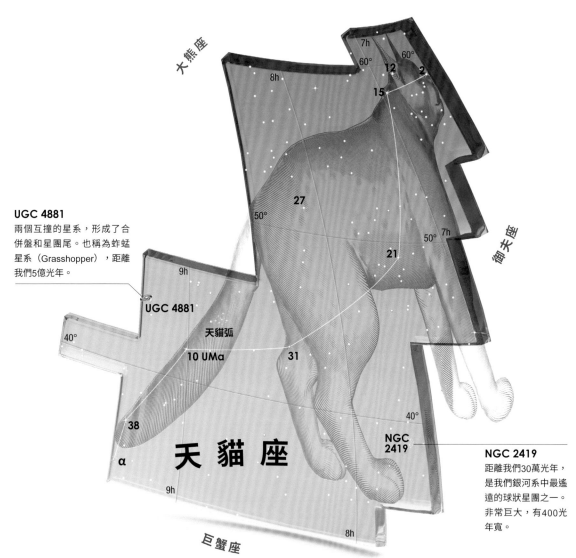

**UGC 4881**
兩個互撞的星系，形成了合併盤和星團尾。也稱為蚱蜢星系（Grasshopper），距離我們5億光年。

**NGC 2419**
距離我們30萬光年，是我們銀河系中最遙遠的球狀星團之一。非常巨大，有400光年寬。

---

## 關鍵數據

**大小排名** 28

**最亮恆星** 軒轅四（α）3.1、軒轅三（天貓座38）3.8

**所有格** Lyncis

**縮寫** Lyn

**晚間10點位於星空最高處** 2月-3月

**可見全部星座範圍** 北緯90度-南緯28度

**星圖6**

## 主要恆星

**軒轅四** 天貓座Alpha (α)
橘色巨星
☀ 3.1 ⟷ 203光年

**天貓座5**
光學雙星
☀ 5.2 ⟷ 625光年

**天貓座12**
三合星系統
☀ 4.9 ⟷ 215光年

**天貓座19**
三合星系統
☀ 5.8 ⟷ 470光年

**軒轅三** 天貓座38
藍白色主序星和雙星
☀ 3.8 ⟷ 125光年

## 深空天體

**NGC 2419**
球狀星團

**UGC 4881**
一對交互作用星系；也稱為蚱蜢星系

**天貓弧**
恆星形成區

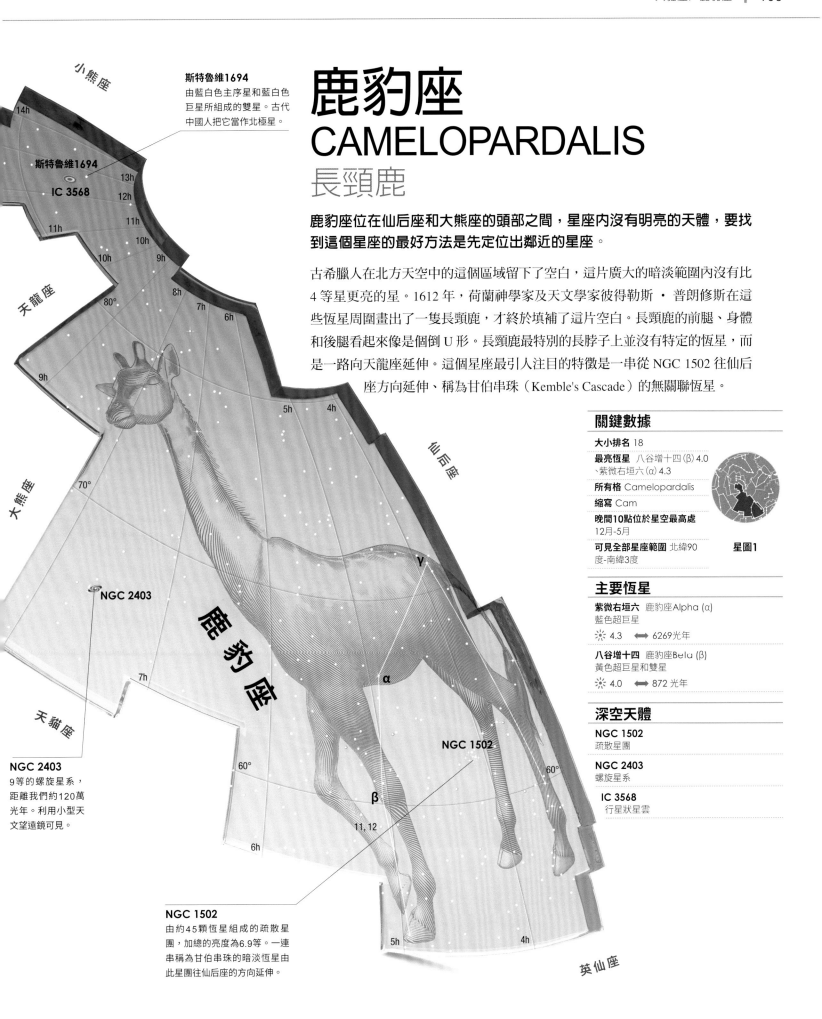

**斯特魯維1694**
由藍白色主序星和藍白色
巨星所組成的雙星。古代
中國人把它當作北極星。

# 鹿豹座
# CAMELOPARDALIS
## 長頸鹿

鹿豹座位在仙后座和大熊座的頭部之間，星座內沒有明亮的天體，要找到這個星座的最好方法是先定位出鄰近的星座。

古希臘人在北方天空中的這個區域留下了空白，這片廣大的暗淡範圍內沒有比 4 等星更亮的星。1612 年，荷蘭神學家及天文學家彼得勒斯 · 普朗修斯在這些恆星周圍畫出了一隻長頸鹿，才終於填補了這片空白。長頸鹿的前腿、身體和後腿看起來像是個倒 U 形。長頸鹿最特別的長脖子上並沒有特定的恆星，而是一路向天龍座延伸。這個星座最引人注目的特徵是一串從 NGC 1502 往仙后座方向延伸、稱為甘伯串珠（Kemble's Cascade）的無關聯恆星。

## 關鍵數據

**大小排名** 18

**最亮恆星** 八谷增十四 (β) 4.0 、紫微右垣六 (α) 4.3

**所有格** Camelopardalis

**縮寫** Cam

**晚間10點位於星空最高處** 12月-5月

**可見全部星座範圍** 北緯90 度-南緯3度　　　　星圖1

## 主要恆星

**紫微右垣六**　鹿豹座 Alpha (α)
藍色超巨星
☀ 4.3　⟷ 6269光年

**八谷增十四**　鹿豹座 Belu (β)
黃色超巨星和雙星
☀ 4.0　⟷ 872 光年

## 深空天體

**NGC 1502**
疏散星團

**NGC 2403**
螺旋星系

**IC 3568**
行星狀星雲

**NGC 2403**
9等的螺旋星系，
距離我們約120萬
光年。利用小型天
文望遠鏡可見。

**NGC 1502**
由約45顆恆星組成的疏散星
團，加總的亮度為6.9等。一連
串稱為甘伯串珠的暗淡恆星由
此星團往仙后座的方向延伸。

# 大熊座 URSA MAJOR
## 大熊

**第三大的星座大熊座最為人知的就是北斗七星（也稱為「犁」），這可能是整個夜空中最著名的恆星形狀。**

七顆星組成了大家熟知杓子形狀，也有人想像成耕田的犁：天樞、天璇、天機、天權、玉衡、開陽和搖光。斗柄的第二顆星是對遠距雙星，較亮的是開陽，較暗的伴星稱為輔（Alcor）。在斗杓中的天璇和天樞兩顆星，指向位於鄰近小熊座內的北極星。大熊座內還有幾個有趣的深空天體：包括盤面朝向我們的螺旋星系 M101，也稱為風車星系；M81 和又名雪茄星系（Cigar Galaxy）的 M82，這兩個星系在約 3 億年前可能相當接近；還有行星狀星雲 M97，因為外型看起來很像貓頭鷹的臉，因此也稱為貓頭鷹星雲（Owl Nebula）。

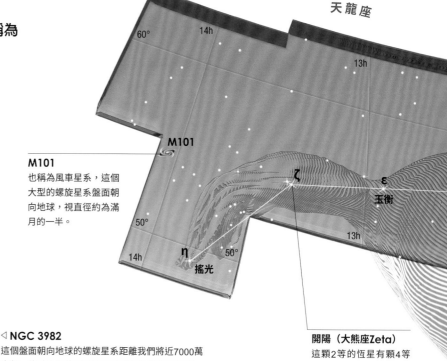

**M101**
也稱為風車星系，這個大型的螺旋星系盤面朝向地球，視直徑約為滿月的一半。

**開陽（大熊座Zeta）**
這顆2等的恆星有顆4等的伴星：輔，用肉眼勉強可以看到，用雙筒望遠鏡比較容易看見。

◁ **NGC 3982**
這個盤面朝向地球的螺旋星系距離我們將近7000萬光年，旋臂上還能看到明顯的粉紅色發光氫氣雲。這些雲氣就像我們銀河系裡的明亮星雲一樣，是恆星誕生的區域，較藍的區域是由高溫的年輕恆星組成。NGC 3982的寬度約為3萬光年，接近銀河系直徑的三分之一。

◁ **M82**
也稱為雪茄星系，由於與鄰近的星系M81產生交互作用，正在經歷劇烈的恆星形成。在這張由哈伯太空望遠鏡拍攝的影像中，紅色的部分是從雪茄星系盤面往上方和下方噴出的高溫電離氣體。這兩個星系位於大熊座較北的部分，距離地球有1200萬光年。

▷ **恆星距離**
構成大熊座形狀的主要恆星與地球的距離介於29至358光年之間。北斗首尾兩端的天樞和搖光，分別距離地球123和104光年。其他五顆星——天璇、天機、天權、玉衡、開陽的距離則差不多（各約80-86光年），而且在太空中都往同一個方向移動，形成了所謂的大熊座移動星群（Ursa Major Moving Group），是一個已經飄散開來的疏散星團。

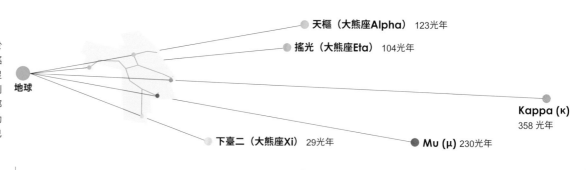

天樞（大熊座Alpha） 123光年

搖光（大熊座Eta） 104光年

地球

**Kappa (κ)**
358 光年

下臺二（大熊座Xi） 29光年

**Mu (μ)** 230光年

距離

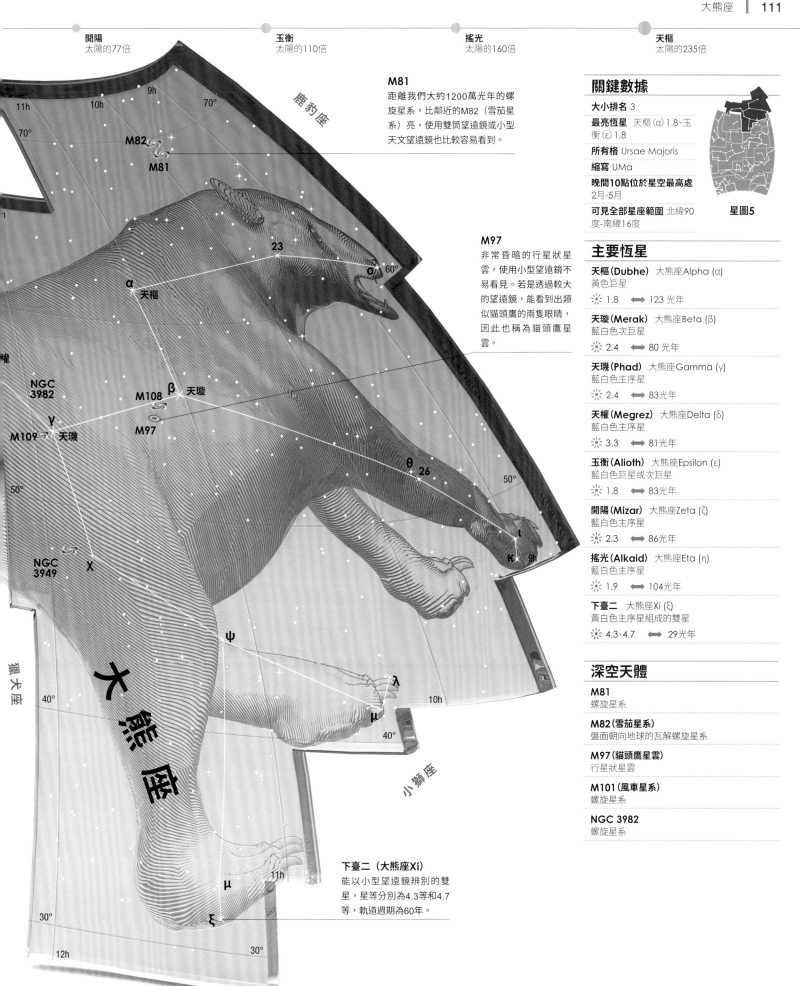

開陽
太陽的77倍

玉衡
太陽的110倍

搖光
太陽的160倍

天樞
太陽的235倍

**M81**

距離我們大約1200萬光年的螺旋星系，比鄰近的M82（雪茄星系）亮，使用雙筒望遠鏡或小型天文望遠鏡也比較容易看到。

**M97**

非常昏暗的行星狀星雲，使用小型望遠鏡不易看見。若是透過較大的望遠鏡，能看到出類似貓頭鷹的兩隻眼睛，因此也稱為貓頭鷹星雲。

**下臺二（大熊座Xi）**

能以小型望遠鏡辨別的雙星，星等分別為4.3等和4.7等，軌道週期為60年。

鹿豹座

獵犬座

大熊座

小獅座

## 關鍵數據

**大小排名** 3

**最亮恆星** 天樞（α）1.8、玉衡（ε）1.8

**所有格** Ursae Majoris

**縮寫** UMa

**晚間10點位於星空最高處** 2月-5月

**可見全部星座範圍** 北緯90度-南緯16度

星圖5

## 主要恆星

**天樞（Dubhe）** 大熊座Alpha（α）
黃色巨星
☀ 1.8 ⟷ 123 光年

**天璇（Merak）** 大熊座Beta（β）
藍白色次巨星
☀ 2.4 ⟷ 80 光年

**天璣（Phad）** 大熊座Gamma（γ）
藍白色主序星
☀ 2.4 ⟷ 83光年

**天權（Megrez）** 大熊座Delta（δ）
藍白色主序星
☀ 3.3 ⟷ 81光年

**玉衡（Alioth）** 大熊座Epsilon（ε）
藍白色巨星或次巨星
☀ 1.8 ⟷ 83光年

**開陽（Mizar）** 大熊座Zeta（ζ）
藍白色主序星
☀ 2.3 ⟷ 86光年

**搖光（Alkaid）** 大熊座Eta（η）
藍白色主序星
☀ 1.9 ⟷ 104光年

**下臺二** 大熊座Xi（ξ）
黃白色主序星組成的雙星
☀ 4.3、4.7 ⟷ 29光年

## 深空天體

**M81**
螺旋星系

**M82（雪茄星系）**
盤面朝向地球的瓦解螺旋星系

**M97（貓頭鷹星雲）**
行星狀星雲

**M101（風車星系）**
螺旋星系

**NGC 3982**
螺旋星系

# 獵犬座 CANES VENATICI
## 獵犬

位在牧夫座和大熊座之間的獵犬座，代表牧夫座牽著的兩隻獵犬。星座內有幾個值得一看的星系，最著名的是稱為渦狀星系的 M51。

古希臘並沒有獵犬座，這個星座是在 1687 年由波蘭天文學家約翰 · 赫維留創立的，他還引進了另外幾個新的星座。在他的想像中，這是由相鄰的牧夫座所牽著的兩隻獵犬。

這個星座沒有什麼重要的恆星。最明亮的恆星在 17 世紀被命名為 Cor Caroli，意思是查理的心臟，以紀念在 1649 年被共和國議會斬首的英王查理一世（King Charles I）。M51（見第 114-15 頁）是個盤面朝向地球的螺旋星系，位置在獵犬座上方靠近大熊座的邊界處。1845 年，愛爾蘭天文學家羅斯伯爵（Lord Rosse）首次在奧法利郡（County Offaly）比爾城堡（Birr Castle）自宅使用自製的望遠鏡，觀察到它的螺旋結構，讓人懷疑這樣的螺旋天體可能是遙遠太空中的獨立星系。M51 的距離約為 3000 萬光年，另一個較小的星系 NGC 5195 則位在其中一個旋臂的末端附近。

**1845年，羅斯伯爵使用當時世界上最大的望遠鏡觀測到M51，這是第一個被確認的螺旋星系。**

### 關鍵數據

**大小排名** 38

**最亮恆星** 常陳一（α）2.9、常陳四（β）4.3

**所有格** Canum Venaticorum

**縮寫** Vn

**晚間10點位於星空最高處** 4月-5月

**可見全部星座範圍** 北緯90度-南緯27度

星圖5

### 主要恆星

**常陳一** 獵犬座Alpha（α）
藍白色主序星
☀ 2.9 ⟷ 115光年

**常陳四** 獵犬座Beta（β）
黃色主序星
☀ 4.3 ⟷ 28光年

**香格里拉明珠（La Superba）** 獵犬座Y
紅巨星變星
☀ 4.9-7.3 ⟷ 1000光年

**獵犬座 RS**
食雙星
☀ 7.9-9.1 ⟷ 520光年

### 深空天體

**M3**
球狀星團

**M51**
螺旋星系；也稱為渦狀星系

**M63**
螺旋星系；也稱向日葵星系（Sunflower Galaxy）

**M94**
螺旋星系

**M106**
螺旋星系

**NGC 4244**
側向螺旋星系

**NGC 4449**
不規則矮星系

**NGC 4631**
側向螺旋星系；也稱鯨魚星系（Whale Galaxy）

◁ **M106**
這張螺旋星系M106的影像，由哈伯太空望遠鏡和兩位業餘天文攝影師——羅伯特 · 根德勒（Robert Gendler）和傑伊 · 賈巴尼（Jay GaBany）——的作品合成。

▽ **NGC 4449**
在這個矮星系中的發光斑點是恆星劇烈形成之處，可能是與單個或多個較小星系的相互作用或合併而引發的。

常陳一（獵犬座Alpha）
太陽的75倍

香格里拉明珠（獵犬座Y）
太陽的608倍

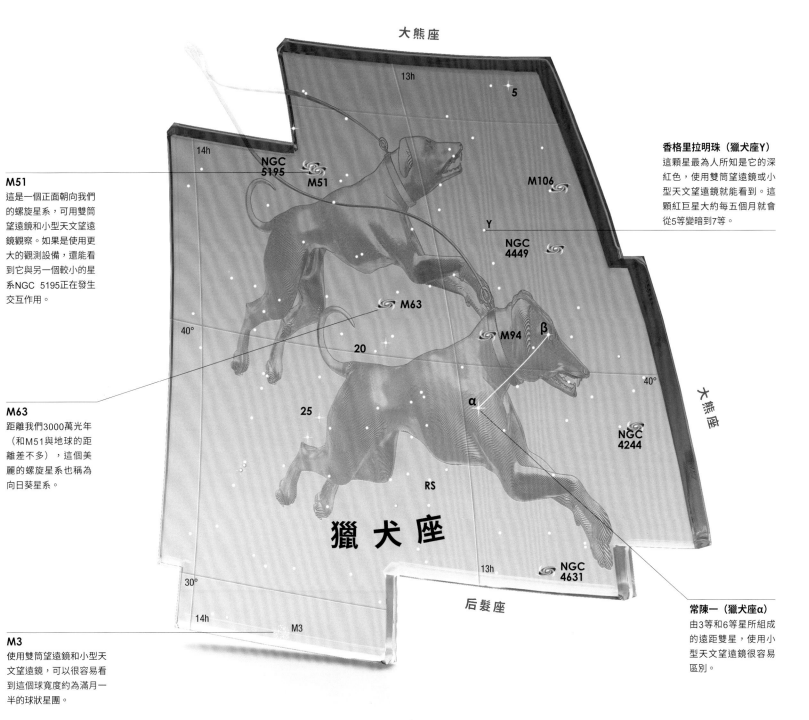

大熊座

13h

14h

大熊座

后髮座

獵犬座

**M51**
這是一個正面朝向我們的螺旋星系，可用雙筒望遠鏡和小型天文望遠鏡觀察。如果是使用更大的觀測設備，還能看到它與另一個較小的星系NGC 5195正在發生交互作用。

**M63**
距離我們3000萬光年（和M51與地球的距離差不多），這個美麗的螺旋星系也稱為向日葵星系。

**M3**
使用雙筒望遠鏡和小型天文望遠鏡，可以很容易看到這個球寬度約為滿月一半的球狀星團。

**香格里拉明珠（獵犬座Y）**
這顆星最為人所知是它的深紅色，使用雙筒望遠鏡或小型天文望遠鏡就能看到。這顆紅巨星大約每五個月就會從5等變暗到7等。

**常陳一（獵犬座α）**
由3等和6等星所組成的遠距雙星，使用小型天文望遠鏡很容易區別。

▷ **恆星距離**
獵犬座內有許多有趣的天體，但構成星座形狀的恆星只有兩顆。較亮的常陳一距離較遠，比較暗的常陳四遠了四倍。

常陳一（獵犬座Alpha）
115光年

地球

常陳四（獵犬座Beta） 28光年

距離

1

# 渦狀星系

### 1 巨大螺旋

M51也稱為渦狀星系，恆星和散布了塵埃的氣體形成長線條，環繞星系中心。這些旋臂的氫氣被壓縮，新恆星誕生，成為恆星形成工廠。年輕的高溫恆星讓旋臂看起來偏藍色，並使得氫氣雲發出粉紅色的光芒。右邊的小星系（NGC 5195）正通過渦狀星系後方，觸發了新生恆星形成。

### 2 星系核心

透過X射線影像，可看出這個星系的核心非常明亮。這張由錢卓X射線天文臺拍攝的影像，顯示出星系兩端由數百萬度氣體形成的巨大團塊。在中央明亮核心左上方的氣體團塊寬1500光年，被星系核心內的超大質量黑洞噴發的高速噴流加熱。

### 3 核心內部

這張由哈伯太空望遠鏡拍攝的影像帶我們進入星系核心──位在星系中央的活躍星系核（active galactic nucleus，簡稱AGN）。在明亮核心上的黑色X形剪影標示出黑洞的確切位置，但我們無法看到黑洞和落入黑洞的高溫氣體圓盤。X形的寬帶是100光年寬的塵埃環，與星系的盤面形成直角。

### 4 X射線影像

這張渦狀星系的影像是由太空中的錢卓X射線天文臺花了11小時拍攝而成，影像中顯示出400多個X射線源，大多為X射線雙星系統，其中的中子星或是較罕見的恆星級黑洞捕獲了伴星的物質，這些物質落下時的溫度升高到數百萬度，產生極明亮的X射線源。

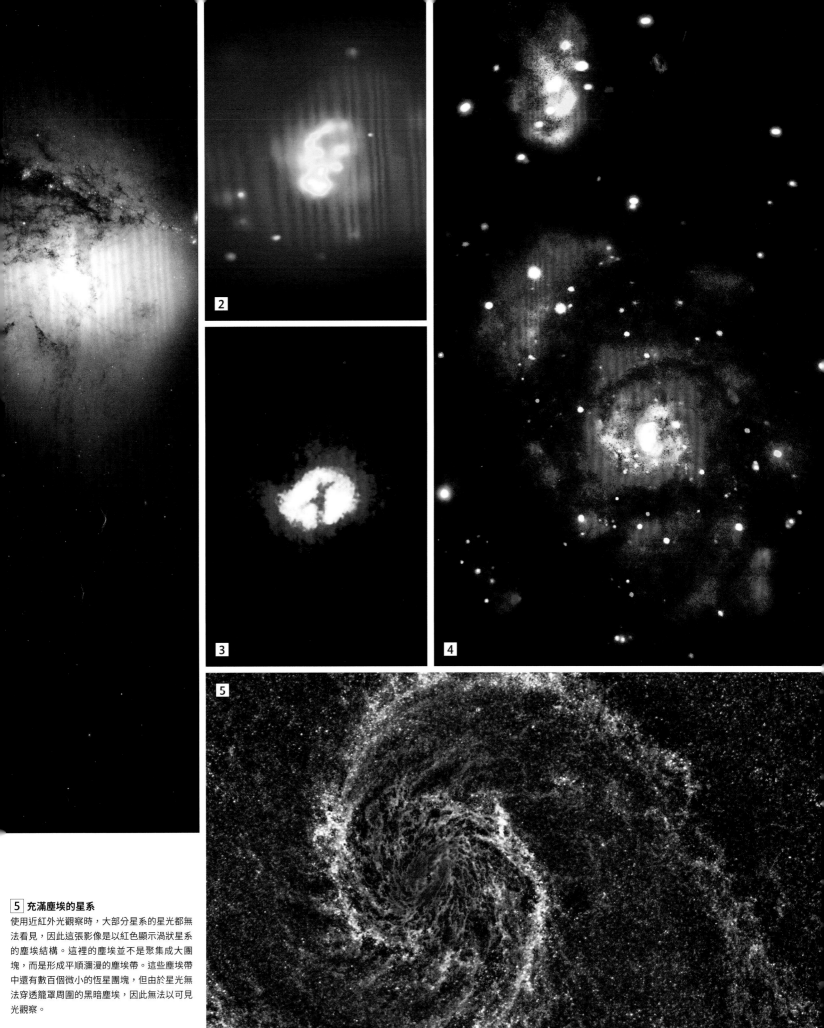

5 充滿塵埃的星系

使用近紅外光觀察時，大部分星系的星光都無法看見，因此這張影像是以紅色顯示渦狀星系的塵埃結構。這裡的塵埃並不是聚集成大團塊，而是形成平順瀰漫的塵埃帶。這些塵埃帶中還有數百個微小的恆星團塊，但由於星光無法穿透籠罩周圍的黑暗塵埃，因此無法以可見光觀察。

# 牧夫座
## BOÖTES
### 牧人

**牧夫座是位於北天的星座，呈現特殊的風箏形狀。星座內的大角星是全天最亮、距離我們最近的恆星之一。**

牧夫座是一個大型星座，從北邊的天龍座和大熊座一直延伸到南邊的室女座。在不同的神話中，牧夫座代表的形象多所分歧，但一般來說他代表一名牧人，牽著他的獵犬——也就是鄰近的獵犬座，趕跑大熊座和小熊座這兩隻熊。大角星是牧夫座裡最明亮的恆星，也是天體赤道以北最亮的恆星，希臘名 Arcturus 的意思是「熊的守護人」或是「養熊人」。牧夫座也以它的雙星聞名，最著名的梗河一是天空中最美麗的雙星之一。每年1月的象限儀座流星雨以象限儀座命名，這是一個已經廢棄不用的星座，曾占有牧夫座的部分區域，流星雨的輻射點位於此星座內。

## 雖然大角星的質量只比太陽大一些，但它發出的能量比太陽高了100多倍。

◁ **NGC 5548**
透鏡狀星系NGC 5548的盤面正對地球，距離我們有2億5000萬光年。在明亮的核心中央有個超大質量黑洞，但從中心向外流動的塊狀氣流阻擋了黑洞發出的大部分X射線。

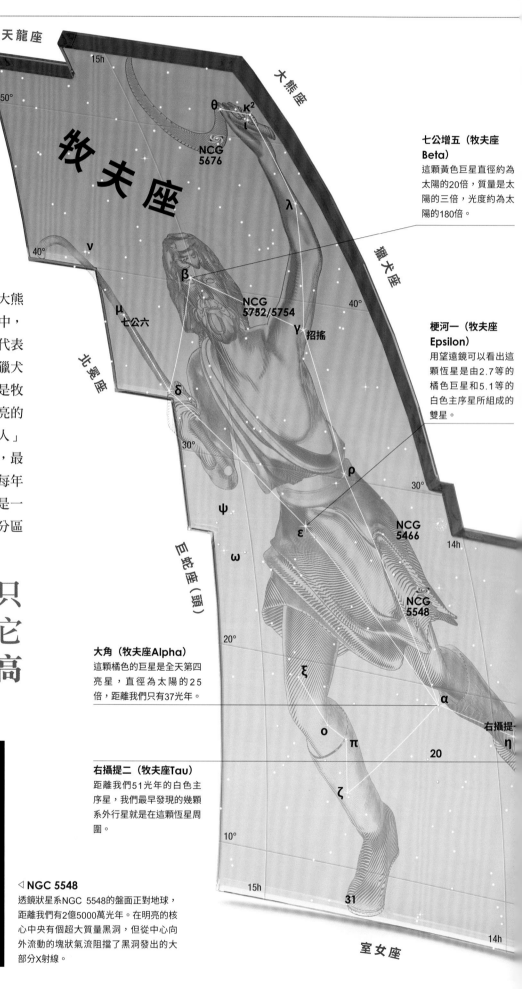

**七公增五（牧夫座 Beta）**
這顆黃色巨星直徑約為太陽的20倍，質量是太陽的三倍，光度約為太陽的180倍。

**梗河一（牧夫座 Epsilon）**
用望遠鏡可以看出這顆恆星是由2.7等的橘色巨星和5.1等的白色主序星所組成的雙星。

**大角（牧夫座Alpha）**
這顆橘色的巨星是全天第四亮星，直徑為太陽的25倍，距離我們只有37光年。

**右攝提二（牧夫座Tau）**
距離我們51光年的白色主序星，我們最早發現的幾顆系外行星就是在這顆恆星周圍。

## 關鍵數據

**大小排名** 13

**最亮恆星** 大角（α）-0.1、梗河一（ε）2.4

**所有格** Boötis

**縮寫** Boo

**晚間10點位於星空最高處** 5月-6月

**可見全部星座範圍** 北緯90度-南緯35度

星圖5

## 主要恆星

**大角（Arcturus）** 牧夫座Alpha（α）
橘色巨星
※ -0.1 ⟷ 37光年

**七公增五（Nekkar）** 牧夫座Beta（β）
黃色巨星
※ 3.5 ⟷ 225光年

**招搖（Seginus）** 牧夫座Gamma（γ）
白色巨星；也是變星
※ 3.0 ⟷ 87光年

**七公七** 牧夫座Delta（δ）
黃色巨星；也是雙星
※ 3.5 ⟷ 122光年

**梗河一（Izar）** 牧夫座Epsilon（ε）
橘色巨星；也是雙星
※ 2.4 ⟷ 202光年

**右攝提一（Muphrid）** 牧夫座Eta（η）
黃色次巨星
※ 2.7 ⟷ 37光年

**七公六（Alkalurops）** 牧夫座Mu（μ）
白色主序星；也是三合星
※ 4.3 ⟷ 113光年

## 深空天體

**NGC 5248**
螺旋星系

**NGC 5466**
球狀星團

**NGC 5548**
透鏡狀星系；也是西佛星系

**NGC 5676**
螺旋星系

**NGC 5752和NGC 5754**
一對交互作用星系

# 北冕座 CORONA BOREALIS
## 北邊的皇冠

位在北天的北冕座雖然範圍不大，但相當明顯。這個馬蹄形的星座代表華麗的皇冠。

北冕座是古希臘最初的 48 個星座之一，在神話中代表克里特島（Crete）阿里阿德涅公主（Princess Ariadne）在與酒神狄俄尼索斯（Dionysus）的婚禮中佩戴的鑲滿珠寶的皇冠。新婚的狄俄尼索斯把皇冠拋向天空，上面的珠寶就變成了天上的恆星，七顆相連的恆星構成皇冠的形狀。北冕座位於牧夫座和武仙座之間，星點雖然暗淡，但很容易辨認。北冕座內有些有趣的雙星和變星，還有幾個星系團也位於此星座內，包括 J1531+3414 和阿貝爾 2065，後者包含超過 400 個星系，但距離我們 15 億光年，對大多數的業餘望遠鏡來說都太過昏暗而無法看見。

## 關鍵數據

**大小排名** 73

**最亮恆星** 貫索四（α）2.1-2.3、貫索三（β）3.7

**所有格** Coronae Borealis

**縮寫** CrB

**晚間10點位於星空最高處** 6月

**可見全部星座範圍** 北緯90度-南緯50度

星圖4

## 主要恆星

**貫索四（Alphekka）** 北冕座Alpha（α）
白色主序星；也是食雙星
※ 2.1-2.3 ⟷ 75光年

**貫索三（Nusakan）** 北冕座Beta（β）
白色主序星；也是雙星
※ 3.7 ⟷ 112光年

**貫索五** 北冕座Gamma（γ）
白色主序星
※ 3.8 ⟷ 146光年

**七公增七** 北冕座Zeta（ζ）
藍白色主序星；也是雙星
※ 4.9 ⟷ 470光年

**貫索增八** 北冕座Nu（ν）
紅巨星；也是雙星
※ 5.2 ⟷ 640光年

**貫索增七** 北冕座Sigma（σ）
白色主序星；也是雙星
※ 5.6 ⟷ 69光年

**北冕座R**
黃色超巨星；也是變星
※ 5.7 ⟷ 8萬1500光年

**北冕座T**
再發新星；也稱為火焰星
※ 10.2 ⟷ 3470光年

## 深空天體

**SDSS J1531+3414**
星系團

**阿貝爾 2065**
星系團

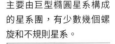

**SDSS J1531+3414**
主要由巨型橢圓星系構成的星系團，有少數幾個螺旋和不規則星系。

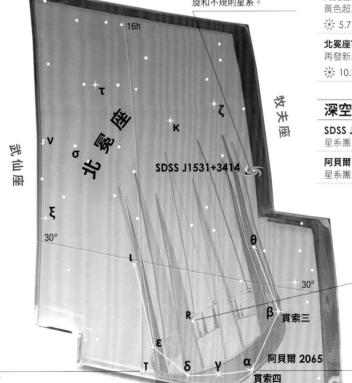

**北冕座R**
黃色超巨星，大部分時間肉眼可見，但每隔數年亮度就會變弱為約14等。

**北冕座T**
也稱為火焰星（Blaze Star），是極為明亮、也最可靠的再發新星，每隔數十年會從約10等增亮為約2等。

**貫索四（北冕座Alpha）**
這顆食變星的亮度會在17.4天的週期從2.1等變到2.3等。

光度

九河(武仙座Mu)
太陽的3倍

天紀二(武仙座Zeta)
太陽的8倍

天市左垣一(魏、武仙座Delta)
太陽的26倍

# 武仙座 HERCULES
## 大力士

**位於天琴座和牧夫座之間的武仙座範圍雖廣，但並不是個特別明顯的星座。**
**它最引人注目的特徵是球狀星團，包括北天最值得一看的 M13。**

武仙座的腳朝向北方，頭朝向南方。代表的是古希臘神話中接受命令去執行 12 項英雄任務的大力士，其中一項任務是殺死一條龍。在天空中，武仙座的左腳就踩在北方天龍座的龍頭上。武仙座的頭部有一顆稱為帝座（Rasalgethi）的恆星，是亮度會變化的紅巨星。雖然帝座是武仙座的 Alpha 星，但星座中最明亮的恆星是武仙座 Beta 星，也稱為天市右垣一（Kornephoros）。

構成武仙座圖案的其中四顆亮星——天紀三（武仙座 Epsilon）、天紀二（武仙座 Zeta）、紀增一（武仙座 Eta）和女床一（武仙座 Pi），形成了稱為拱頂石的四邊形，代表武仙座的下半身。拱頂石的其中一側有明亮的球狀星團 M13，寬度接近 150 光年，擁有超過 25 萬顆恆星。武仙座裡還有幾個引人注目的雙星，可以透過小型望遠鏡區分，特別是女床三（武仙座 Rho）、武仙座 95，以及相對明亮且鄰近的白矮星宗一（武仙座 110）。

△ **M13**
M13是北天最亮的球狀星團，距離我們大約2萬5000光年，擁有約30萬顆恆星。肉眼剛好可見；若是使用小型天文望遠鏡，還能看到以鍊狀排列的恆星等細節。

◁ **武仙座A**
距離我們約20億光年的橢圓星系武仙座A，噴出了長達100萬光年的氣體噴流。雖然無法用可見光看到，但能以無線電波長偵測，在這張結合了可見光和無線電波觀測的影像中就可清楚地看到噴流。科學家認為星系中心有個質量約為太陽25億倍的黑洞，提供了噴流的動力。

113

天鷹座

20°

**宗一（武仙座110）**
距離我們約63光年的白矮星。星等4.2等，能以肉眼看見。

▷ **恆星距離**
構成武仙座形狀的主要恆星中，離我們最近的是只有27光年的九河（武仙座Mu），最遠的是距離我們約758光年的天紀九（武仙座Theta）。這兩顆星剛好也是構成星座形狀的主要恆星中光度最低和最高的。九河放出的能量相當於三個太陽，天紀九則相當於約1330個太陽。

天紀九
（武仙座Theta）
758光年

女床一（武仙座Pi） 377光年

九河（武仙座Mu） 27光年

天市左垣一（魏、武仙座Delta） 75光年

地球

天市右垣一（河中、武仙座Beta） 139光年

距離

**天市右垣二（河間、武仙座Gamma）**
太陽的97倍

**天市右垣一（河中、武仙座Beta）**
太陽的120倍

**帝座（武仙座Alpha）**
太陽的820倍

**天紀九（武仙座Theta）**
太陽的1330倍

天龍座

牧夫座

天琴座

天市右垣二

武仙座

**M92**
比M13暗且小的球狀星團，使用雙筒望遠鏡看起來仍與恆星無異，若是使用小型天文望遠鏡就能看到星團的模樣。

**M13**
雙筒望遠鏡可見的球狀星團，看起來像是模糊的6等霧狀團塊，大小約為滿月的一半。

**帛度一（武仙座95）**
一對5等的巨星，分別為黃色和白色，能使用小型天文望遠鏡區分。

**中山增七（武仙座100）**
一對6等的藍白色恆星，能使用小型天文望遠鏡輕易區分。

**帝座（武仙座Alpha）**
亮度在3等和4等之間不規則變化的紅巨星，利用小型的天文望遠鏡能夠看到5等的伴星。

蛇夫座

武仙座A

## 關鍵數據

**大小排名** 5

**最亮恆星** 天市右垣一（β）2.8、天紀二（ζ）2.8

**所有格** Herculis

**縮寫** Her

**晚間10點位於星空最高處**
6月-7月

**可見全部星座範圍** 北緯90度-南緯38度

星圖4

## 主要恆星

**帝座（Rasalgethi）** 武仙座Alpha (α)
紅巨星變星
☀ 2.7-4.0 ⟷ 360光年

**天市右垣一（Kornephoros）** 河中、武仙座Beta (β)
黃色巨星
☀ 2.8 ⟷ 139光年

**天市右垣二** 河間、武仙座Gamma (γ)
白色巨星
☀ 3.8 ⟷ 193光年

**天市左垣一** 魏、武仙座Delta (δ)
藍白色超巨星
☀ 3.1 ⟷ 75光年

**天紀二** 武仙座Zeta (ζ)
黃白色超巨星
☀ 2.8 ⟷ 35光年

**天紀增一** 武仙座Eta (η)
黃色巨星
☀ 3.5 ⟷ 109光年

**女床一** 武仙座Pi (π)
橘色巨星
☀ 3.2 ⟷ 377光年

## 深空天體

**M13**
球狀星團

**M92**
球狀星團

**NGC 6210**
行星狀星雲

**IC 4539**
行星狀星雲

**阿貝爾39**
行星狀星雲

**武仙座星系團**
約200個星系組成的星系團

織女二（天琴座Epsilon）
太陽的29倍

織女星（天琴座Alpha）
太陽的50倍

漸臺增一（天琴座Delta
太陽的470倍

# 天琴座 LYRA
## 七弦豎琴

**這個位於北天的星座非常明顯，包含了地球可見的第五亮星，還有數顆有趣的雙星和著名的行星狀星雲。**

天琴座代表希臘神話中音樂家奧菲斯（Orpheus）演奏的七弦豎琴。阿拉伯的天文學家將此星座想像成一隻老鷹，把最亮的恆星織女星稱為 Vega，在阿拉伯文中的意思是「俯衝的老鷹」。

織女二位在明亮的織女星附近，是著名的四合星，距離我們約 160 光年。望遠鏡中所看到的兩顆星其實分別都是一對密近雙星──因此也有人稱它為雙雙星（Double Double）。另一顆著名的雙星是漸臺二，其中較亮的那顆星本身也是顆食雙星（見第 43 頁），每 12.9 天會從 3.3 等變暗到 4.4 等。

漸臺一是一對並無關連的紅色和藍白色恆星，分別為 4 等和 6 等，透過雙筒望遠鏡可以輕易區別。織女三是另一對 4 等和 6 等的雙星，使用雙筒望遠鏡或小型天文望遠鏡就能分辨。環狀星雲（Ring Nebula）M57 位在漸臺二和漸臺三之間，是個形狀像甜甜圈的美麗行星狀星雲（見第 122-23 頁）。

▽ **M57環狀星雲的結構**
從地球上看到的M57行星狀星雲，就像是有個菸圈繞著中央的恆星。不過從側面看起來，會更像是下圖的樣子。甜甜圈狀的氣體環裡有些較密集的節點，從中央恆星的赤道向外擴散開來，而較低密度氣體的昏暗瓣狀結構則從恆星的兩極分別向上和向下延伸。

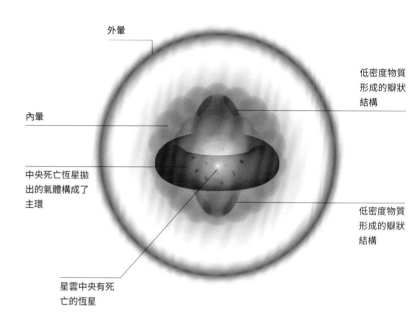

外暈

低密度物質形成的瓣狀結構

內暈

中央死亡恆星拋出的氣體構成了主環

低密度物質形成的瓣狀結構

星雲中央有死亡的恆星

**織女二（天琴座Epsilon）是雙雙星，這個特別的四合星家族被重力牽引在一起。**

▷ **NGC 6745**
這個奇形怪狀的天體看起來像是個鳥頭，是因為兩個星系發生碰撞所產生。在這張哈伯太空望遠鏡拍攝的影像中，螺旋星系構成了「鳥頭」的主要部分。它與右下角「鳥嘴」尖端附近的較小橢圓星系互相接近，因此被嚴重扭曲。螺旋星系上方部和右側的藍白色斑塊，是星系碰撞引發的恆星形成區域。

△ **M56**
這個球狀星團有許多古老的恆星，距離太陽超過3萬光年，需要相當大口徑的望遠鏡才能看見。對星團內恆星化學成分和年齡的研究顯示，它曾是較古老的矮星系的一部分，後來才與銀河系合併。

漸臺一（天琴座Delta²）
太陽的970倍

漸臺三（天琴座Gamma）
太陽的1580倍

漸臺二（天琴座Beta）
太陽的2960倍

**輦道一（天琴座R）**
這顆紅巨型變星的亮
度每六到七週會從3.9
等變暗到5.0等。

**織女二**
**（天琴座Epsilon）**
以雙筒望遠鏡觀察這個
四合星家族，能夠看到
一對五等的遠距雙星。
若使用更大的望遠鏡，
則可以看到這兩顆星都
是密近雙星。

**織女星**
**（天琴座Alpha）**
全天第五亮的恆星，與
天鵝座的天津四和天鷹
座的牛郎星共同組成位
在北天的夏季大三角。

天龍座

19h

天鵝座

天琴座

19h

狐狸座

武仙座

武仙座

**M56**
M56是個遙遠的
昏暗球狀星團，
以小型天文望遠
鏡看到的是朦朧
的一團。

**M57（環狀星雲）**
環狀星雲是個距離地
球約2000光年遠的行
星狀星雲，需要使用
望遠鏡才能看到。

## 關鍵數據

**大小排名** 52
**最亮恆星** 織女星(α) 0.0、
漸臺三(γ) 3.3
**所有格** Lyrae
**縮寫** Lyr
**晚間10點位於星空最高處**
7月-8月
**可見全部星座範圍** 北緯
90度-南緯42度

**星圖4**

## 主要恆星

**織女星（Vega）** 天琴座Alpha (α)
藍白色主序星
☀ 0.0 ⟷ 25光年

**漸臺二（Sheliak）** 天琴座Beta (β)
藍白色巨星；食雙星
☀ 3.3-4.4 ⟷ 960光年

**漸臺三（Sulafat）** 天琴座Gamma (γ)
藍白色巨星
☀ 3.3 ⟷ 620光年

**漸臺增一** 天琴座Delta¹ (δ¹)
藍白色主序星
☀ 5.6 ⟷ 990光年

**漸臺一** 天琴座Delta² (δ²)
紅巨星
☀ 4.3 ⟷ 740光年

**織女二** 天琴座Epsilon¹ (ε¹)
藍白色主序星
☀ 4.7 ⟷ 160光年

**織女增二** 天琴座Epsilon² (ε²)
藍白色主序星
☀ 4.6 ⟷ 155光年

**織女三** 天琴座Zeta (ζ)
藍白色主序星
☀ 4.4 ⟷ 155光年

**輦道一** 天琴座R
紅巨星變星
☀ 3.9-5.0 ⟷ 300光年

**天琴座** RR
白色巨星變星
☀ 7.1-8.1 ⟷ 940光年

## 深空天體

**M56**
8等的球狀星團

**M57（環狀星雲）**
9等的行星狀星雲

**NGC 6745**
一對互撞星系

▽ **恆星距離**
構成天琴座形狀的恆星中距離最近的一顆星，
也是全天最亮的恆星之一。織女星離地球相對
來說較近，只有25光年，其他的主要亮星的距
離都超過100光年。距離最遠的亮星是輦道
二，距離將近1400光年。

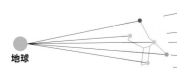

輦道一（天琴座R） 300光年

輦道二（天琴座Eta）
1390光年

織女星（天琴座Alpha） 25光年

織女增四（天琴座Kappa） 250光年

地球

漸臺二（天琴座Beta） 960光年

距離

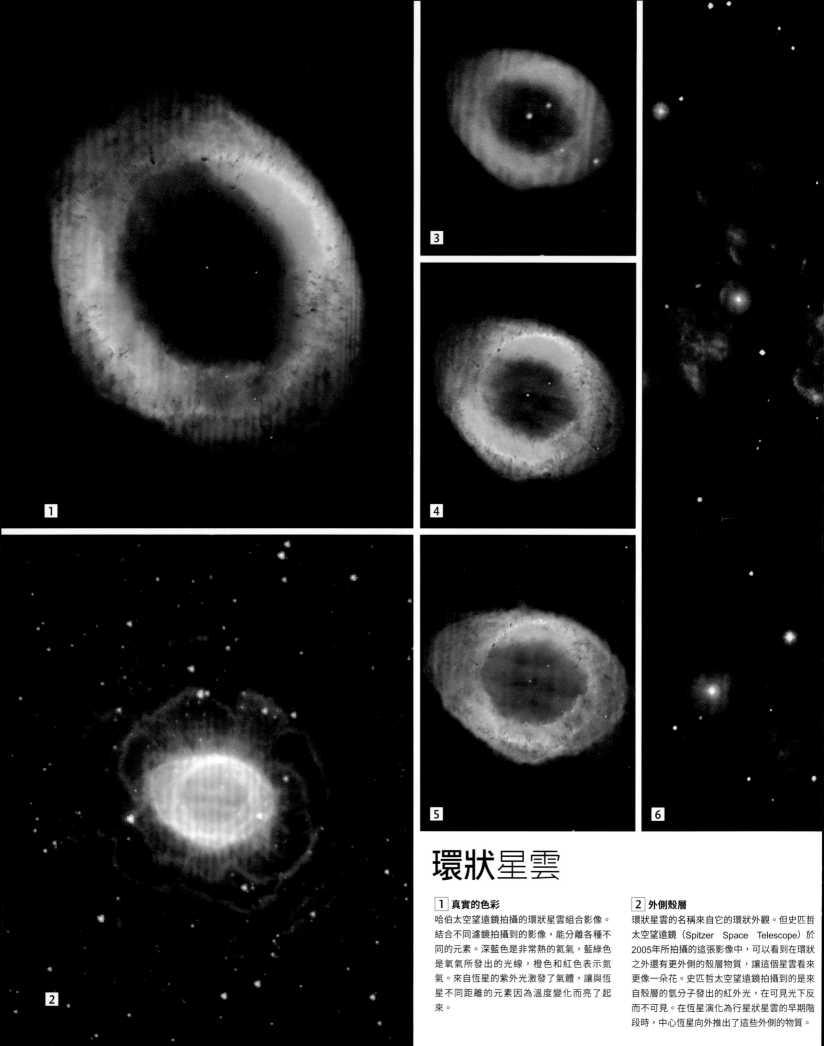

# 環狀星雲

### 1 真實的色彩

哈伯太空望遠鏡拍攝的環狀星雲組合影像。結合不同濾鏡拍攝到的影像，能分離各種不同的元素。深藍色是非常熱的氦氣，藍綠色是氧氣所發出的光線，橙色和紅色表示氮氣。來自恆星的紫外光激發了氣體，讓與恆星不同距離的元素因為溫度變化而亮了起來。

### 2 外側殼層

環狀星雲的名稱來自它的環狀外觀。但史匹哲太空望遠鏡（Spitzer Space Telescope）於2005年所拍攝的這張影像中，可以看到在環狀之外還有更外側的殼層物質，讓這個星雲看來更像一朵花。史匹哲太空望遠鏡拍攝到的是來自殼層的氫分子發出的紅外光，在可見光下反而不可見。在恆星演化為行星狀星雲的早期階段時，中心恆星向外推出了這些外側的物質。

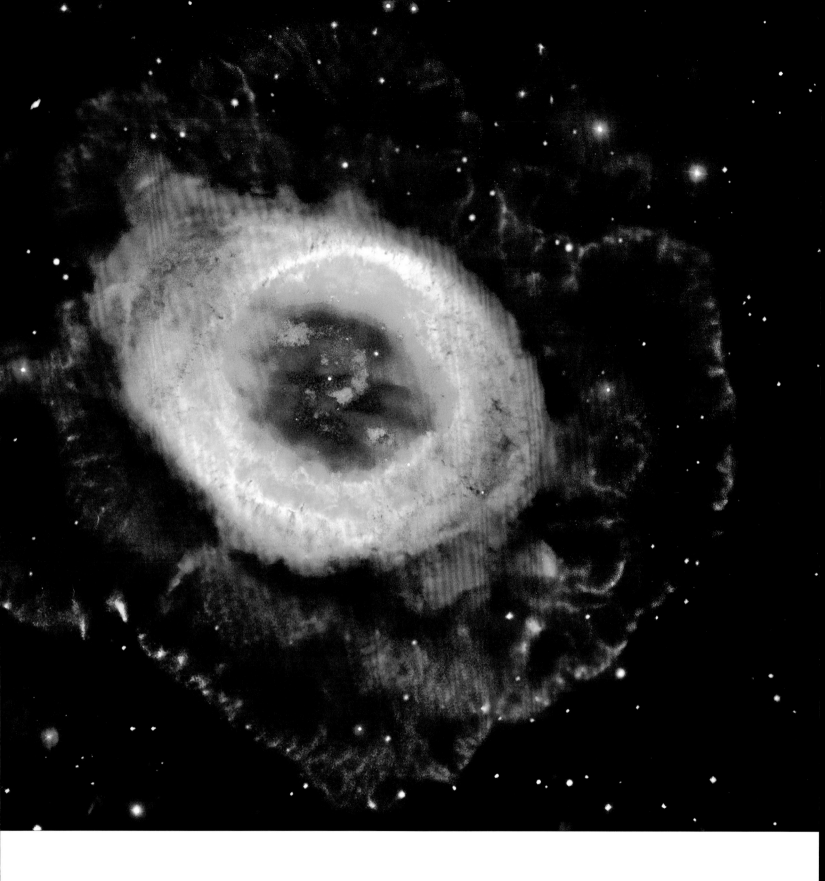

**3 底片拍攝**

這張照片攝於1973年，發現環狀星雲之後的將近200年。法國天文學家安東·達丘爾·貝勒波（Antoine Darquier de Pellepoix）和查爾斯·梅西耶（Charles Messier）於1779年獨立發現環狀星雲。這張照片使用美國基特峰國家天文臺（Kitt Peak National Observatory）的4公尺望遠鏡拍攝。之後還要再過十年，天文影像才進入數位化時代。

**4 假色影像細節**

在圖3之後的30年，基特峰國家天文臺又再度拍攝了環形星雲的影像，但這次使用的是3.5公尺的望遠鏡。這張照片結合了不同顏色濾鏡所拍攝的單獨影像。紅色顯示氫和氮，綠色顯示氧。使用假色濾鏡有助於拍出星雲殼體的更多細節。

**5 形狀和結構**

星雲的形狀比乍看之下更複雜。它的整體形狀看起來像個桶子，因為底部朝向我們而呈圓形（見第120頁）。藍色的中心呈橄欖球狀，從橙紅色環形物質的中心往兩側突出。邊緣內側還鑲著由濃密氣體形成的深色斑點。

**6 垂死的恆星**

這張影像結合了來自太空和地面望遠鏡的數據，讓我們可以更全面了解環狀星雲。中心的小白點是一顆白矮星，在數千年前爆炸後把周圍物質向外推散，留下恆星中心的殘骸。星雲的環狀寬度不到1光年，但整個星雲愈來愈大，向外擴展的速度達到每小時6萬9000公里。

光度

臼一（天鵝座Mu）
太陽的7倍

天津九
太陽的44倍

天津二（天鵝座Delta
太陽的160 倍

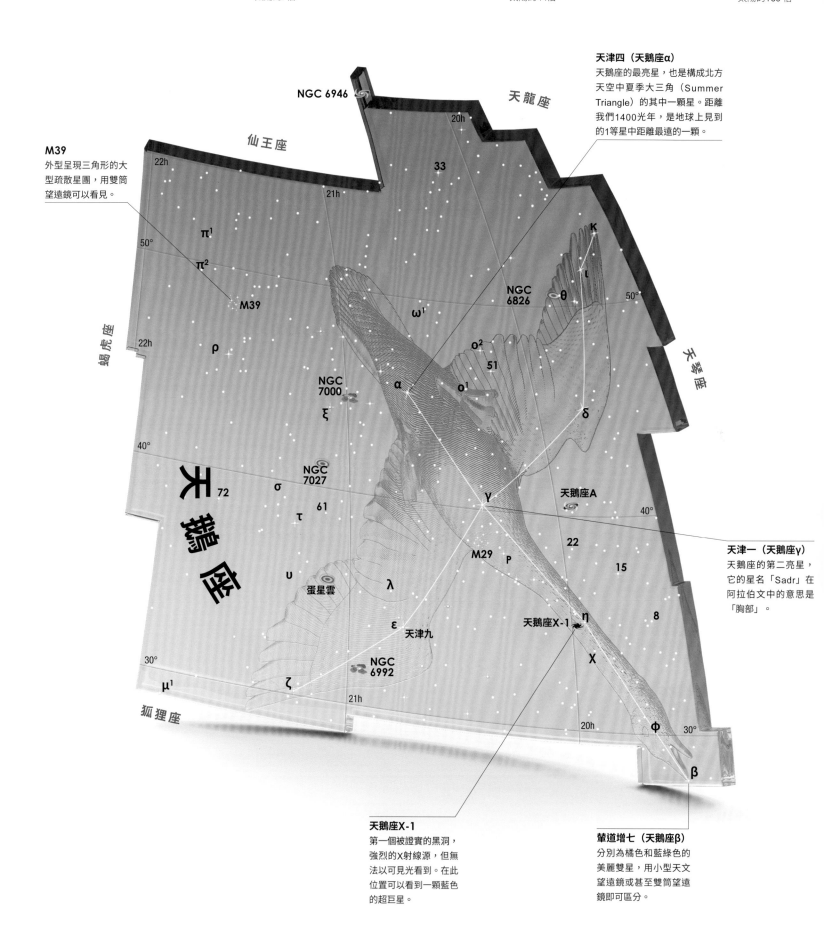

**天津四（天鵝座α）**
天鵝座的最亮星，也是構成北方
天空中夏季大三角（Summer
Triangle）的其中一顆星。距離
我們1400光年，是地球上見到
的1等星中距離最遠的一顆。

**M39**
外型呈現三角形的大
型疏散星團，用雙筒
望遠鏡可以看見。

**天津一（天鵝座γ）**
天鵝座的第二亮星，
它的星名「Sadr」在
阿拉伯文中的意思是
「胸部」。

**天鵝座X-1**
第一個被證實的黑洞，
強烈的X射線源，但無
法以可見光看到。在此
位置可以看到一顆藍色
的超巨星。

**輦道增七（天鵝座β）**
分別為橘色和藍綠色的
美麗雙星，用小型天文
望遠鏡或甚至雙筒望遠
鏡即可區分。

天龍座

仙王座

蝎虎座

天琴座

天鵝座

蛋星雲

天津九

狐狸座

**輦道增七（Albireo）**
太陽的930倍

**天津一（Sadr）**
太陽的3萬5250倍

**天津四（Deneb）**
太陽的5萬1620倍

# 天鵝座 CYGNUS 天鵝

天鵝座是北天的顯著星座，因為形狀獨特，有時也稱為北十字。朦朧的銀河流過天鵝座時，被一條稱為天鵝座裂谷的黑暗塵埃氣體帶分成兩道溪流。

天鵝座在古希臘星座中代表一隻天鵝。在神話裡，天神宙斯（Zeus）把自己變成一隻天鵝，追求美麗的斯巴達（Sparta）女王麗妲（Leda），這個星座就是為了紀念他變身成的天鵝。位於天鵝尾巴的天津四（Deneb）是天鵝座中最耀眼的恆星，天鵝的長脖子沿著銀河延伸到代表鵝嘴的輦道增七（Albireo），這是顆真正的雙星（見第40-41頁）。其他恆星則代表天鵝展開的雙翼。

天津四附近有一團形狀看起來非常像北美洲大陸的發光氣體，因此名為北美洲星雲（North America Nebula）。使用較小的望遠鏡很難看到，以長時間曝光攝影最容易看清楚。

NGC 6992 星雲位在天津九與狐狸座的邊界中間，這是另一個適合以天文攝影的方式記錄的星雲。也稱為天鵝圈（Cygnus Loop）或面紗星雲（Veil Nebula），是大約5000年前爆炸的恆星殘骸。

## 關鍵數據

**大小排名** 16
**最亮恆星** 天津四（α）1.25、天津一（γ）2.2
**所有格** Cygni
**縮寫** Cyg
**晚間10點位於星空最高處** 8月-9月
**可見全部星座範圍** 北緯58度-南緯83度

**星圖4**

## 主要恆星

**天津四（Deneb）** 天鵝座Alpha（α）
藍白色超巨星；天鵝座最亮星
☀ 1.25 ⟷ 1400光年

**輦道增七（Albireo）** 天鵝座Beta（β）
遠距雙星；顏色為橘色和藍綠色
☀ 3.1、5.1 ⟷ 400光年

**天津一（Sadr）** 天鵝座Gamma（γ）
位在北十字中央的白色超巨星
☀ 2.2 ⟷ 1800光年

**天津二** 天鵝座Delta（δ）
雙星；週期920年
☀ 2.8 ⟷ 165光年

**天津九（Gienah）** 天鵝座Epsilon（ε）
橘色巨星
☀ 2.5 ⟷ 73光年

**天鵝座** Zeta（ζ）
黃色巨星；光譜雙星
☀ 3.2 ⟷ 145光年

**天鵝座** Mu（μ）
雙星；週期790年
☀ 4.5 ⟷ 720光年

◁ **蛋星雲（Egg Nebula）**
這張由哈伯太空望遠鏡拍攝的行星狀星雲假色影像中，星光照耀薄薄的塵埃殼層，形成美麗的圖案。內側較厚的塵埃帶遮擋了中央恆星的光線。

△ **天鵝座A**
天空中最強大的無線電波源之一，在這個星系的中央有個超大質量黑洞，往外噴出氣體噴流（紅色）。藍色的區域表示發出X射線的高溫氣體。

## 深空天體

**M39**
約30顆恆星組成的疏散星團

**NGC 6826**
行星狀星雲，也稱眨眼星雲（Blinking Planetary）

**NGC 6992**
超新星殘骸，也稱為天鵝圈或面紗星雲

**NGC 7000**
發射星雲，也稱為北美洲星雲

**天鵝座X-1**
X射線雙星系統，其中一個成員為黑洞

**蛋星雲Egg Nebula**
行星狀星雲

**天鵝座A**
無線電波星系

# 距離地球約6000光年的天鵝座X-1是個黑洞，以5.6天的週期繞行另一顆藍色超巨星。

▷ **恆星距離**
天鵝座是第全天第16大的星座，如果考慮構成星座形狀主要恆星之間的距離，那它在太空中的跨度非常大。天鵝的尾巴天津四與鵝嘴星輦道增七之間的距離超過1000光年。位在天鵝胸部的天津一距離還要更遠。

奚仲一（天鵝座Kappa）125光年
天津四（天鵝座Alpha）1400光年
地球
天津一（天鵝座Sadr）1800光年
天津九（天鵝座Epsilon）73光年
天津八（天鵝座Zeta）145光年

距離

**天大將軍六（仙女座Upsilon）**
太陽的4倍

**奎宿五（仙女座Delta）**
太陽的45倍

**壁宿二（仙女座Alpha）**
太陽的115倍

# 仙女座 ANDROMEDA
## 作為祭品的公主

**仙女座位在飛馬座四邊形其中一角的下方，其中包含了距離銀河系最近的大型星系——M31 螺旋星系。**

仙女座是神話中的安德柔美妲（Andromeda）公主，是皇后卡西奧佩婭（Cassiopeia，仙后座）和國王西菲斯（Cepheus，仙王座）的女兒。在著名的希臘神話中，眾神命令公主獻祭給海怪賽特斯（Cetus，鯨魚座），為她母親的虛榮贖罪，但她被英雄柏修斯（Perseus，英仙座）從海怪的嘴裡救出。為了紀念他們，安德柔美妲公主和英雄救美的柏修斯後來被放在天空中成為相鄰的星座。

這個星座中最重要的天體就是又稱為 M31 的仙女座星系，這是和我們銀河系類似的螺旋星系，但比銀河系更大。在清澈黑暗的夜晚，用肉眼就可以在奎宿七（仙女座 Nu）附近看到仙女座星系。用雙筒望遠鏡或小型天文望遠鏡更容易，看起來就像是個模糊的細長斑點。距離我們 250 萬光年遠的 M31，是肉眼可以看到的最遠天體。

**NGC 891**
這個以側面朝向我們的螺旋星系，盤面上有一條塵埃帶。距離地球3000萬光年。

**天大將軍一（仙女座Gamma）**
利用小型天文望遠鏡，可以分辨出這對星等分別為2.3等和4.8等的橙色及藍色雙星。

**天大將軍六（仙女座Upsilon）**
這是我們最早發現的擁有不止一顆行星環繞的恆星。目前已知系統中有四顆行星。

△ **NGC 7662**
這個行星狀星雲又稱為藍雪球（Blue Snowball），在小型天文望遠鏡中看起來，這個9等的星雲像個橢圓形的藍綠色斑塊。照片顯示出中央的恆星。

◁ **M31**
巨大的螺旋星系M31傾斜地朝向我們，因此看起來呈橢圓形。在這張照片中還可以看到兩個較小的伴星系——下方的M110和星系邊緣上方的M32。

▷ **恆星距離**
構成仙女座形狀的主要恆星中最近的一顆，是離我們只有44光年的天大將軍六（仙女座Upsilon）。最明亮的恆星壁宿二（仙女座Alpha）的距離則是兩倍多一點，有97光年遠。最遠的一顆亮星是軍南門（仙女座Phi），距離地球約700光年。

**軍南門（仙女座Phi）**
700光年

**地球**

**天大將軍六（仙女座Upsilon）** 44光年

**天廐一（仙女座Theta）** 310光年

**壁宿二（仙女座Alpha）** 97光年

**奎宿二（仙女座Zeta）** 190光年

距離

**奎宿九（仙女座Beta）**
太陽的475倍

**奎宿六（仙女座Pi）**
太陽的540倍

**車府增十六（仙女座Omicron）**
太陽的1380倍

**天大將軍一（仙女座Gamma）**
太陽的1830倍

## 關鍵數據

**大小排名** 19

**最亮恆星** 壁宿二（α）2.1、奎宿九（β）2.1

**所有格** Andromedae

**縮寫** And

**晚間10點位於星空最高處**
10月-11月

**可見全部星座範圍** 北緯90度-南緯7度

**星圖3**

## 主要恆星

**壁宿二（Alpheratz）** 仙女座Alpha（α）
藍白色恆星；也稱為Sirrah
☀ 2.1 ⟷ 97光年

**奎宿九（Mirach）** 仙女座Beta（β）
紅色巨星
☀ 2.1 ⟷ 200光年

**天大將軍一（Almach）** 仙女座Gamma（γ¹）
小型天文望遠鏡可分辨的雙星；也稱為Almaak
☀ 2.3、5.8 ⟷ 360光年

**奎宿五** 仙女座Delta（δ）
橘色巨星
☀ 3.3 ⟷ 105光年

**仙女座Omicron（o）**
藍白色巨星
☀ 3.6 ⟷ 700光年

**奎宿六** 仙女座Pi（π）
小型天文望遠鏡可分辨的雙星
☀ 4.3、9.0 ⟷ 600光年

**天大將軍六** 仙女座Upsilon（υ）
擁有行星的黃白色主序星
☀ 4.1 ⟷ 44光年

## 深空天體

**M31**
距離我們250萬光年遠的大型螺旋星系

**M32**
小型橢圓星系；M31的伴星系

**M110**
小型橢圓星系；M31的伴星系

**NGC 752**
使用雙筒望遠鏡可見的大型疏散星團

**NGC 891**
側面朝向我們的螺旋星系

**NGC 7662**
行星狀星雲，也稱為藍雪球星雲

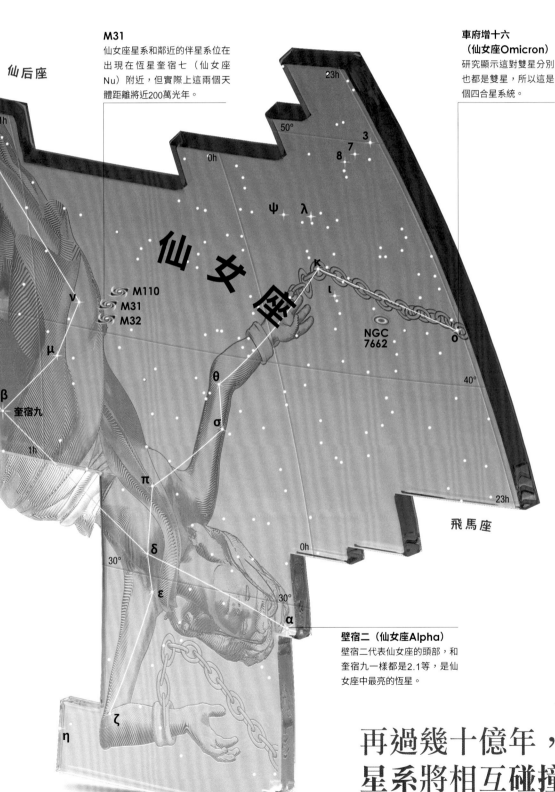

**M31**
仙女座星系和鄰近的伴星系位在出現在恆星奎宿七（仙女座Nu）附近，但實際上這兩個天體距離將近200萬光年。

**車府增十六（仙女座Omicron）**
研究顯示這對雙星分別也都是雙星，所以這是個四合星系統。

仙后座

飛馬座

**壁宿二（仙女座Alpha）**
壁宿二代表仙女座的頭部，和奎宿九一樣都是2.1等，是仙女座中最亮的恆星。

## 再過幾十億年，銀河系和仙女座星系將相互碰撞，並合併成一個超級星系。

# 三角座 TRIANGULUM
## 三角形

這個狹長的三角形星座是由三顆黯淡的恆星構成,但由於排列緊湊,很容易辨認。鄰近的螺旋星系 **M33**,是這個北天星座中最美的一隅。

2000 多年前,這種三角形圖案就被想像成希臘字母 Delta 的大寫(Δ)、尼羅河三角洲(Nile river delta),或是西西里島(Sicily)。而第四種想像——等腰三角形——占了上風,這也是目前這個星座的形象。螺旋星系 M33 位於此星座內,我們更常稱它為三角座星系(Triangulum Galaxy)。它是我們本星系群內的第三大成員,距離我們 270 萬光年,也是離我們最近的星系之一。

## 關鍵數據

**大小排名** 78

**最亮恆星** 天大將軍九(β)3.0、婁宿增六(α)3.4

**所有格** Trianguli

**縮寫** Tri

**晚間10點位於星空最高處** 11月-12月

**可見全部星座範圍** 北緯90度-南緯52度

**星圖3**

## 主要恆星

**婁宿增六(三角座Alpha)**
白色巨星或次巨星
☀ 3.4 ⟷ 63光年

**天大將軍九(三角座Beta)**
白色次巨星
☀ 3.0 ⟷ 130光年

**天大將軍十(三角座Gamma)**
白色主序星
☀ 4.0 ⟷ 112光年

**天大將軍增六(三角座6)**
黃色巨星,也是雙星
☀ 5.0 ⟷ 290光年

**三角座R**
紅色巨星,也是變星
☀ 6.8 ⟷ 960 光年

## 深空天體

**M33(三角座星系)**
螺旋星系,也被稱為NGC 598

**NGC 604**
位於M33內的恆星形成星雲

**NGC 784**
棒旋星系

**NGC 925**
棒旋星系

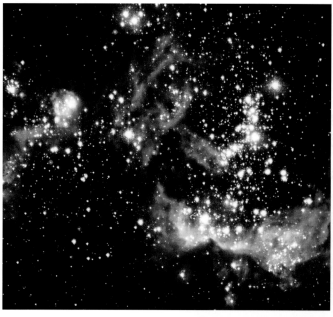

△ **NGC 604**
這個位於M33裡的巨大翻騰氫氣雲,寬1500光年,是恆星形成的中心。紅色的光芒是由數百顆年輕明亮恆星釋放的紫外線能量所造成。

▷ **M33**
M33星系的盤面幾乎正好面向地球,它的旋臂實際上是由一連串的亮點構成。如果天氣夠好,這個星系會是肉眼可見的最遙遠天體之一。

**天大將軍九**
**(三角座Beta)**
這顆3等的白色恆星是三角座裡最亮的恆星,直徑約為太陽的四倍。

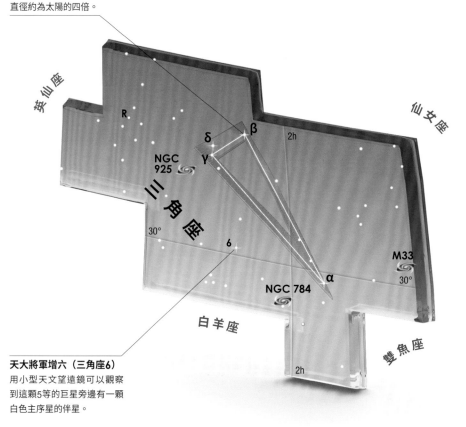

**天大將軍增六(三角座6)**
用小型天文望遠鏡可以觀察到這顆5等的巨星旁邊有一顆白色主序星的伴星。

# 蝎虎座 LACERTA
## 蜥蜴

蝎虎座是個黯淡的小星座，曲折的形狀像一隻快速奔跑的蜥蜴。沐浴在北方的銀河之中，位在仙女座和天鵝座之間。主要的亮星構成了蜥蜴的頭部。

波蘭天文學家約翰 · 赫維留在 1687 年首度命名了蝎虎座，這是他用來填補北方天空中遺漏區域的 11 個新星座之一，其中七個目前仍繼續使用。蝎虎座的恆星都很黯淡，幾乎沒有特殊的亮星名稱，但不時會有新星爆發。在蝎虎座濃密的銀河之中，幾乎沒有重要的深空天體。不過有一個值得注意的天體是蝎虎座BL，這是一種擁有活躍核心的奇特星系原型，稱為蝎虎座 BL 天體或蝎虎 BL 型類星體，會直接向地球發射高能噴流，因此看起來像一顆恆星。

## 關鍵數據

**大小排名** 68

**最亮恆星** 騰蛇一 (α) 3.8、蝎虎座1 4.1

**所有格** Lacertae

**縮寫** Lac

**晚間10點位於星空最高處** 9月-10月

**可見全部星座範圍** 北緯90度-南緯33度

星圖3

## 主要恆星

**騰蛇一（蝎虎座Alpha）**
藍白色主序星
☀ 3.8 ⟷ 103光年

**騰蛇十（蝎虎座Beta）**
黃色巨星
☀ 4.4 ⟷ 170光年

**蝎虎座1**
橘色巨星
☀ 4.1 ⟷ 621光年

## 深空天體

**NGC 7243**
疏散星團

**蝎虎座BL**
蝎虎座BL型類星體，蝎虎座BL天體的原型

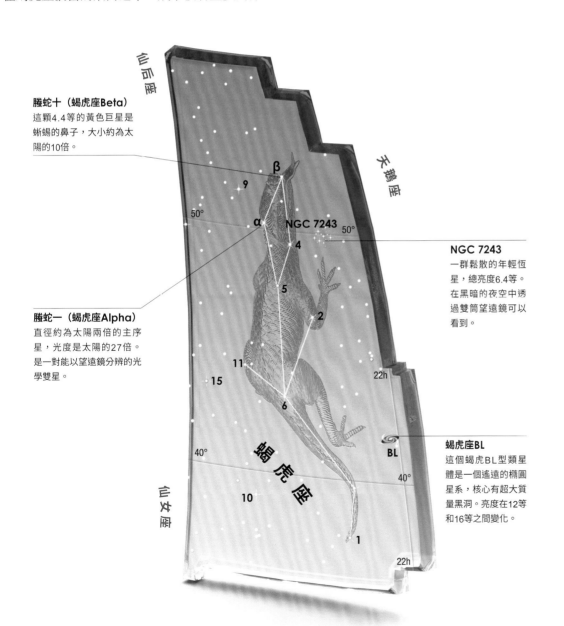

**騰蛇十（蝎虎座Beta）**
這顆4.4等的黃色巨星是蜥蜴的鼻子，大小約為太陽的10倍。

**騰蛇一（蝎虎座Alpha）**
直徑約為太陽兩倍的主序星，光度是太陽的27倍。是一對能以望遠鏡分辨的光學雙星。

**NGC 7243**
一群鬆散的年輕恆星，總亮度6.4等。在黑暗的夜空中透過雙筒望遠鏡可以看到。

**蝎虎座BL**
這個蝎虎BL型類星體是一個遙遠的橢圓星系，核心有超大質量黑洞。亮度在12等和16等之間變化。

△ **NGC 7243**
這群年輕的藍白色恆星距離我們約2800光年，在一片濃密的黃色和紅色恆星之間看起來特別顯眼。透過小型望遠鏡，可看出大約120顆星散布在相當於滿月直徑的範圍中。由於分布鬆散，難以確定這些恆星是否同屬一個真正的星團。

| 大陵七(英仙座16) | 大陵五(英仙座Beta) | 天船二(英仙座Gamma) |
|---|---|---|
| 太陽的25倍 | 太陽的95倍 | 太陽的330倍 |

# 英仙座 PERSEUS
## 戰勝的英雄

英仙座是北天的顯著星座。沐浴在銀河之中，位在仙女座和御夫座之間，金牛座的北方。英仙座的特色是雙星團和著名的變星大陵五。

在希臘神話中，英仙座柏修斯（Perseus）被派去帶回蛇髮女妖（Gorgon）美杜莎（Medusa）的首級，被她凝視的人都會變成石頭。他砍下美杜莎的頭，完成任務的歸途中，看到仙女座安德柔美妲公主被鍊在岩石上，當作鯨魚座賽特斯海怪的祭品，於是殺死了海怪，解救了公主並娶她為妻。在夜空中，英仙座和仙女座並肩躺在彼此身旁。

英仙座的左手拿著由變星大陵五代表的美杜莎首級。大陵五是一對雙星，較暗的那顆恆星每2.9天就會擋住較亮的恆星，使它變暗十小時之久。

英仙座也是年度英仙座流星雨的源頭，每年8月中旬，流星雨會從英仙座北邊靠近仙后座邊界處輻射出來。

## 1901年英仙座新星爆發，成為天空中最亮的恆星之一，然後逐漸變暗消失。

▷ NGC 869和NGC 884
這兩個疏散星團也稱為雙星團（Double Cluster），用肉眼就能在靠近仙后座邊界附近的銀河中看到明亮的斑點。NGC 869（圖左）是兩個星團中較亮且恆星較多的星團。雙星團距離我們約7000光年。

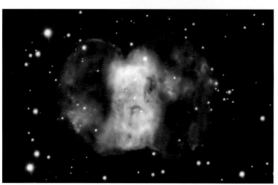

△ M76
這個行星狀星雲因為雙瓣的外形，而有了小啞鈴（Little Dumbbell）星雲的稱呼。亮度僅10等的M76，是查爾斯‧梅西耶的深空天體目錄中最黯淡的天體。

△ 英仙座GK
英仙座新星的爆發拋出了發光的高溫氣體殼層，留下的新星殘骸稱為英仙座GK，也稱為煙火星雲。

## 關鍵數據

**大小排名** 24

**最亮恆星** 天船三 (α) 1.8、大陵五 (β) 2.1-3.4

**所有格** Persei

**縮寫** Per

**晚間10點位於星空最高處** 11月-12月

**可見全部星座範圍** 北緯58度-南緯83度

星圖6

## 主要恆星

**天船三 (Mirphak)** 英仙座Alpha (α)
白色超巨星
☀ 1.8　⟷ 500光年

**大陵五 (Algol)** 英仙座Beta (β)
亮度會變化的食雙星
☀ 2.1-3.4　⟷ 90光年

**天船二** 英仙座Gamma (γ)
黃色巨星
☀ 2.9　⟷ 240光年

**天船五** 英仙座Delta (δ)
藍色巨星
☀ 3.0　⟷ 520光年

**卷舌二** 英仙座Epsilon (ε)
藍色巨星
☀ 2.9　⟷ 640光年

**卷舌四** 英仙座Zeta (ζ)
藍色超巨星，英仙座的第三亮星
☀ 2.9　⟷ 750光年

**大陵六** 英仙座Rho (ρ)
亮度會變化的紅色巨星
☀ 3.3-4.0　⟷ 310光年

## 深空天體

**英仙座α星團**
在天船三周圍的疏散星團

**英仙座GK**
英仙座新星殘骸，又稱煙火星雲

**M34**
由約60顆恆星組成的大型疏散星團

**M76**
行星狀星雲，又稱小啞鈴星雲 (Little Dumbbell Nebula)

**NGC 869和NGC 884**
兩個疏散星團，又稱雙星團

**NGC 1499**
發射星雲，又稱加州星雲 (California Nebula)

**英仙座A (NGC 1275)**
超巨大的橢圓星系

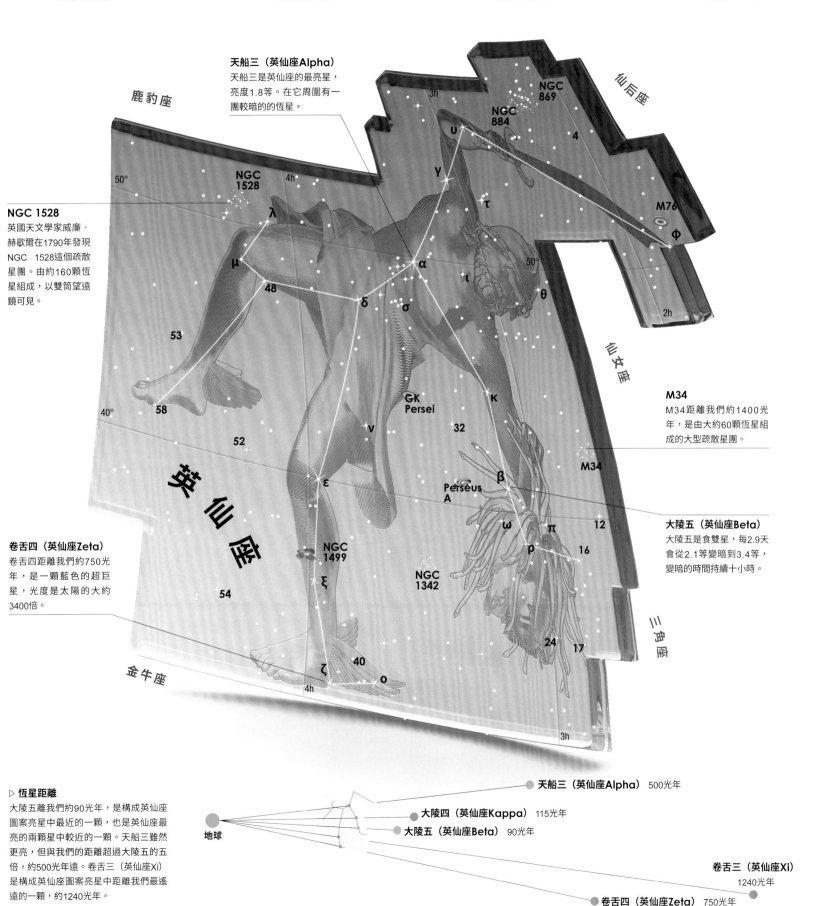

**大陵六（英仙座Rho）**
太陽的360倍

**卷舌二（英仙座Epsilon）**
太陽的2310倍

**卷舌四（英仙座Zeta）**
太陽的3380倍

**天船三（英仙座Alpha）**
太陽的4040倍

鹿豹座

**天船三（英仙座Alpha）**
天船三是英仙座的最亮星，
亮度1.8等。在它周圍有一
團較暗的的恆星。

仙后座

**NGC 1528**
英國天文學家威廉·
赫歇爾在1790年發現
NGC 1528這個疏散
星團。由約160顆恆
星組成，以雙筒望遠
鏡可見。

英仙座

仙女座

**M34**
M34距離我們約1400光
年，是由大約60顆恆星組
成的大型疏散星團。

**卷舌四（英仙座Zeta）**
卷舌四距離我們約750光
年，是一顆藍色的超巨
星，光度是太陽的大約
3400倍。

**大陵五（英仙座Beta）**
大陵五是食雙星，每2.9天
會從2.1等變暗到3.4等，
變暗的時間持續十小時。

金牛座

三角座

▷ **恆星距離**
大陵五離我們約90光年，是構成英仙座
圖案亮星中最近的一顆，也是英仙座最
亮的兩顆星中較近的一顆。天船三雖然
更亮，但與我們的距離超過大陵五的五
倍，約500光年遠。卷舌三（英仙座Xi）
是構成英仙座圖案亮星中距離我們最遙
遠的一顆，約1240光年。

**天船三（英仙座Alpha）** 500光年

**大陵四（英仙座Kappa）** 115光年

**大陵五（英仙座Beta）** 90光年

地球

**卷舌三（英仙座Xi）**
1240光年

**卷舌四（英仙座Zeta）** 750光年

距離

# 小獅座
## LEO MINOR
### 小獅子

**這個位於北方天空中的黯淡小星座，是約翰・赫維留在 17 世紀末創立的。**

古希臘星座中並沒有小獅座，是到了 1687 年才由波蘭天文學家約翰・赫維留所創立。由於被夾在獅子座和大熊座之間的空隙，因此很容易被忽略。這個星座內沒有 Alpha 星，但有 Beta 星。因為英國天文學家弗朗西斯・貝利（Francis Baily）在 1845 年為小獅座的恆星編目時，遺漏了最亮的成員星小獅座 46。這個星座中最著名的天體，是荷蘭業餘天文學家哈尼・馮・阿科爾（Hanny van Arkel）發現的不尋常氣體雲——哈尼天體（Hanny's Voorwerp）。

### 關鍵數據

**大小排名** 64

**最亮恆星** 小獅座46　3.8
、勢增四（β）4.2

**所有格** Leonis Minoris

**縮寫** LMi

**晚間10點位於星空最高處** 3月-4月

**可見全部星座範圍** 北緯90度-南緯48度

**星圖5**

### 主要恆星

**勢增四** 小獅座Beta (β)
橘黃色巨星
☀ 4.2　⬌ 154光年

**勢四** 小獅座46
橘色巨星
☀ 3.8　⬌ 95光年

### 深空天體

**IC 2497和哈尼天體**
活躍星系核及附近的氣體雲

**NGC 3021**
螺旋星系

**勢四（小獅座46）**
小獅座的最亮星，是一顆橘色的巨星，直徑約為太陽的8.5倍，質量約為太陽的1.5倍。

**勢增四（小獅座Beta）**
小獅座的第二亮星，也是這個星座中唯一以希臘字母命名的恆星。

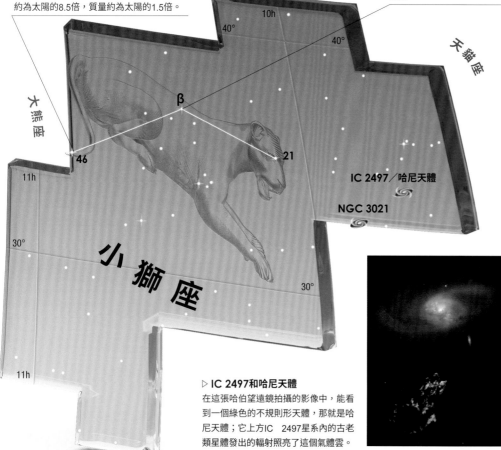

**小 獅 座**

▷ **IC 2497和哈尼天體**
在這張哈伯望遠鏡拍攝的影像中，能看到一個綠色的不規則形天體，那就是哈尼天體；它上方IC 2497星系內的古老類星體發出的輻射照亮了這個氣體雲。

## 最亮的主星五車二（Capella）以肉眼就能看見，顏色與太陽相同。

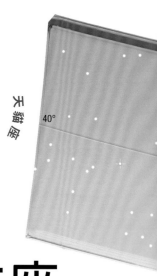

# 御夫座
## AURIGA
### 戰車駕駛員

**御夫座是北方天空中明顯的大型星座，星座內的五車二是天空中的第六亮星。**

御夫座在希臘傳說中代表了戰車的駕駛員，但星座中並未包含戰車。御夫座的最亮星五車二，代表戰車駕駛員抱著的山羊。另一個值得注意的恆星是白色的超巨星柱一（御夫座 Epsilon），這個食變星的週期特別長，達 27 年之久。使用雙筒望遠鏡可以看到三個疏散星團，M36、M37 和 M38。這三個星團和我們的距離約 4000 光年，其中最大的是 M37，最容易觀察的是 M36。代表戰車駕駛右腳的恆星曾經與金牛座共用，但在 1930 年正式決定所有星座的邊界時，這顆恆星被劃分給金牛座，因此它現在的名稱為金牛座 Beta（五車五）。

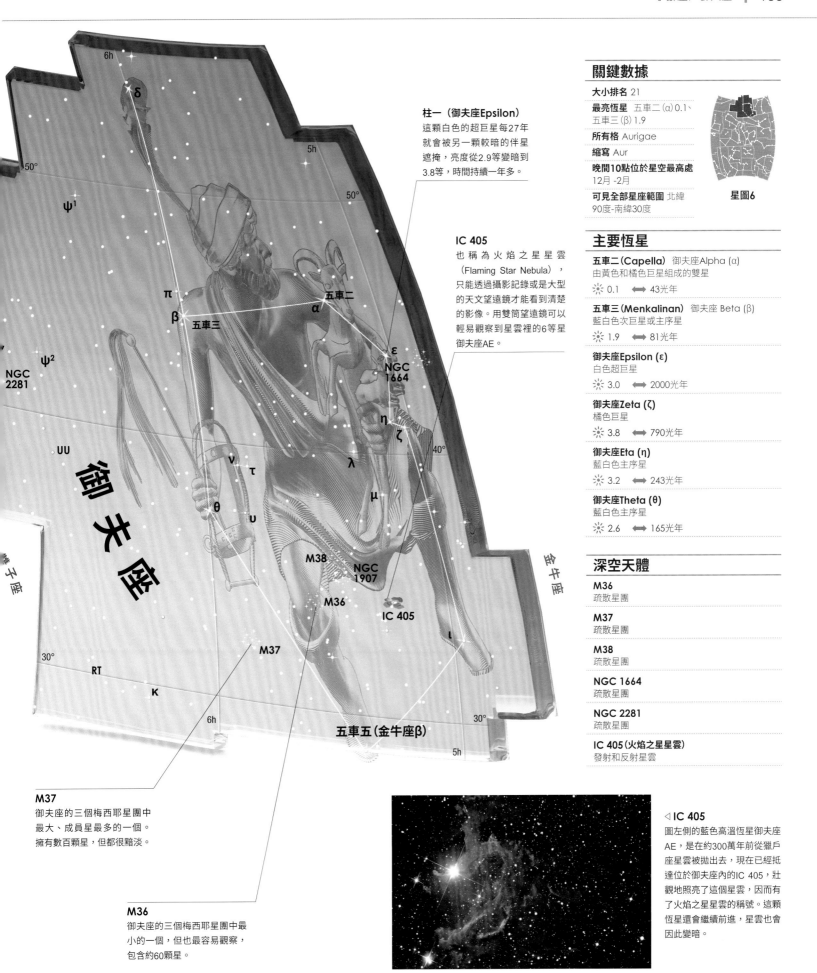

**柱一（御夫座Epsilon）**
這顆白色的超巨星每27年就會被另一顆較暗的伴星遮掩，亮度從2.9等變暗到3.8等，時間持續一年多。

**IC 405**
也稱為火焰之星星雲（Flaming Star Nebula），只能透過攝影記錄或是大型的天文望遠鏡才能看到清楚的影像。用雙筒望遠鏡可以輕易觀察到星雲裡的6等星御夫座AE。

## 關鍵數據

**大小排名** 21

**最亮恆星** 五車二（α）0.1、五車三（β）1.9

**所有格** Aurigae

**縮寫** Aur

**晚間10點位於星空最高處** 12月 -2月

**可見全部星座範圍** 北緯90度-南緯30度

星圖6

## 主要恆星

**五車二（Capella）** 御夫座Alpha（α）
由黃色和橘色巨星組成的雙星
☀ 0.1 ⟷ 43光年

**五車三（Menkalinan）** 御夫座 Beta（β）
藍白色次巨星或主序星
☀ 1.9 ⟷ 81光年

**御夫座Epsilon（ε）**
白色超巨星
☀ 3.0 ⟷ 2000光年

**御夫座Zeta（ζ）**
橘色巨星
☀ 3.8 ⟷ 790光年

**御夫座Eta（η）**
藍白色主序星
☀ 3.2 ⟷ 243光年

**御夫座Theta（θ）**
藍白色主序星
☀ 2.6 ⟷ 165光年

## 深空天體

**M36**
疏散星團

**M37**
疏散星團

**M38**
疏散星團

**NGC 1664**
疏散星團

**NGC 2281**
疏散星團

**IC 405（火焰之星星雲）**
發射和反射星雲

**M37**
御夫座的三個梅西耶星團中最大、成員星最多的一個。擁有數百顆星，但都很黯淡。

**M36**
御夫座的三個梅西耶星團中最小的一個，但也最容易觀察，包含約60顆星。

◁ **IC 405**
圖左側的藍色高溫恆星御夫座AE，是在約300萬年前從獵戶座星雲被拋出去，現在已經抵達位於御夫座內的IC 405，壯觀地照亮了這個星雲，因而有了火焰之星星雲的稱號。這顆恆星還會繼續前進，星雲也會因此變暗。

光度

# 獅子座 LEO 獅子

**獅子座是黃道帶上的大星座，外型像一隻蹲伏的獅子，很容易辨認。由六顆星構成的鐮刀形狀代表獅子的頭部和胸部。**

希臘神話中，大力士海克力士（武仙座）被賦予了12項任務，第一項就是要殺死獅子，獅子座就代表這頭獅子。連成獅子頭部和胸部的鐮刀形狀，看起來就像個左右顛倒的問號。位於鐮刀底部的軒轅十四（Regulus）代表獅子的心臟，是獅子座的最亮星；鐮刀中間的獅子座 Gamma，也就是軒轅十二（Algieba），是由兩顆每550年就會互相繞行的橘黃色巨星構成的雙星。附近有一顆並無關連的5 等星獅子座 40。軒轅十一（獅子座 Zeta）是一顆 3 等星，利用雙筒望遠鏡可以看到另兩顆較暗的伴星，但這三顆恆星之間並無重力束縛。

使用小型天文望遠鏡觀察，可以在獅子身體的下方看到許多螺旋星系。其中以 M65、M66、M95 和 M96 最明顯。

每年 11 月，地球都會穿過彗星坦普爾－塔特爾（Tempel–Tuttle）彗星留下的大量微塵粒子，這時我們就會看到從獅子座鐮刀區域輻射出來的流星。這個流星雨的流星通常並不多，但偶爾也會發生像 1833 年那樣的流星暴。

## 據說在1833年的獅子座流星暴中，流星「像雪花一樣」從天而降。

▷ **NGC 3521**
這個螺旋星系距離我們3500萬光年，許多恆星形成區域讓這個星系的旋臂帶有斑點狀的外觀。這幅影像是由位於智利的歐洲南方天文臺（European Southern Observatory）超大望遠鏡所拍攝。

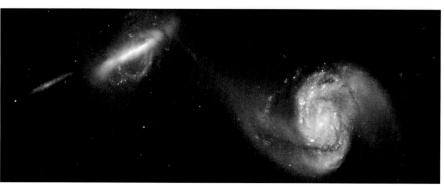

◁ **NGC 3808和NGC 3808A**
這張由哈伯太空望遠鏡拍攝的影像中，可以看到兩個互相交錯的螺旋星系。從NGC 3808（右）流出的恆星、氣體和塵埃，纏繞在較小的伴星系NGC 3808A（側面朝向我們）周圍。

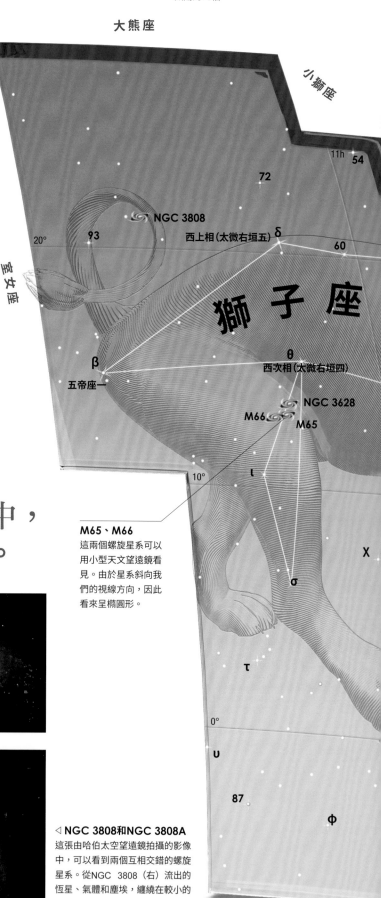

大熊座

小獅座

11h 54

72

NGC 3808

20° 93

西上相（太微右垣五）δ

60

**獅 子 座**

β

θ
西次相（太微右垣四）

五帝座一

NGC 3628

M66 M65

10°

ι

**M65、M66**
這兩個螺旋星系可以用小型天文望遠鏡看見。由於星系斜向我們的視線方向，因此看來呈橢圓形。

χ

σ

τ

0°

υ

87

φ

臺女座

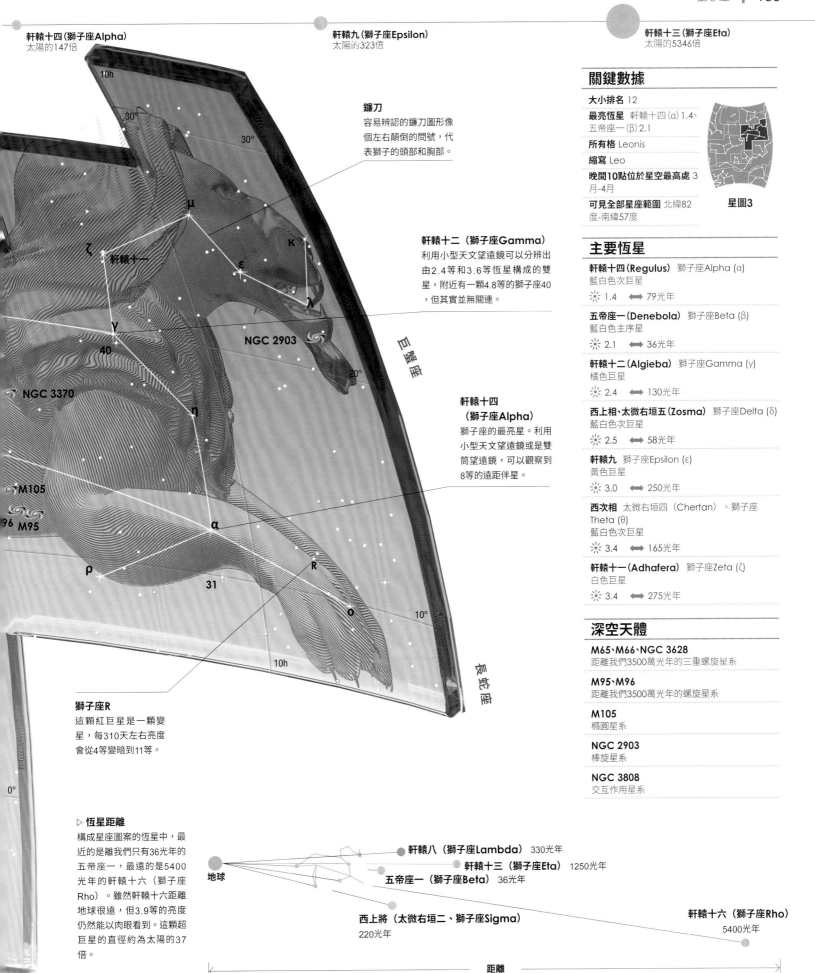

**軒轅十四（獅子座Alpha）**
太陽的147倍

**軒轅九（獅子座Epsilon）**
太陽的323倍

**軒轅十三（獅子座Eta）**
太陽的5346倍

10h

30°

30°

**鐮刀**
容易辨認的鐮刀圖形像
個左右顛倒的問號，代
表獅子的頭部和胸部。

μ

ζ

軒轅十一

κ

ε

**軒轅十二（獅子座Gamma）**
利用小型天文望遠鏡可以分辨出
由2.4等和3.6等恆星構成的雙
星，附近有一顆4.8等的獅子座40
，但其實並無關連。

λ

γ

40

NGC 2903

巨蟹座

20°

NGC 3370

η

**軒轅十四
（獅子座Alpha）**
獅子座的最亮星。利用
小型天文望遠鏡或是雙
筒望遠鏡，可以觀察到
8等的遠距伴星。

M105

96 M95

α

ρ

R

31

o

10°

10h

長蛇座

**獅子座R**
這顆紅巨星是一顆變
星，每310天左右亮度
會從4等變暗到11等。

0°

▷ **恆星距離**
構成星座圖案的恆星中，最
近的是離我們只有36光年的
五帝座一，最遠的是5400
光年的軒轅十六（獅子座
Rho）。雖然軒轅十六距離
地球很遠，但3.9等的亮度
仍然能以肉眼看到。這顆超
巨星的直徑約為太陽的37
倍。

地球

**軒轅八（獅子座Lambda）** 330光年

**軒轅十三（獅子座Eta）** 1250光年

**五帝座一（獅子座Beta）** 36光年

**西上將（太微右垣二、獅子座Sigma）**
220光年

**軒轅十六（獅子座Rho）**
5400光年

距離

## 關鍵數據

**大小排名** 12

**最亮恆星** 軒轅十四（α）1.4、
五帝座一（β）2.1

**所有格** Leonis

**縮寫** Leo

**晚間10點位於星空最高處** 3
月-4月

**可見全部星座範圍** 北緯82
度-南緯57度

星圖3

## 主要恆星

**軒轅十四（Regulus）** 獅子座Alpha（α）
藍白色次巨星
☀ 1.4 ⬌ 79光年

**五帝座一（Denebola）** 獅子座Beta（β）
藍白色主序星
☀ 2.1 ⬌ 36光年

**軒轅十二（Algieba）** 獅子座Gamma（γ）
橘色巨星
☀ 2.4 ⬌ 130光年

**西上相、太微右垣五（Zosma）** 獅子座Delta（δ）
藍白色次巨星
☀ 2.5 ⬌ 58光年

**軒轅九** 獅子座Epsilon（ε）
黃色巨星
☀ 3.0 ⬌ 250光年

**西次相** 太微右垣四（Chertan）、獅子座
Theta（θ）
藍白色次巨星
☀ 3.4 ⬌ 165光年

**軒轅十一（Adhafera）** 獅子座Zeta（ζ）
白色巨星
☀ 3.4 ⬌ 275光年

## 深空天體

**M65、M66、NGC 3628**
距離我們3500萬光年的三重螺旋星系

**M95、M96**
距離我們3500萬光年的螺旋星系

**M105**
橢圓星系

**NGC 2903**
棒旋星系

**NGC 3808**
交互作用星系

光度

牧夫座

△ 墨西哥帽星系（Sombrero Galaxy）
也稱為M104，這個以側面朝向我們的螺旋星系看起來
像一頂墨西哥帽，邊緣包圍著一條黑暗的塵埃帶。墨西
哥帽星系離我們約3000萬光年，位在靠近室女座與烏
鴉座的邊界處。

# 室女座 VIRGO 處女

**室女座是黃道帶上最大的星座，也是全天星座中第二大的。
此星座內有距離我們最近的主要星系團，以及最亮的類星體。**

室女座在古希臘神話中有幾個身分。在其中一個故事裡，她代表了
農業女神蒂米特（Demeter），手上握著由星座內最亮星角宿一所
代表的麥穗。但通常她也是正義女神黛克（Dike）的象徵，相鄰的
天秤座是她的用來度量正義的天秤。這個星座形狀像是個傾斜的字
母 Y，角宿一位在字母的最底部。在 Y 的凹陷裡，有距離我們約
5500 萬光年的室女座星系團，有 2000 多個成員，使用小型天文望
遠鏡就能看到其中最明亮的星系。這個星系團非常龐大，散布在
室女座北邊的邊界處，一直到相鄰的后髮座內。室女座星系團的
核心是巨大的橢圓星系 M87。從地球上所能看到的最明亮類星體
（見第 60-61 頁）3C 273 也位於室女座，但它的距離比室女座星
團遠了 50 倍。

室女座的M87
是質量最大的
本地星系之
一，質量接近
3兆個太陽。

天秤座

▷ **恆星距離**
在構成室女座形狀的亮星
中，離我們最近的是36光
年 的 右 執 法 （ 室 女 座
Beta）。最亮的恆星角宿
一（室女座Alpha）距離我
們約250光年。

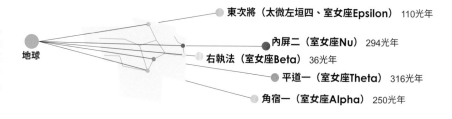

地球

東次將（太微左垣四、室女座Epsilon） 110光年

內屏二（室女座Nu） 294光年

右執法（室女座Beta） 36光年

平道一（室女座Theta） 316光年

角宿一（室女座Alpha） 250光年

距離

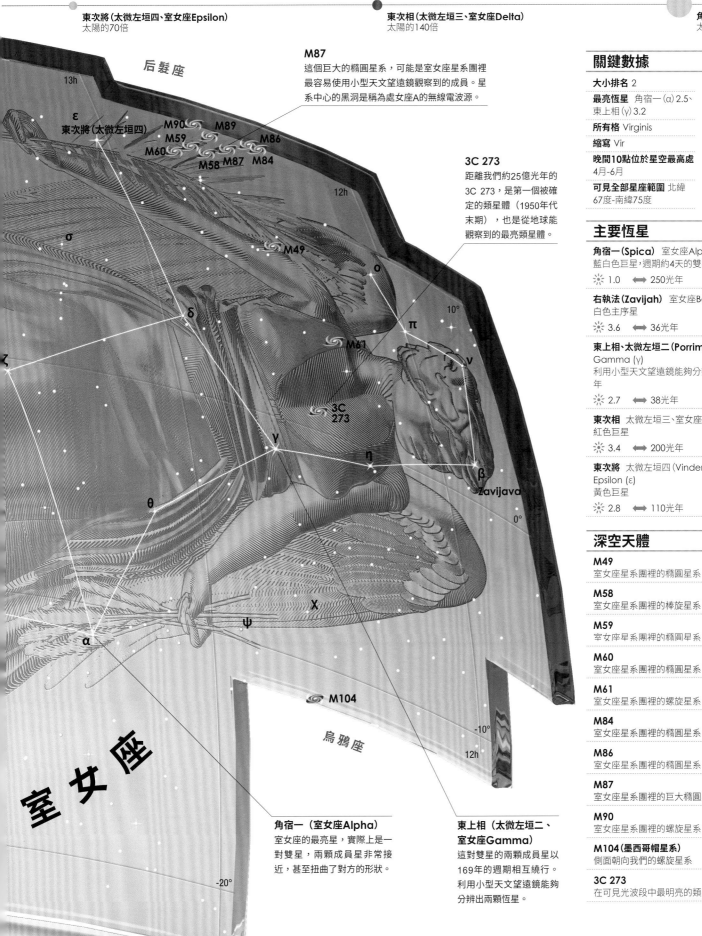

**東次將（太微左垣四、室女座Epsilon）**
太陽的70倍

**東次相（太微左垣三、室女座Delta）**
太陽的140倍

后髮座

13h

ε
東次將（太微左垣四）

M90 M89
M59 M86
M60
M58 M87 M84

σ

12h

δ

ζ

γ

θ

α

室女座

13h

**M87**
這個巨大的橢圓星系，可能是室女座星系團裡最容易使用小型天文望遠鏡觀察到的成員。星系中心的黑洞是稱為處女座A的無線電波源。

M49

ο

π

3C 273

ν

η

β
Zavijava

χ

ψ

**3C 273**
距離我們約25億光年的3C 273，是第一個被確定的類星體（1950年代末期），也是從地球能觀察到的最亮類星體。

10°

0°

-10°

12h

M104

烏鴉座

-20°

**角宿一（室女座Alpha）**
室女座的最亮星，實際上是一對雙星，兩顆成員星非常接近，甚至扭曲了對方的形狀。

**東上相（太微左垣二、室女座Gamma）**
這對雙星的兩顆成員星以169年的週期相互繞行。利用小型天文望遠鏡能夠分辨出兩顆恆星。

## 關鍵數據

**大小排名** 2

**最亮恆星** 角宿一（α）2.5、東上相（γ）3.2

**所有格** Virginis

**縮寫** Vir

**晚間10點位於星空最高處** 4月-6月

**可見全部星座範圍** 北緯67度-南緯75度

星圖5

## 主要恆星

**角宿一（Spica）** 室女座Alpha（α）
藍白色巨星，週期約4天的雙星

☀ 1.0 ⟷ 250光年

**右執法（Zavijah）** 室女座Beta（β）
白色主序星

☀ 3.6 ⟷ 36光年

**東上相、太微左垣二（Porrima）** 室女座Gamma（γ）
利用小型天文望遠鏡能夠分辨的雙星，週期169年

☀ 2.7 ⟷ 38光年

**東次相** 太微左垣三、室女座Delta（δ）
紅色巨星

☀ 3.4 ⟷ 200光年

**東次將** 太微左垣四（Vindemiatrix）、室女座Epsilon（ε）
黃色巨星

☀ 2.8 ⟷ 110光年

## 深空天體

**M49**
室女座星系團裡的橢圓星系

**M58**
室女座星系團裡的棒旋星系

**M59**
室女座星系團裡的橢圓星系

**M60**
室女座星系團裡的橢圓星系

**M61**
室女座星系團裡的螺旋星系

**M84**
室女座星系團裡的橢圓星系

**M86**
室女座星系團裡的橢圓星系

**M87**
室女座星系團裡的巨大橢圓星系

**M90**
室女座星系團裡的螺旋星系

**M104（墨西哥帽星系）**
側面朝向我們的螺旋星系

**3C 273**
在可見光波段中最明亮的類星體

# 后髮座
## COMA BERENICES
### 貝勒尼基的頭髮

**后髮座是以古埃及皇后貝勒尼基二世（BERENICES II）為名，可以輕易地在獅子座和牧夫座這兩個星座之間找到它。星座內不但有星團，也有星系團。**

后髮座原本屬於獅子座的一部分，直到公元 1536 年，德國製圖師卡斯帕爾・沃普爾（Caspar Vopel）才首度把后髮座當成獨立的星座。這個星座沒有比 4 等星更亮的恆星，但有很多有趣的深空天體，例如靠近南邊與室女座交界附近的 M85、M88、M99 和 M100 等星系，是距離我們約 5000 萬光年遠的室女座星系團的一部分，其他則是屬於距離遠了六倍的后髮座星系團（Coma Cluster）。梅洛特（Melotte）111 是距離我們最近的疏散星團之一，以肉眼可以看到 20 多顆恆星。

△ **M64**
M64是后髮座中最亮的星系，由於在明亮的核心附近有一條黑暗的塵埃帶，也稱為黑眼星系（Black Eye Galaxy），距離地球1700萬光年。

**NGC 4565**
這個螺旋星系以側面朝向我們。由於外觀又長又細，也稱為細針星系（Needle Galaxy）。

## 關鍵數據

**大小排名** 42

**最亮恆星** 周鼎一（β）4.2、東上將（α）4.3

**所有格** Comae Berenices

**縮寫** Com

**晚間10點位於星空最高處** 4月-5月

**可見全部星座範圍** 北緯90度-南緯56度

星圖5

## 主要恆星

**東上將** 太微左垣五（Diadem）、后髮座Alpha（α）成員為兩顆主序星的雙星
☀ 4.3　⟷ 58光年

**周鼎一** 后髮座Beta（β）黃色主序星
☀ 4.2　⟷ 30光年

**后髮座Gamma（γ）** 橘色巨星
☀ 4.3　⟷ 167光年

**后髮座FS** 紅色巨星，也是半規則變星
☀ 5.6　⟷ 736光年

## 深空天體

**梅洛特Melotte 111（后髮星團）** 疏散星團

**M53（NGC 5024）** 球狀星團

**M64（黑眼星系、NGC 4826）** 螺旋星系

**M85（NGC 4382）** 透鏡狀星系

**M88（NGC 4501）** 螺旋星系

**M91（NGC 4548）** 棒旋星系

**M99（NGC 4254）** 螺旋星系

**M100（NGC 4321）** 螺旋星系

**NGC 4565（細針星系）** 螺旋星系

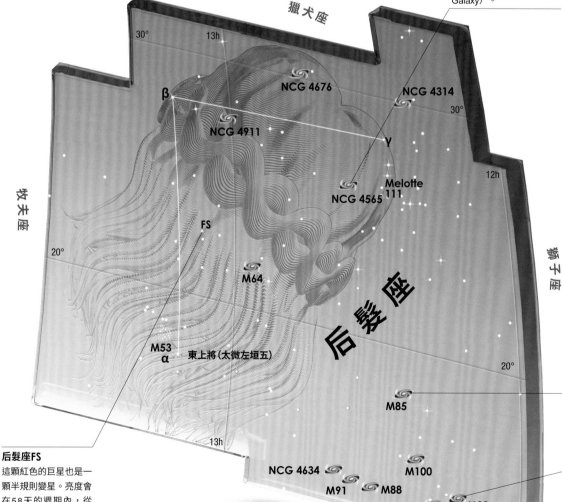

獵犬座
獅犬座
牧夫座
室女座
后髮座

NCG 4676
NCG 4314
NCG 4911
NCG 4565
Melotte 111
β
γ
FS
M64
M53 α
東上將（太微左垣五）
M85
NCG 4634
M100
M91　M88
M99　M98

30°　13h
30°
12h
20°
20°
13h
12h

**后髮座FS**
這顆紅色的巨星也是一顆半規則變星。亮度會在58天的週期內，從5.3等變暗到6.1等。

**M85**
距離地球6000萬光年的透鏡狀星系，直徑約12萬5000光年。

**M98**
這個螺旋星系幾乎完全以側面對著我們，距離約4400萬光年，屬於室女座星系團的一部分，在1791年與M99和M100同一天被發現。

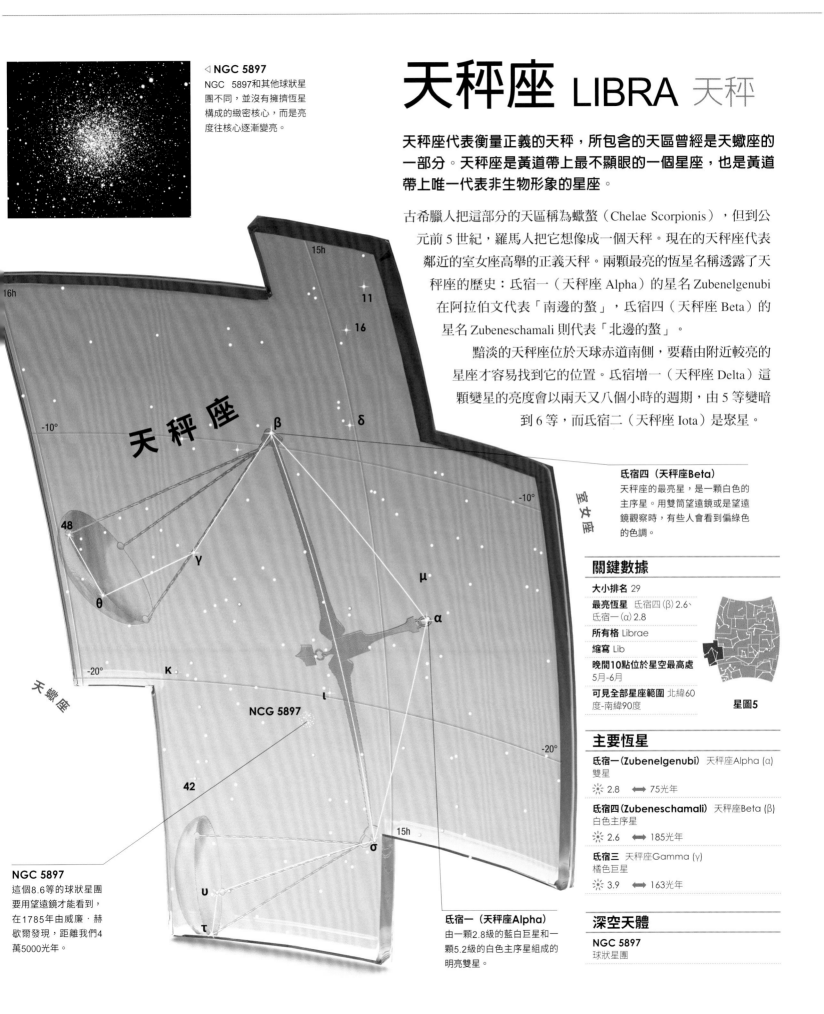

◁ **NGC 5897**
NGC 5897和其他球狀星團不同，並沒有擁擠恆星構成的緻密核心，而是亮度往核心逐漸變亮。

# 天秤座 LIBRA 天秤

**天秤座代表衡量正義的天秤，所包含的天區曾經是天蠍座的一部分。天秤座是黃道帶上最不顯眼的一個星座，也是黃道帶上唯一代表非生物形象的星座。**

古希臘人把這部分的天區稱為蠍螯（Chelae Scorpionis），但到公元前5世紀，羅馬人把它想像成一個天秤。現在的天秤座代表鄰近的室女座高舉的正義天秤。兩顆最亮的恆星名稱透露了天秤座的歷史：氐宿一（天秤座Alpha）的星名Zubenelgenubi在阿拉伯文代表「南邊的螯」，氐宿四（天秤座Beta）的星名Zubeneschamali則代表「北邊的螯」。

黯淡的天秤座位於天球赤道南側，要藉由附近較亮的星座才容易找到它的位置。氐宿增一（天秤座Delta）這顆變星的亮度會以兩天又八個小時的週期，由5等變暗到6等，而氐宿二（天秤座Iota）是聚星。

**氐宿四（天秤座Beta）**
天秤座的最亮星，是一顆白色的主序星。用雙筒望遠鏡或是望遠鏡觀察時，有些人會看到偏綠色的色調。

## 關鍵數據

**大小排名** 29

**最亮恆星** 氐宿四（β）2.6、氐宿一（α）2.8

**所有格** Librae

**縮寫** Lib

**晚間10點位於星空最高處** 5月-6月

**可見全部星座範圍** 北緯60度-南緯90度

星圖5

## 主要恆星

**氐宿一（Zubenelgenubi）** 天秤座Alpha（α）
雙星
☀ 2.8 ⟷ 75光年

**氐宿四（Zubeneschamali）** 天秤座Beta（β）
白色主序星
☀ 2.6 ⟷ 185光年

**氐宿三** 天秤座Gamma（γ）
橘色巨星
☀ 3.9 ⟷ 163光年

## 深空天體

**NGC 5897**
球狀星團

**NGC 5897**
這個8.6等的球狀星團要用望遠鏡才能看到，在1785年由威廉・赫歇爾發現，距離我們4萬5000光年。

**氐宿一（天秤座Alpha）**
由一顆2.8級的藍白巨星和一顆5.2級的白色主序星組成的明亮雙星。

光度

尾宿二（天蠍座Epsilon）
太陽的40倍

房宿四（天蠍座Beta）
太陽的1265倍

尾宿九（天蠍座Upsilon）
太陽的2260倍

**心宿二的直徑是太陽的800多倍，如果在這顆恆星的一頭打電話，要一個多小時才會傳到另一頭。**

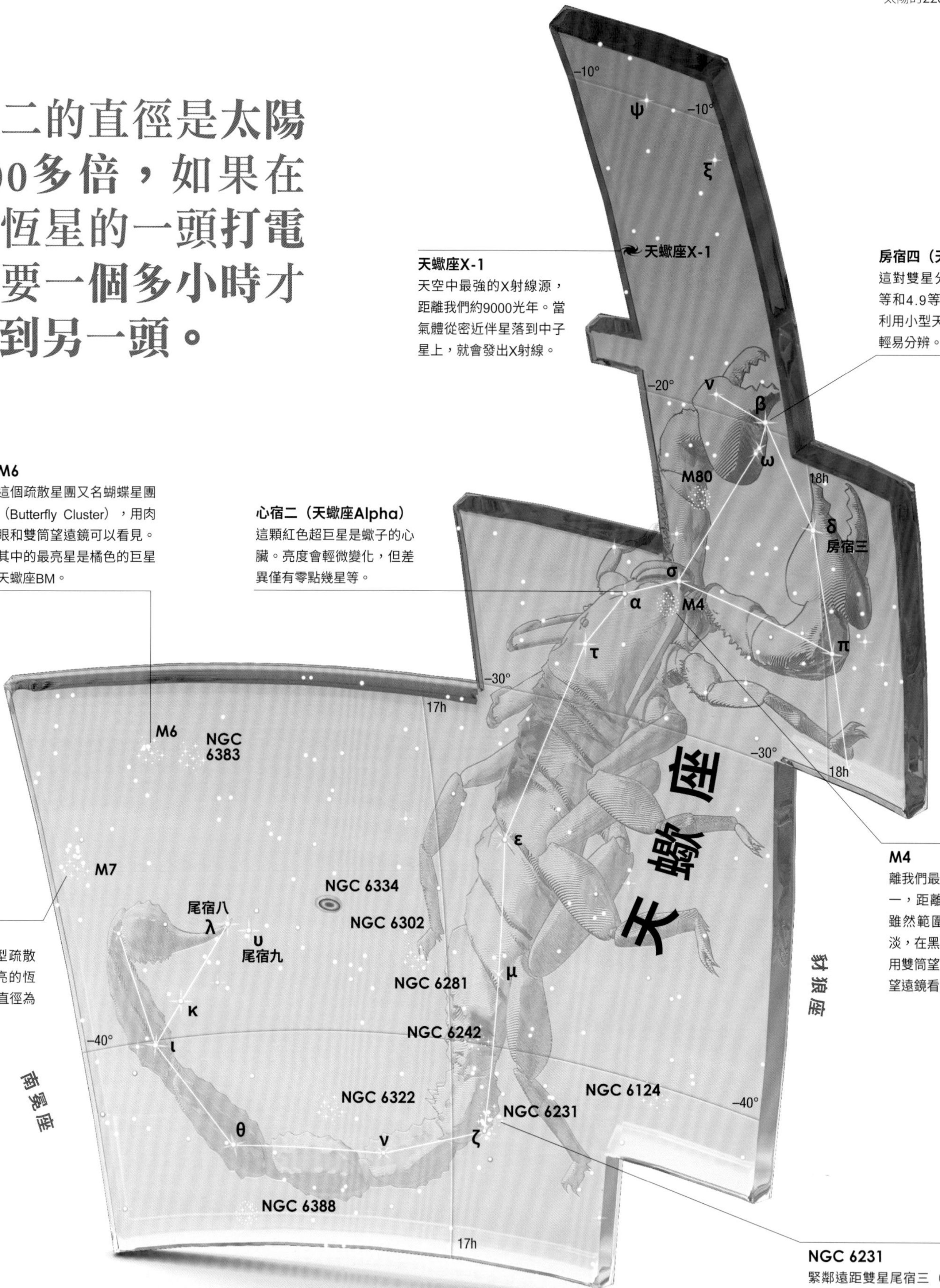

**天蠍座X-1**
天空中最強的X射線源，距離我們約9000光年。當氣體從密近伴星落到中子星上，就會發出X射線。

**房宿四（天蠍座Beta）**
這對雙星分別由兩顆2.6等和4.9等的恆星組成，利用小型天文望遠鏡可以輕易分辨。

**M6**
這個疏散星團又名蝴蝶星團（Butterfly Cluster），用肉眼和雙筒望遠鏡可以看見。其中的最亮星是橘色的巨星天蠍座BM。

**心宿二（天蠍座Alpha）**
這顆紅色超巨星是蠍子的心臟。亮度會輕微變化，但差異僅有零點幾星等。

**M4**
離我們最近的球狀星團之一，距離約7000光年。雖然範圍很大，但很黯淡，在黑暗的夜空中，使用雙筒望遠鏡或小型天文望遠鏡看得最清楚。

**M7**
肉眼可見的大型疏散星團，其中最亮的恆星是6等星，視直徑為滿月的兩倍。

**NGC 6231**
緊鄰遠距雙星尾宿三（天蠍座Zeta）北側的疏散星團，肉眼可見。使用雙筒望遠鏡可以看到其中最亮的恆星。

天蠍座

豺狼座

南冕座

天壇座

-10°
-10°
-20°
-30°
-30°
-40°
-40°

17h
17h
18h
18h

ψ
ξ
ν
β
ω
δ 房宿三
M80
σ
α M4
π
τ
ε
μ
ν
ζ

M6
NGC 6383
M7
NGC 6334
NGC 6302
NGC 6281
NGC 6242
NGC 6322
NGC 6124
NGC 6231
NGC 6388

尾宿八 λ
υ 尾宿九
κ
ι
θ

**房宿三（天蠍座Delta）**
太陽的2400倍

**尾宿八（天蠍座Lambda）**
太陽的6000倍

**心宿二（天蠍座Alpha）**
太陽的9450倍

# 天蠍座 SCORPIUS 蠍子

非常明顯的黃道星座，位於天球赤道的南方。天蠍座最容易辨認的特徵是代表蠍子尾部的獨特彎鉤形狀。銀河的恆星在這裡非常密集，附近就是我們的銀河系中心。

在神話中，天蠍座代表螫死了獵人俄里翁（Orion，獵戶座）的蠍子。這對冤家被放在天空中相反的方向，因此天蠍座從東方天空升起時，獵戶座就會從西方天空落下。這個星座的舊稱是 Scorpio，但天文學界已經不再使用。

天蠍座的最亮星是紅色的超巨星心宿二（Antares），代表蠍子的心臟。從心宿二蜿蜒向南的弧形代表蠍子的尾巴。在尾巴的最後一顆星是天蠍座的第二亮星尾宿八（Shaula，是阿拉伯語「螫針」的意思）。天蠍座的尾巴位在銀河系中心的恆星密集區域，有一些星團也分布在這裡。

天蠍座中許多明亮的恆星和相鄰的星座離我們約 500 光年，這些都是天蠍－半人馬星協（Scorpius–Centaurus Association）的成員，這是一個近期出現的恆星形成區，其中的最亮星是天蠍座的心宿二。

## 關鍵數據

| | |
|---|---|
| **大小排名** | 33 |
| **最亮恆星** | 心宿二（α）0.9、尾宿八（λ）1.6 |
| **所有格** | Scorpii |
| **縮寫** | Sco |
| **晚間10點位於星空最高處** | 6月-7月 |
| **可見全部星座範圍** | 北緯44度-南緯90度 |

星圖4

## 主要恆星

**心宿二（Antares）** 天蠍座Alpha（α）
亮度會變化的紅色超巨星
☀ 0.9 ⟷ 550光年

**房宿四（Graffias）** 天蠍座Beta（β）
藍白色主序星
☀ 2.6 ⟷ 400光年

**房宿三（Dschubba）** 天蠍座Delta（δ）
藍白色次巨星
☀ 2.3 ⟷ 500光年

**尾宿二** 天蠍座Epsilon（ε）
橘色巨星
☀ 2.3 ⟷ 64光年

**尾宿五** 天蠍座Theta（θ）
白色巨星
☀ 1.9 ⟷ 300光年

**尾宿八（Shaula）** 天蠍座Lambda（λ）
藍白色次巨星
☀ 1.6 ⟷ 570光年

**尾宿九（Lesath）** 天蠍座Upsilon（υ）
藍白色次巨星
☀ 2.7 ⟷ 580光年

## 深空天體

**M4**
球狀星團

**M6（蝴蝶星團）**
疏散星團

**M7**
疏散星團

**M80**
球狀星團

**NGC 6302（臭蟲星雲）**
行星狀星雲，也稱為蝴蝶星雲

◁ **NGC 6302**
NGC 6302，也稱為臭蟲星雲（Bug Nebula）或蝴蝶星雲（Butterfly Nebula），是一個複雜的行星狀星雲。在這張哈伯太空望遠鏡拍攝的影像中，翅膀的形狀其實是從中央恆星往兩側流出的氣體。

△ **M80**
密集的球狀星團M80距離我們約2萬8000光年。在這張哈伯太空望遠鏡拍攝的影像中，可藉由顏色分辨出其中的明亮紅巨星。像太陽這樣的恆星邁向死亡時，就會成為紅巨星。

▷ **恆星距離**
在構成天蠍座形狀的主要亮星中，最近的是距離我們64光年的尾宿二（天蠍座Epsilon），最遠的是約2570光年外的天蠍座Zeta1（天蠍座Zeta是一對雙星，另一個成員Zeta2與我們的距離只有大約130光年）。天蠍座裡的許多恆星都是天蠍－半人馬星協（一群幾乎同時形成的年輕恆星）的成員，這些恆星與地球的距離相去不遠，大約500光年。

**房宿四（天蠍座Beta）** 400光年
**心宿一（天蠍座Sigma）** 700光年
**尾宿二（天蠍座Epsilon）** 64光年
**尾宿六（天蠍座Iota[1]）** 1930光年
**天蠍座Zeta[1]** 2570光年

地球

距離

**天市左垣四（鄭、巨蛇座Gamma）**
太陽的3倍

**天市左垣八（東海、巨蛇座Eta）**
太陽的15倍

◁ **西佛六重星系
（Seyfert's Sextet）**
由四個交互作用星系和另外
兩個天體組成。在這張由哈
伯太空望遠鏡拍攝的影像
中，位於中央的小型螺旋星
系並不是交互作用星系的一
部分，而是剛好在同一視線
方向上的背景天體。第六個
天體不是星系，而是從其中
一個星系扯出的恆星尾。

# 巨蛇座 SERPENS
## 巨蛇

**巨蛇座是所有星座中唯一一個分成兩個部分的星
座，巨蛇的頭部位於蛇夫座的一側，尾部位於另外
一側，兩個部分加起來才是巨蛇座。**

巨蛇座象徵蛇夫座手上的蛇，他的左手握著巨蛇的
頭，右手握著巨蛇的尾巴。巨蛇座的頭部稱為巨蛇頭
（Serpens Caput），尾部是巨蛇尾（Serpens Cauda）。
星座中的最亮星是 3 等星天市右垣七（巨蛇座
Alpha），它的星名 Unukalhai 源自阿拉伯文的「蛇頸」，
也是這顆星所在的位置。蛇頭的亮星是天市右垣五（巨
蛇座 Beta），用雙筒望遠鏡可以看到另一顆其實並無關
連的 7 等伴星。在蛇尾附近的 M16 是被老鷹星雲包圍
的星團，以哈伯太空望遠鏡拍攝的「創生之柱」（pillars
of creation）聞名。同樣在尾部的天市左垣七（巨蛇座
Theta）是一個用小望遠鏡可以看見的 5 級雙星。附近
是 IC 4765，以雙筒望遠鏡可見的疏散星團。

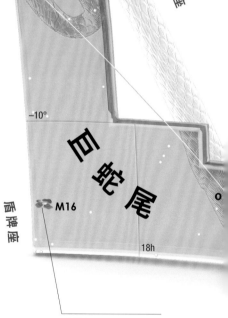

**IC 4756**
雙筒望遠鏡可見的疏
散星團，視直徑比滿
月大。最亮的恆星為8
等星。

**天市左垣七（徐、
巨蛇座Theta）**
使用小型天文望遠鏡
就能輕易分辨的一對
5等星。

◁ **創生之柱**
這是哈伯太空望遠鏡拍攝的代表性影像，圖中可
以看到老鷹星雲中高度為4光年的氣體和塵埃柱，
這是新生恆星誕生之處，同時這個氣體塵埃柱也
會被來自附近其他新生高溫恆星的紫外線侵蝕。

▽ **霍格天體（Hoag's Object）**
這個特別的星系是由一圈藍色高溫恆星，和核心
的年老黃色恆星組成。科學家認為，這個環可能
是另一個星系的殘骸，因為靠得太近而被扯碎。

**M16**
雙筒望遠鏡和小型天文
望遠鏡可見的疏散星
團，由於深埋在老鷹星
雲之中而顯得朦朧。

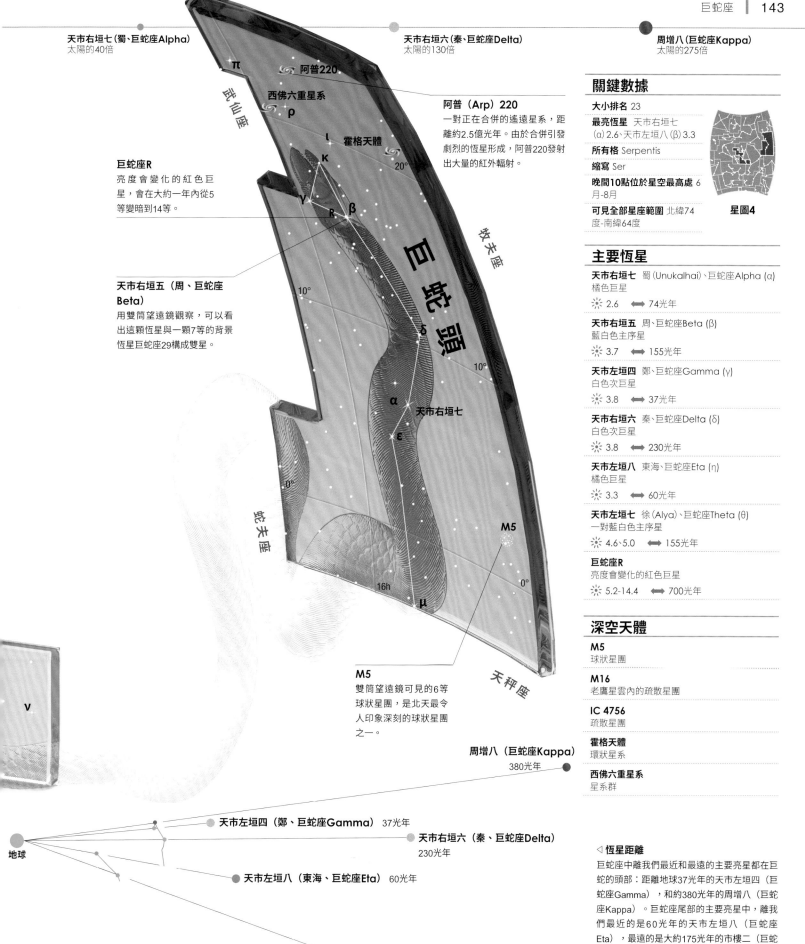

**天市右垣七（蜀、巨蛇座Alpha）**
太陽的40倍

**天市右垣六（秦、巨蛇座Delta）**
太陽的130倍

**周增八（巨蛇座Kappa）**
太陽的275倍

阿普220

西佛六重星系

ρ

霍格天體

**阿普（Arp）220**
一對正在合併的遙遠星系，距離約2.5億光年。由於合併引發劇烈的恆星形成，阿普220發射出大量的紅外輻射。

武仙座

**巨蛇座R**
亮度會變化的紅色巨星，會在大約一年內從5等變暗到14等。

**天市右垣五（周、巨蛇座Beta）**
用雙筒望遠鏡觀察，可以看出這顆恆星與一顆7等的背景恆星巨蛇座29構成雙星。

牧夫座

巨蛇頭

蛇夫座

M5

**M5**
雙筒望遠鏡可見的6等球狀星團，是北天最令人印象深刻的球狀星團之一。

天秤座

v

ν

**周增八（巨蛇座Kappa）** 380光年

**天市左垣四（鄭、巨蛇座Gamma）** 37光年

地球

**天市右垣六（秦、巨蛇座Delta）** 230光年

**天市左垣八（東海、巨蛇座Eta）** 60光年

**市樓二（巨蛇座Omicron）** 175光年

距離

## 關鍵數據

**大小排名** 23
**最亮恆星** 天市右垣七（α）2.6、天市左垣八（β）3.3
**所有格** Serpentis
**縮寫** Ser
**晚間10點位於星空最高處** 6月-8月
**可見全部星座範圍** 北緯74度-南緯64度

星圖4

## 主要恆星

**天市右垣七** 蜀（Unukalhai）、巨蛇座Alpha（α）
橘色巨星
※ 2.6 ⟷ 74光年

**天市右垣五** 周、巨蛇座Beta（β）
藍白色主序星
※ 3.7 ⟷ 155光年

**天市左垣四** 鄭、巨蛇座Gamma（γ）
白色次巨星
※ 3.8 ⟷ 37光年

**天市右垣六** 秦、巨蛇座Delta（δ）
白色次巨星
※ 3.8 ⟷ 230光年

**天市左垣八** 東海、巨蛇座Eta（η）
橘色巨星
※ 3.3 ⟷ 60光年

**天市左垣七** 徐（Alya）、巨蛇座Theta（θ）
一對藍白色主序星
※ 4.6、5.0 ⟷ 155光年

**巨蛇座R**
亮度會變化的紅色巨星
※ 5.2-14.4 ⟷ 700光年

## 深空天體

**M5**
球狀星團

**M16**
老鷹星雲內的疏散星團

**IC 4756**
疏散星團

**霍格天體**
環狀星系

**西佛六重星系**
星系群

◁ **恆星距離**
巨蛇座中離我們最近和最遠的主要亮星都在巨蛇的頭部：距離地球37光年的天市左垣四（巨蛇座Gamma），和約380光年的周增八（巨蛇座Kappa）。巨蛇座尾部的主要亮星中，離我們最近的是60光年的天市左垣八（巨蛇座Eta），最遠的是大約175光年的市樓二（巨蛇座Omicron）。

# 蛇夫座 OPHIUCHUS
## 蛇夫

**蛇夫座是位於天球赤道上的大型星座，從北方的武仙座一直延伸到南方的天蠍座和人馬座。**

蛇夫座代表傳說中名叫阿斯克勒庇俄斯（Aesculapius）的治療師，以能夠讓死者復活聞名。在天空中，他握著傳統上象徵醫療的巨蛇，也就是巨蛇座。巨蛇座雖然範圍很大，但並不特別明顯。星座中最亮的恆星是二等的候（蛇夫座 Alpha），帶表蛇夫座的頭部。最著名的恆星是巴納德之星（Barnar's Star），一顆黯淡的 10 等紅矮星，離我們只有 5.9 光年。蛇夫座內有許多球狀星團，用小型天文望遠鏡最容易觀察到的是 M10 和 M12。每年 12 月的上半個月，太陽會經過蛇夫座的前方，但蛇夫座並沒有像其他星座一樣被視為傳統的黃道十二星座之一（見第 92-93 頁）。

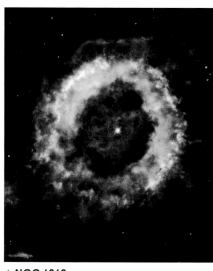

△ **NGC 6369**
哈伯太空望遠鏡拍攝的NGC 6369行星狀星雲，也稱為小鬼星雲（Little Ghost Nebula）。來自中央核心的紫外線，照亮了寬度為1光年的氣體環。

▷ **雙噴流星雲（Twin Jet Nebula）**
在這張由哈伯太空望遠鏡拍攝的影像中，中央的雙星以時速100萬公里向外噴出兩片閃爍的氣體瓣，形成了如同蝴蝶的形狀。

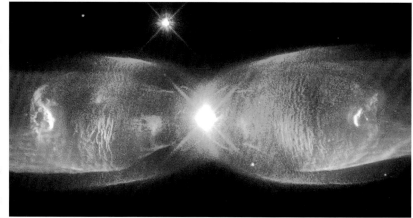

▽ **恆星距離**
在構成蛇夫座形狀的亮星中，距離地球最近的是大約20光年的蛇夫座36，最遠的是約1230光年的宗人二（蛇夫座67），兩者相差60倍。

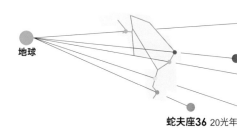

地球

宗人二（蛇夫座67） 1230光年

市右垣九（梁、蛇夫座Delta） 170光年

天市右垣十一（韓、蛇夫座Zeta） 365光年

蛇夫座36 20光年

天江增七（蛇夫座Xi） 600光年

距離

## 關鍵數據

**大小排名** 11

**最亮恆星** 候（α）2.1、天市左垣十一（η）2.3

**所有格** Ophiuchi

**縮寫** Oph

**晚間10點位於星空最高處** 6月-7月

**可見全部星座範圍** 北緯59度-南緯75度

**星圖4**

## 主要恆星

**候（Rasalhague）** 蛇夫座Alpha（α）
藍白色巨星
☀ 2.1 ⟷ 49光年

**宗正一（Cebalrai）** 蛇夫座Beta（β）
橘色巨星
☀ 2.8 ⟷ 82光年

**天市右垣九** 梁、蛇夫座Delta（δ）
紅色巨星
☀ 2.8 ⟷ 170光年

**天市右垣十一** 韓、蛇夫座Zeta（ζ）
藍白色次矮星
☀ 2.6 ⟷ 365光年

**天市左垣十一** 宋（Sabik）、蛇夫座Eta（η）
藍白色次矮星
☀ 2.4 ⟷ 88光年

**巴納德之星**
紅色巨星
☀ 9.5 ⟷ 5.9光年

## 深空天體

**克卜勒之星（Kepler's Star）**
1604年10月的超新星殘骸

**M10**
球狀星團

**M12**
球狀星團

**NGC 6369**
行星狀星雲，也稱為小鬼星雲

**NGC 6633**
疏散星團

**IC 4665**
疏散星團

**菸斗星雲（Pipe Nebula）**
暗星雲

**雙噴流星雲**
雙極行星狀星雲，也稱為閔考斯基（Minkowski）2-9

天市右垣九（梁、蛇夫座Delta）
太陽的195倍

天市右垣十一（韓、蛇夫座Zeta）
太陽鏡的1060倍

IC 4665
鬆散的大型疏散
星團，以雙筒望
遠鏡可見。

武仙座

18h

17h

候 α

κ

71

NGC 6633    NGC 6572

IC 4665

巴納德之星

66    宗正一

67

70

β

γ

0°

**M12**
雙筒望遠鏡可見的6
等球狀星團。

λ

0°

**宗人四（蛇夫座70）**
由4等的黃色矮星和6等的
橘色矮星形成的雙星，互
繞的週期為88年，可透過
小型天文望遠鏡分辨。

巨蛇座（尾）

M14

M12

M10

蛇夫座

RS

δ
ε

ν

-10°

雙噴流星雲

ζ

-10°

**巴納德之星以超過
每秒100公里的速
度接近我們。**

**M10**
雙筒望遠鏡可見的5
等球狀星團。

M107

η    天市左垣十一（宋）

M9

人馬座

-20°

克卜勒之星

ξ

-20°

NGC
6369

ρ

44

θ

△ **菸斗星雲**
菸斗星雲是一團長形的星際塵埃雲，阻擋了來自銀河系
中央核球區域的背景恆星，因此看起來就像銀河裡的裂
隙。在清澈黑暗的夜晚用肉眼就能看到這個星雲。

36    M19

45    M62

天蠍座    17h

**蛇夫座36**
由橘色矮星形成的雙
星，可以透過小型天文
望遠鏡分辨。軌道週期
470年。

# 天鷹座 AQUILA 老鷹

天鷹座的恆星構成的形狀很容易想像成一隻翱翔天空的老鷹。這隻老鷹與希臘天神宙斯有關。

橫跨天球赤道的天鷹座是最初的 48 個星座之一，位於銀河中恆星密集之處。天鷹座是為天神宙斯載運雷電的老鷹；或是化身為老鷹的宙斯，把甘尼米德（Ganymede）帶到奧林帕斯山為眾神侍酒。這隻老鷹的姿態彷彿往鄰近代表甘尼米德的寶瓶座俯衝而去。要找到天鷹座的最好方法，是先找到天鷹座的最亮星牛郎星（天鷹座 Alpha），它的星名 Altair 在阿拉伯語中的意思是飛翔的老鷹。牛郎星是全天第 12 亮星，距離我們只有 17 光年，也是最近的亮星之一。牛郎星與天鵝的天津四和天琴座的織女星，構成了北方天空的夏季大三角。超巨星天桴四（天鷹座 Eta）是肉眼可見最明亮的造父變星之一，亮度在 7.2 天的週期內從 3.5 等變暗到 4.4 等。

## 關鍵數據

**大小排名** 22

**最亮恆星** 牛郎（α）0.8、河鼓三（γ）2.7

**所有格** Aquilae

**縮寫** Aql

**晚間10點位於星空最高處** 7月-8月

**可見全部星座範圍** 北緯78度-南緯71度

**星圖4**

## 主要恆星

**牛郎** 河鼓二（Altair）、天鷹座Alpha（α）
白色主序星
☀ 0.8 ⟺ 17光年

**河鼓一（Alshain）** 天鷹座Beta（β）
黃色次巨星
☀ 3.7 ⟺ 45光年

**河鼓三（Tarazed）** 天鷹座Gamma（γ）
橘色巨星
☀ 2.7 ⟺ 395光年

**天市左垣六** 吳越、天鷹座Zeta（ζ）
白色主序星
☀ 3.0 ⟺ 83光年

## 深空天體

**NGC 6709**
疏散星團

**NGC 6751**
行星狀星雲

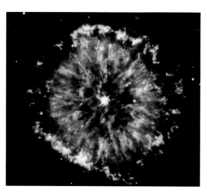

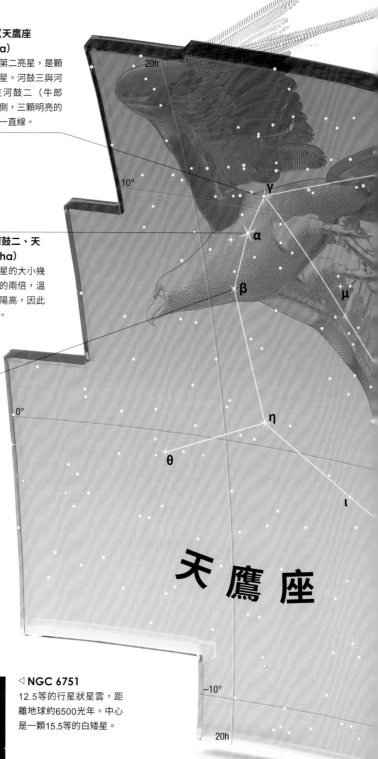

**河鼓三（天鷹座 Gamma）**
天鷹座的第二亮星，是顆橘色的巨星。河鼓三與河鼓一位在河鼓二（牛郎星）的兩側，三顆明亮的恆星形成一直線。

**牛郎（河鼓二、天鷹座Alpha）**
這顆主序星的大小幾乎是太陽的兩倍，溫度也比太陽高，因此呈現白色。

**河鼓一（天鷹座 Beta）**
黃色的次巨星，大小約為太陽的三倍半，之後會成為更明亮的巨星。

◁ **NGC 6751**
12.5等的行星狀星雲，距離地球約6500光年。中心是一顆15.5等的白矮星。

## 天市左垣六（吳越、天鷹座Zeta）

代表老鷹尾巴的白色主序星。大小和質量約為太陽的兩倍，光度是太陽的40倍。

## NGC 6709

鬆散的疏散星團，約由60顆年輕恆星組成。亮度為6.7等，剛好超過肉眼所能見到的極限。

蛇夫座

NGC 6709

ε

0°

λ

12

NGC 6751

## NGC 6751

12.5等的行星狀星雲，中央是一顆15.5等的白矮星。

−10°

盾牌座

19h

# 盾牌座
# SCUTUM 盾牌

**全天第五小的星座，位於人馬座和天鷹座亮星牛郎星之間的銀河明亮區域內。**

波蘭天文學家約翰・赫維留於1884年創立了盾牌座，以紀念他的贊助人，波蘭國王約翰三世索別斯基（King John III Sobiesci）。盾牌座原本的名稱是Scutum Sobiescianum，意思是索別斯基的盾牌。位於天球赤道南側，最亮星只有四等，都沒有特殊的星名，有兩顆有趣的變星：天弁二（盾牌座 Delta）和盾牌座R。銀河中最明亮、恆星最密集的區域流經盾牌座，這個區域包含了銀河在人馬座之外最明亮的部分：盾牌座恆星雲（Scutum Star Cloud），擁有約3000顆恆星的野鴨星團（Wild Duck Cluster）也位於這個恆星雲內。盾牌座的最亮星是天弁一（盾牌座 Alpha），光度是太陽的132倍。

## 盾牌座R

這顆橘色超巨星是一顆脈動變星，亮度會在144天的週期內從4.5等變暗到8.8等。

## 盾牌座Beta (β)

4.2等的黃色巨星，距離我們690光年，大小是太陽的64倍，光度是太陽的1760倍。

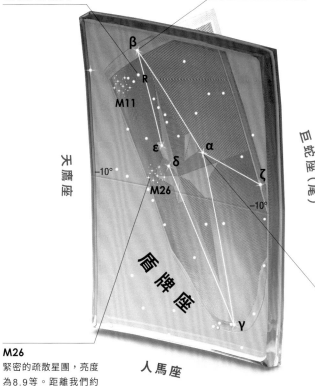

β

R

M11

天鷹座

ε

δ

α

M26

−10°

ζ

−10°

巨蛇座（尾）

盾牌座

γ

人馬座

## M26

緊密的疏散星團，亮度為8.9等。距離我們約5000光年，星團內的恆星年齡已有9000萬年。

## 關鍵數據

**大小排名** 84

**最亮恆星** 天弁一（α）3.8、Beta（β）4.2

**所有格** Scuti

**縮寫** 內文

**晚間10點位於星空最高處** 7月-8月

**可見全部星座範圍** 北緯74度-南緯90度

星圖4

## 主要恆星

**天弁一（盾牌座Alpha）**
橘色巨星
☀ 3.8 ⟷ 199光年

## 深空天體

**M11（野鴨星團、NGC 6705）**
疏散星團

**M26**
疏散星團

**盾牌座恆星雲**
銀河中的恆星密集區

△ M11
也稱為野鴨星團，這個尚稱緊密的疏散星團擁有約3000顆恆星，離地球約6000光年，寬約20光年，年齡約2億5000萬年，肉眼可見，使用雙筒望遠鏡或天文望遠鏡可以看到更多細節。

## 天弁一（盾牌座Alpha）

盾牌座的最亮星，亮度3.8等。這顆橘色巨星的直徑約為太陽的21倍。

# 狐狸座 VULPECULA
## 狐狸

黯淡的北天星座，位於天鵝座的頭部附近，由波蘭天文學家約翰·赫維留在17世紀末創立。星座內包含了著名的行星狀星雲——啞鈴星雲。

一開始，約翰·赫維留稱這個星座為Vulpecula cum Ansere，意思是狐狸和鵝，現代天文學家把名稱簡化為狐狸座，這個星座由散布在天鵝座南邊銀河內的4等星和更暗的恆星組成。在狐狸座南側與天箭座交界處附近，有一個名為布洛契星團（Brocchi's Cluster）的星群，以雙筒望遠鏡觀察，看起來像六顆星排成一排，再加上突出的鉤子，形狀宛如衣架，因此也稱為衣架星團（Coathanger Cluster）。但它不是真正的星團，因為星群內所有的恆星與我們的距離都各不相同。狐狸座內的另一個著名天體是行星狀星雲M27，因為形狀很像重量訓練用的啞鈴，因此也稱為啞鈴星雲。

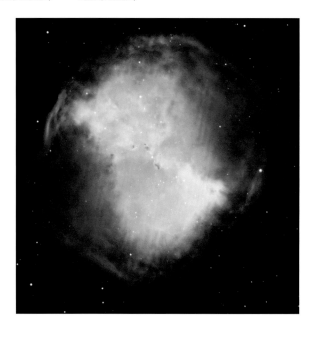

### 關鍵數據

**大小排名** 55

**最亮恆星** 齊增五（α）4.5、狐狸座13 4.6

**所有格** Vulpeculae

**縮寫** Vul

**晚間10點位於星空最高處** 8月-9月

**可見全部星座範圍** 北緯90度-南緯61度

星圖4

### 主要恆星

**齊增五** 狐狸座Alpha（α）
紅色巨星
☀ 4.5 ⬌ 297光年

**狐狸座T**
亮度會變化的黃白色超巨星
☀ 5.4-6.1 ⬌ 1200光年

### 深空天體

**M27（啞鈴星雲）**
約1200光年遠的行星狀星雲

**布洛契星團（衣架星團、科林德399）**
由10顆無關連的恆星組成的星群

◁ **啞鈴星雲（Dumbbell Nebula）**
啞鈴星雲是著名的行星狀星雲，也稱為M27，距離我們約1200光年，由垂死恆星噴出的氣體組成，圖中央的黯淡小白點是恆星外露的核心。

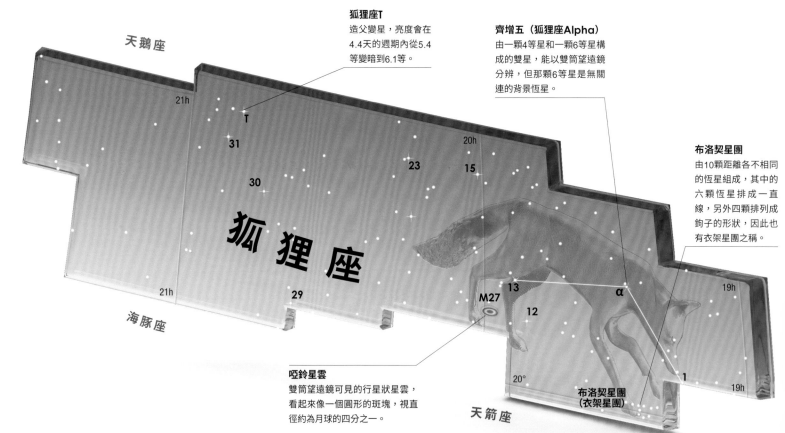

天鵝座

21h

**狐狸座T**
造父變星，亮度會在4.4天的週期內從5.4等變暗到6.1等。

T

31

30

**齊增五（狐狸座Alpha）**
由一顆4等星和一顆6等星構成的雙星，能以雙筒望遠鏡分辨，但那顆6等星是無關連的背景恆星。

20h

23

15

## 狐　狸　座

21h

29

海豚座

M27

13

12

α

19h

**布洛契星團**
由10顆距離各不相同的恆星組成，其中的六顆恆星排成一直線，另外四顆排列成鉤子的形狀，因此也有衣架星團之稱。

19h

20°

1

**啞鈴星雲**
雙筒望遠鏡可見的行星狀星雲，看起來像一個圓形的斑塊，視直徑約為月球的四分之一。

**布洛契星團（衣架星團）**

天箭座

# 天箭座
## SAGITTA 箭

天箭座是全天第三小的星座，坐落在銀河之中，位於天鷹座和狐狸座之間。

天箭座是古希臘最初的 48 個星座之一，四顆最亮星都是 4 等星，構成了箭的形狀。以雙筒望遠鏡或小型天文望遠鏡可以看到有趣的 M71，這個天體曾經長時間被視為成員星眾多的疏散星團，但現在被歸類為球狀星團，不過它不像大多數球狀星團那樣，在中心處有非常密集的恆星。其他著名的天體包括會產生週期性能量爆發的矮新星系統——天箭座 WZ，以及帶有一圈明亮結點、狀似項鍊的的行星狀星雲：項鍊星雲（Necklace Nebula）。

▷ M71
從這張由哈伯太空望遠鏡拍攝的天箭座 M71 球狀星團影像中，可以看到星團中心有一群明亮的恆星。M71 距離我們約 1 萬 3000 光年，直徑約 27 光年。

### 關鍵數據
**大小排名** 86
**最亮恆星** 左旗五（γ）3.5、左旗三（δ）3.8
**所有格** Sagittae
**縮寫** Sge
**晚間 10 點位於星空最高處** 8月
**可見全部星座範圍** 北緯 90度-南緯69度

星圖4

**左旗五（天箭座Gamma）**
這顆3.5等的紅色巨星是天箭座的最亮星，距離我們約258光年。

**M71**
位在左旗五（天箭座Gamma）附近的8等球狀星團，用雙筒望遠鏡或小型天文望遠鏡可以看到。

---

# 海豚座
## DELPHINUS
### 海豚

這個位於北天的小星座形象是一隻海豚，位在飛馬座和天鷹座之間的銀河邊緣。

從海豚座的恆星排列，可以輕易想像成一隻跳躍的海豚。在希臘神話中，海豚是海神波塞頓的使者。海豚座 Alpha 和海豚座 Beta 是星座中最耀眼的恆星，這兩顆星的名稱很奇怪，分別是 Sualocin（瓠瓜一）和 Rotanev（瓠瓜四），把字母反過來就成了 Nicolaus Venator（尼克勞斯・維納托），原來這是義大利天文學家 Niccolò Cacciatore（尼科洛・卡西亞托雷）的拉丁文名字，他在 19 世紀初期用自己的名字為恆星命名。其他有趣的天體包括海豚座瓠瓜二（海豚座 Gamma），是能以雙筒望遠鏡輕鬆辨別的遠距雙星，還有黯淡的球狀星團 NGC 6934，和一對名為 ZW II 96 的互撞星系。

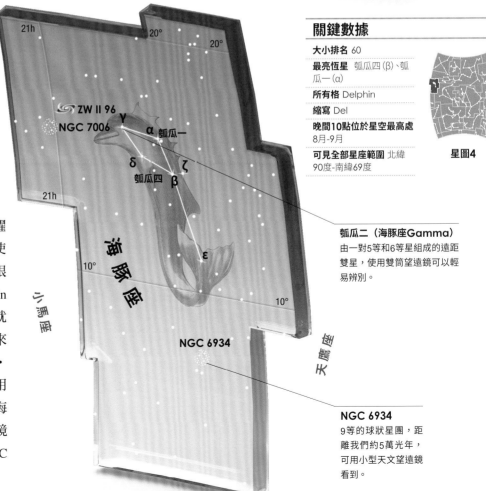

### 關鍵數據
**大小排名** 60
**最亮恆星** 瓠瓜四（β）、瓠瓜一（α）
**所有格** Delphin
**縮寫** Del
**晚間 10 點位於星空最高處** 8月-9月
**可見全部星座範圍** 北緯 90度-南緯69度

星圖4

**瓠瓜二（海豚座Gamma）**
由一對5等和6等星組成的遠距雙星，使用雙筒望遠鏡可以輕易辨別。

**NGC 6934**
9等的球狀星團，距離我們約5萬光年，可用小型天文望遠鏡看到。

# 飛馬座 PEGASUS
## 飛馬

希臘最初的 **48** 個星座之一，代表貝勒羅豐（**Bellerophon**）所騎的飛馬。飛馬座四邊形（**Great Square Of Pegasus**）就是由構成飛馬身體的恆星組成。

飛馬座是全天第七大星座，占據了寶瓶座和雙魚座北邊的區域，代表飛馬的頭部和前半身。明亮的恆星室宿一（Markab）、室宿二（Scheat）和壁宿一（Algenib）構成了飛馬座四邊形的其中三角，另外一角則是鄰近的仙女座亮星。

## 關鍵數據

**大小排名** 7

**最亮恆星** 室宿二（β）2.3-2.7、危宿三（ε）2.4

**所有格** Pegasi

**縮寫** Peg

**晚間10點位於星空最高處** 9月-10月

**可見全部星座範圍** 北緯90度-南緯53度

星圖3

## 主要恆星

**室宿一（Markab）** 飛馬座Alpha（α）
藍白色巨星
☀ 2.5 ⟷ 133光年

**室宿二（Scheat）** 飛馬座Beta（β）
亮度會變化的紅色巨星
☀ 2.3-2.7 ⟷ 196光年

**壁宿一（Algenib）** 飛馬座Gamma（γ）
藍白色次巨星
☀ 2.8 ⟷ 391光年

**危宿三（Enif）** 飛馬座Epsilon（ε）
橘黃色超巨星
☀ 2.4 ⟷ 121光年

**離宮四（Matar）** 飛馬座Eta（η）
雙星
☀ 3.0 ⟷ 214光年

## 深空天體

**M15**
球狀星團

**NGC 7331**
螺旋星系

**史蒂芬五重星系**
五個星系組成的集團

**室宿二（飛馬座 Beta）**
這顆紅色巨星的顏色，很容易與飛馬座四邊形的其他恆星區分。

**室宿一（飛馬座Alpha）**
這顆星名為飛馬座Alpha，代表它應該是星座中最亮的恆星，但室宿一其實是飛馬座中的第三亮星。

飛馬座51是人類發現的第一顆有系外行星的類太陽恆星。

天鵝座

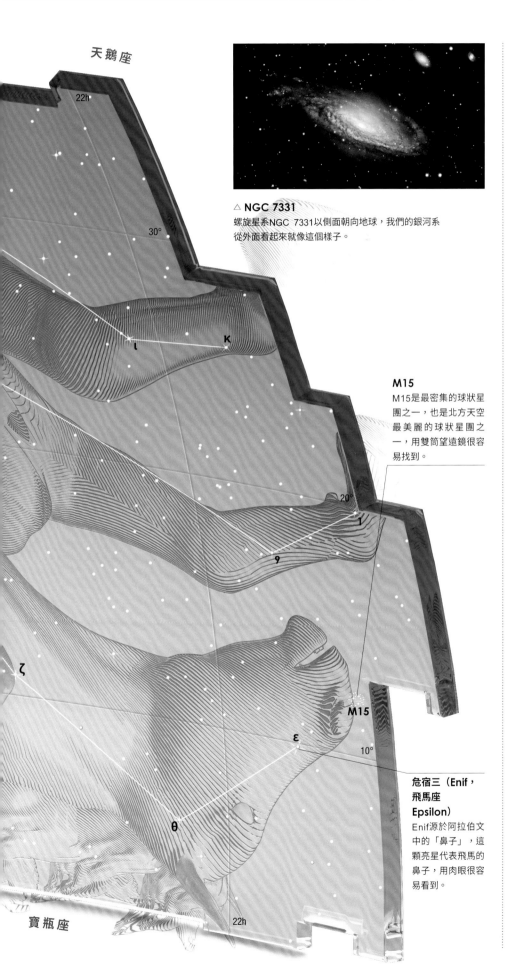

22h

30°

ι

κ

20°

1

9

ζ

M15

ε

10°

θ

22h

寶瓶座

△ **NGC 7331**
螺旋星系NGC 7331以側面朝向地球，我們的銀河系從外面看起來就像這個樣子。

**M15**
M15是最密集的球狀星團之一，也是北方天空最美麗的球狀星團之一，用雙筒望遠鏡很容易找到。

**危宿三（Enif，飛馬座Epsilon）**
Enif源於阿拉伯文中的「鼻子」，這顆亮星代表飛馬的鼻子，用肉眼很容易看到。

# 小馬座
# EQUULEUS
## 小馬

**全天第二小的星座，沒有明亮的恆星，位在飛馬座的頭部附近，星座的形象是小馬的頭。**

自古以來，小馬座一直在天空中陪伴著飛馬座。有一則希臘神話指出它可能是飛馬的後代或兄弟塞流里斯（Celeris）。這個黯淡的星座很容易被忽略。雙星司非一（小馬座Gamma）的成員星很容易用雙筒望遠鏡分辨。

## 關鍵數據

**大小排名** 87

**最亮恆星** 虛宿二（α）3.9、司非二（δ）4.4

**所有格** Equulei

**縮寫** Equ

**晚間10點位於星空最高處** 9月

**可見全部星座範圍** 北緯90度-南緯77度

星圖3

**司非二（小馬座Delta）**
星座中的第二亮星，是由兩顆類似太陽的主序星組成的雙星。

δ γ

21h

10°

10°

飛馬座

海豚座

小馬座

β

α

21h

**虛宿二（Kitalpha，小馬座Alpha）**
距離地球190光年的黃色巨星，光度是太陽的75倍。它的名字Kitalpha在阿拉伯文中的意思是「馬的一部分」。

**羽林軍四十四（寶瓶座Omega¹）**
太陽的17倍

**墳墓一（寶瓶座Zeta）**
太陽的24倍

**墳墓二（寶瓶座Gamma）**
太陽的65倍

**墳墓一（寶瓶座Zeta）**
位於水瓶部分的星群中央的寶瓶座Zeta是雙星，用小型天文望遠鏡可以分辨。這兩顆4等的白色恆星每490年互相繞行一圈。

# 寶瓶座 AQUARIUS
## 提水瓶的少年

**寶瓶座的圖像是一位從水瓶中把水倒出來的少年，星座內包含兩個著名的行星狀星雲：螺旋星雲（Helix Nebula）和土星星雲（Saturn Nebula）。**

寶瓶座代表一個名叫甘尼米德的牧羊少年，在希臘神話中，他被宙斯帶到天上的奧林帕斯山，擔任眾神的侍者。他在天空中的姿態是正拿著水瓶倒水。星座北部由四顆星組成的 Y 形代表水瓶，分別是墳墓二（寶瓶座 Gamma）、墳墓四（寶瓶座 Pi）、墳墓一（寶瓶座 Zeta）和墳墓三（寶瓶座 Eta）。一串往南流向南魚座邊界的恆星，代表從水瓶倒出的水。

　　每年 5 月初，當地球穿過哈雷彗星（Halley's Comet）的路徑時，彗星留下的塵埃進入地球大氣層，就會引起寶瓶座 Eta 流星雨，眾多流星會從代表水瓶的區域輻射出來。在流星雨的高峰期，每小時最多可以看到 35 顆流星。

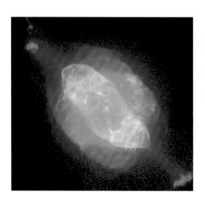

◁ **NGC 7009（土星星雲）**
這張由哈伯太空望遠鏡拍攝的行星狀星雲，兩端的手柄形狀看起來就像是土星環，因此有土星星雲之稱。距離我們1400光年。

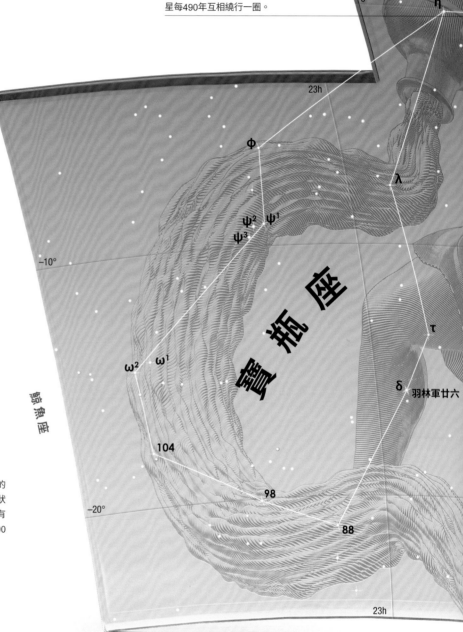

▷ **恆星距離**
構成寶瓶座形狀的大多數亮星與地球的距離不算遠，約100到300光年之間。最近的亮星是墳墓一（寶瓶座Zeta），是代表水瓶部分的星群的中心恆星，距離我們約92光年。最遠的亮星是鈇鉞增一（寶瓶座104），距離我們約840光年。

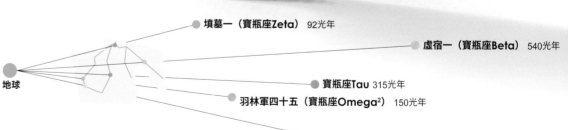

墳墓一（寶瓶座Zeta）92光年

虛宿一（寶瓶座Beta）540光年

地球

寶瓶座Tau 315光年

羽林軍四十五（寶瓶座Omega²）150光年

鈇鉞增一（寶瓶座1
840光年

距離

羽林軍廿六（寶瓶座Delta）
太陽的105倍

危宿一（寶瓶座Alpha）
太陽的1480倍

虛宿一（寶瓶座Beta）
太陽的1635倍

**危宿一（寶瓶座Alpha）**
與虛宿一（寶瓶座Beta）同
為寶瓶座的最亮星，代表提
水少年的右肩。

**M2**
這個球狀星團距離我們約3
萬7000光年，使用雙筒望
遠鏡可以看到朦朧的斑塊。

**虛宿一（寶瓶座
Beta）**
與危宿一（寶瓶座
Alpha）同為寶瓶座
的最亮星，代表提水
少年的左肩。

22h

21h

0°

−10°

−20°

21h

22h

α

θ

ι

β

μ

ε

ν

NGC
7009

M73

M72

M2

天鷹座

NGC 7293

NGC 7252

南魚座

摩羯座

**NGC 7009（土星星雲）**
用小型天文望遠鏡觀察這個
星雲，看起來像一條被拉長
的斑塊。要用大口徑的天文
望遠鏡，才能看到延伸到兩
端、如土星環的黯淡區域。

**NGC 7293（螺旋星雲）**
NGC 7293是從地球上能看到
最大的行星狀星雲。使用雙
筒望遠鏡和小型天文望遠鏡
觀察，能看到約半個滿月寬
的黯淡斑塊。

## 關鍵數據

大小排名 10

最亮恆星 危宿一（α）2.9、
虛宿一（β）2.9

所有格 Aquarii

縮寫 Aqr

晚間10點位於星空最高處
8月-10月

可見全部星座範圍 北緯
65度-南緯86度

星圖3

## 主要恆星

**危宿一（Sadalmelik）** 寶瓶座Alpha (α)
黃色超巨星
☀ 2.9 ⟷ 525光年

**虛宿一（Sadalsuud）** 寶瓶座Beta (β)
黃色超巨星
☀ 2.9 ⟷ 540光年

**墳墓二（Sadachbia）** 寶瓶座Gamma (γ)
藍白色主序星
☀ 3.8 ⟷ 165光年

**羽林軍廿六（Skat）** 寶瓶座Delta (δ)
藍白色主序星
☀ 3.3 ⟷ 160光年

**墳墓一、寶瓶座Zeta (ζ)**
白色巨星
☀ 3.7 ⟷ 92光年

## 深空天體

**M2**
6等的球狀星團

**M72**
球狀星團

**M73**
一群並無關連的黯淡恆星

**NGC 7009（土星星雲）**
大小與土星相近的行星狀星雲

**NGC 7252（原子能和平用途星系）**
互撞星系，也稱為原子能和平用途星系（Atoms
for Peace Galaxy）

**NGC 7293（螺旋星雲）**
大型行星狀星雲

▷ **NGC 7293（螺旋星雲）**
螺旋星雲是距離太陽最近的行星
狀星雲，約650光年。周圍是寬
約3光年的氣體雲，圍繞著中央的
白矮星。

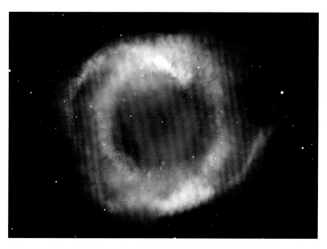

# 雙魚座 PISCES
## 兩條魚

**雙魚座是古代最初的 48 星座之一，也是黃道星座，形象是兩條魚。最明顯的特徵是由一圈恆星構成的小環（Circlet）。**

雙魚座位在寶瓶座和白羊座之間，是個黯淡的星座。從飛馬座四邊形向南尋找一圈恆星，就能找到雙魚座。這一圈恆星名為「小環」，位於魚的身體。雙魚座的第二條魚面向相反的方向，兩條魚被絲帶繫在一起。外屏七（Alrescha）代表連接兩條絲帶的打結處。在希臘神話中，這兩條魚代表女神阿芙柔黛蒂（Aphrodite）與她的兒子愛羅斯（Eros）。春分點（First Point of Aries）位在雙魚座內，太陽會從這個點穿越天球赤道進入北半球，我們也利用這個點來測量天體的坐標（見第 90-91 頁）。

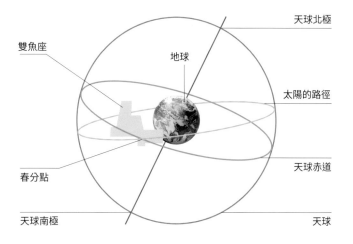

△ **春分點**
春分點位在雙魚座內。每年3月太陽會經過這點，由南到北穿越天球赤道，赤經也是以此處作為起點。春分點一開始位在白羊座中，但由於歲差——地球的自轉軸會緩慢地擺動——的緣故，春分點會隨著時間移動。

▷ **恆星距離**
構成雙魚座形狀的主要亮星中，距離我們最近和最遠的恆星都位在小環內：45光年的霹靂四（雙魚座Iota），和20倍遠、離地球約900光年的雲雨增七（雙魚座TX）。這兩顆恆星也是雙魚座主要亮星中光度最弱和最強的恆星，其中霹靂四（雙魚座Iota）發出的能量是太陽的四倍，而雲雨增七（雙魚座TX）的光度約為太陽的690倍。

霹靂四（雙魚座Iota）
太陽的4倍

**M74**
以正面朝向地球的螺旋星系，距離我們3200萬光年。完美對稱的旋臂從中央核心向外延伸。

**外屏七（雙魚座Alpha）**
由兩顆分別為4.2等和5.2等的白色主序星構成的雙星。

奎宿十六（雙魚座Psi¹） 275光年
右更二（雙魚座Eta） 350光年
外屏二（雙魚座Epsilon） 180光年
霹靂四（雙魚座Iota） 45光年
雲雨增七（雙魚座TX） 900光年
地球
距離

三角座
仙女座
白羊座
雙魚座
M74
NGC 520
鯨魚座
范馬南之

霹靂二（雙魚座Gamma）
太陽的52倍S

外屏七（雙魚座Alpha）
太陽的55倍

右更二（雙魚座Eta）
太陽的355倍

雲雨增七（雙魚座TX）
太陽的690倍

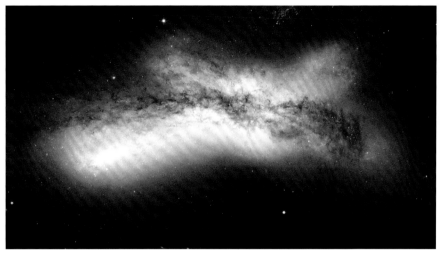

## 關鍵數據

**大小排名** 14

**最亮恆星** 右更二 (η) 3.6、
霹靂二 (γ) 3.7

**所有格** Piscium

**縮寫** Psc

**晚間10點位於星空最高處**
10月-11月

**可見全部星座範圍** 北緯
83度-南緯56度

星圖3

## 主要恆星

**外屏七（Alrescha）** 雙魚座Alpha (α)
白色主序星雙星
☀ 4.2、5.2 ↔ 151光年

**霹靂一** 雙魚座Beta (β)
藍白色主序星
☀ 4.5 ↔ 408光年

**霹靂二** 雙魚座Gamma (γ)
黃色巨星
☀ 3.7 ↔ 138光年

**右更二** 雙魚座Eta (η)
黃色超巨星
☀ 3.6 ↔ 350光年

## 深空天體

**M74**
螺旋星系；也稱為NGC 628

**NGC 520**
兩個合併星系

**NGC 7714**
扭曲的螺旋星系

△ **NGC 520**
正在合併的兩個星系，形成了這團混亂的恆星
和夾雜黑暗塵埃帶的氣體。星系合併的過程始
於3億年前，星系盤已經完成合併，但星系中
心仍在繼續合併中。NGC 520距離我們9000
萬光年。

▷ **NGC 7714**
這個螺旋星系在大約1億年前與另
一個較小的星系之間發生重力拉
扯，在交互作用之下，煙霧般的
恆星環被拉離星系中心。藍色的
弧是大量恆星形成之處。

飛馬座

20°

TV

0h
10°

ω

ι      θ

TX      7

小環

λ      γ      β

κ

NGC 7714

0°

27

33
30
0h

寶瓶座

23h

0°

23h

**霹靂一（雙魚座Beta）**
藍白色的主序星，直徑接
近太陽的五倍，光度是太
陽的750倍。

**雲雨增七（雙魚座TX）**
亮度在4.8等到5.2等之間
變化的紅色巨星。

**五車五（金牛座Beta）**
五車五的大小超過太陽的四倍，光度為太陽的700倍，是金牛座的第二亮星。

**昴宿星團（M45）**
星團中有六顆肉眼可見的恆星，包括星團內的最亮星昴宿六（金牛座 Eta）。使用雙筒望遠鏡可以看到更多恆星。

英仙座

白羊座

**天關（金牛座Zeta）**
亮度為3.0等的雙星。兩顆恆星非常接近，大多數望遠鏡都無法分辨。

**畢宿五（金牛座Alpha）**
這顆肉眼可見的0.9等紅色巨星，是夜空中第14亮的恆星。

**畢宿六（金牛座Theta）**
畢宿星團以這對雙星為中心，延伸到畢宿五（金牛座Alpha）和畢宿四（金牛座Gamma）。

波江座

# 金牛座 TAURUS 公牛

金牛座是黃道上相當明顯的星座，**2500** 年前的巴比倫人就已經辨認出這個星座。星座內有兩個著名的疏散星團，和一個知名的超新星殘骸。

金牛座的形象是一頭公牛的頭部和上半身，望向一旁的獵戶座。根據希臘傳說，天神宙斯為了引誘少女歐羅巴（Europa）而變身成這頭公牛。呈 V 形的畢宿星團（Hyades）代表金牛的臉部，是離地球最近的大型星團，包含了以畢宿六（金牛座 Theta）為中心的大約 200 顆恆星，分布在天空中很大的範圍內。昴宿星團（Pleiades）是一個更緊密的星團，代表公牛的肩膀。金牛座的最亮星畢宿五（Aldebaran）是公牛的其中一隻眼睛。星座內的畢宿六（金牛座 Theta）、天街一（金牛座 Kappa）和金牛座 Sigma 都是雙星。畢宿八（金牛座 Lambda）是食雙星，而金牛座 T 是變星。

## 關鍵數據

**大小排名** 17

**最亮恆星** 畢宿五（α）、五車五（β）

**所有格** Tauri

**縮寫** Tau

**晚間10點位於星空最高處**
12月-1月

**可見全部星座範圍** 北緯
88度-南緯58度

星圖6

## 主要恆星

**畢宿五（Aldebaran）** 金牛座Alpha (α)
紅色巨星
☀ 0.9 ⟷ 67光年

**五車五（Elnath）** 金牛座Beta (β)
藍白色巨星
☀ 1.7 ⟷ 134光年

**天關** 金牛座Zeta (ζ)
雙星
☀ 3.0 ⟷ 445光年

**昴宿六（Alcyone）** 金牛座Eta (η)
昴宿星團內的藍白色巨星
☀ 2.9 ⟷ 403光年

## 深空天體

**畢宿星團**
以畢宿六（金牛座Theta）為中心的疏散星團

**M45（昴宿星團）**
疏散星團

**M1（蟹狀星雲）**
超新星殘骸

**NGC 1514**
行星狀星雲

**NGC 1555**
反射星雲，也稱為欣德變光星雲（Hind's Variable Nebula）

△ **M1**
也稱為蟹狀星雲，是在公元1054年爆發的超新星殘骸，當時的亮度在白天都能看到。超新星殘骸約有10光年寬，而且仍在膨脹之中，氣體的細絲從爆炸處向外衝出。位於中央的中子星是原始恆星的殘骸。

# 白羊座 ARIES
## 公羊

**白羊座是黃道星座之一，代表一隻蜷伏的公羊，頭部轉向金牛座。這個星座較黯淡而難以辨認。**

在希臘傳說中，傑森（Jason）和阿爾戈號船員（Argonauts）尋找的金羊毛，就是屬於白羊座這頭公羊。星座中最明顯的部分，是由三顆亮星構成的折線，代表公羊的頭部。兩千多年前，太陽從南到北穿過天球赤道時的春分點就位在白羊座內，因此春分點也稱為「白羊座第一點」（First Point of Aries），天球坐標中赤經的零小時就是由此開始起算。現在的春分點位在鄰近的雙魚座內。

◁ **NGC 695**
這個螺旋星系距離我們約4.5億光年，以盤面正對著我們。星系的旋臂纏繞得很鬆散，形狀並不明顯。代表恆星形成處的亮點糾纏在一團塵埃和氣體中，使得星系的外觀非常奇特。

三角座

39

41

ζ
δ
ε
α
β
γ

NGC 695

白羊座

## 關鍵數據

**大小排名** 39

**最亮恆星** 婁宿三（α）2.0、婁宿一（β）2.7

**所有格** Arietis

**縮寫** Ari

**晚間10點位於星空最高處**
11月-12月

**可見全部星座範圍** 北緯
90度-南緯58度

星圖3

## 主要恆星

**婁宿三（Hamal）** 白羊座Alpha (α)
橘黃色巨星
☀ 2.0 ⟷ 66光年

**婁宿一（Sheratan）** 白羊座Beta (β)
雙星
☀ 2.7 ⟷ 59光年

**婁宿二（Mesartim）** 白羊座Gamma (γ)
雙星
☀ 3.9 ⟷ 164光年

**婁宿增五** 白羊座Lambda (λ)
雙星
☀ 4.8 ⟷ 129光年

## 深空天體

**NGC 695**
螺旋星系

**婁宿三（白羊座Alpha）**
這顆亮星的光度約為太陽的90倍，距離66光年。它的星名Hamal在阿拉伯文中是綿羊的意思。

**婁宿一（白羊座Beta）**
這對雙星中的兩顆恆星非常接近，無法使用一般的望遠鏡區分。兩顆恆星中主要的恆星是藍白色的主序星。

**婁宿二（白羊座Gamma）**
3.9等的雙星，肉眼就可輕易看到，使用小型望遠鏡能區分出兩顆幾乎相同的白色恆星。

光度

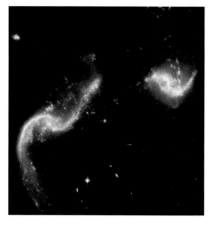

△ **阿普256**
這兩個距離我們約3.5億光年的星系，合稱為阿普256，處於星系合併的早期階段。星系之間的交互作用使星系的形狀變得破碎，並引發了恆星形成。

# 鯨魚座 CETUS
## 海怪

**鯨魚座橫跨天球赤道兩側，是全天第四大星座，但不太明顯，辨認起來有點難度。**

鯨魚座是希臘最初的48個星座之一，代表被英仙座柏修斯殺死的海怪，當時牠正要吃掉被鍊在岩石上當作祭品的仙女座安德柔美妲公主。牠的形象非常奇怪，是多種動物的混合，有大大的頭、陸生哺乳動物的前腿和身體，以及海蛇的尾巴。星座中有幾顆著名的恆星和深空天體，芻蒿增二（Mira）是天空中最明顯的變星之一，亮度會因為恆星長週期的規律脈動而變化。相較之下，鯨魚座UV是一顆紅矮閃焰星，會在無預警的狀況下忽然變亮。天倉五（鯨魚座Tau）是類似太陽的恆星，距離我們只有12光年，擁有五顆系外行星。

**天囷一（鯨魚座Alpha）**
鯨魚座的第二亮星，大小約為太陽的89倍，質量是太陽的2.3倍。有一顆並無關連的5.6等遠距伴星，使用雙筒望遠鏡可見。

**M77**
位於4700萬光年外，是離我們最近的西佛星系。中央有一個超大質量黑洞，質量是太陽的1500萬倍，因此也是最亮的西佛星系。

**芻蒿增二（鯨魚座Omicron）**
芻蒿增二呈現明顯的紅色，亮度會隨大小變化而改變，以322天的週期從2.0等變暗到10等，最亮的時候肉眼可見，但最暗的時候要用望遠鏡才能看到。

**天倉五 鯨魚座Tau（**
太陽的0.5倍

NGC 799/800

阿普147

M77

阿貝爾370

NGC 908

金牛座

波江座

**天囷九（鯨魚座Delta）**
650光年

**芻蒿增二（鯨魚座Omicron）** 299光年

**天倉三（鯨魚座Theta）** 115光年

**天倉一（鯨魚座Iota）** 275光年

**天倉五（鯨魚座Tau）**
12光年

地球

距離

◁ **恆星距離**
構成鯨魚座形狀的主要亮星與我們的距離介於12光年到650光年之間，其中最近的天倉五（鯨魚座Tau）是離我們最近的黃色主序星之一，是一顆類似太陽的恆星。最遙遠的天囷九（鯨魚座Delta）是藍色巨星，光度也是最高的，為太陽的800多倍。

**窮蒿增二 鯨魚座Omicron (ο)**
太陽的19倍

**天囷八 鯨魚座Gamma (γ)**
太陽的21倍

**土司空 鯨魚座Beta (β)**
太陽的115倍

**天囷一 鯨魚座Alpha (α)**
太陽的490倍

**天囷九 鯨魚座Delta (δ)**
太陽的805倍

▷ **NGC 247**
這個螺旋星系傾斜於我們的視線方向，與地球距離很近，約1100萬光年，是距離本星系群最近的星系群──玉夫座星系群（Sculptor Group of galaxies）的一部分。NGC 247的旋臂上有發光的粉紅色氫氣雲，此處正在形成新的恆星。

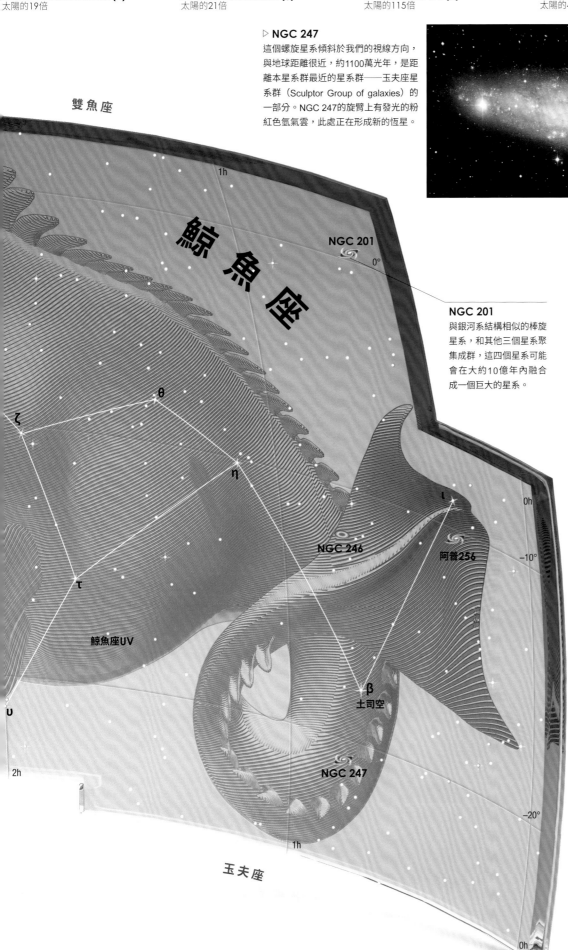

雙魚座

鯨魚座

NGC 201

**NGC 201**
與銀河系結構相似的棒旋星系，和其他三個星系聚集成群，這四個星系可能會在大約10億年內融合成一個巨大的星系。

θ

ζ

η

ι

τ

NGC 246

阿普256

鯨魚座UV

β
土司空

u

NGC 247

2h

1h

玉夫座

0°

0h

-10°

-20°

## 關鍵數據

**大小排名** 4

**最亮恆星** 土司空 (β) 2.0、
天囷一 (α) 2.5

**所有格** Ceti

**縮寫** Cet

**晚間10點位於星空最高處**
10月-12月

**可見全部星座範圍** 北緯
65度-南緯79度

CHART 3

## 主要恆星

**天囷一 (Menkar)** 鯨魚座Alpha (α)
紅色巨星
※ 2.5 ⟷ 250光年

**土司空 (Deneb Kaitos)** 鯨魚座Beta (β)
橘色巨星
※ 2.0 ⟷ 96光年

**天囷八** 鯨魚座Gamma (γ)
三合星；主星為藍白色主序星
※ 3.5 ⟷ 80光年

**窮蒿增二 (Mira)** 鯨魚座Omicron (ο)
亮度會變化的紅色巨星
※ 2.0-10 ⟷ 299光年

**天倉五** 鯨魚座Tau (τ)
黃色主序星
※ 3.5 ⟷ 12光年

## 深空天體

**M77（NGC 1068）**
棒旋星系；也是西佛星系

**NGC 246**
行星狀星雲

**NGC 247**
螺旋星系

**NGC 799和NGC 800**
棒旋星系（NGC 799）和螺旋星系（NGC 800）

**NGC 908**
螺旋星系；也是星遽增星系

**NGC 201**
棒旋星系

**阿普147**
一對交互作用星系

**阿普256**
一對交互作用星系

**天苑四(波江座Epsilon)**
太陽的0.3倍

**玉井三(波江座Beta)**
太陽的51倍

**天園六(波江座Theta)**
太陽的150倍

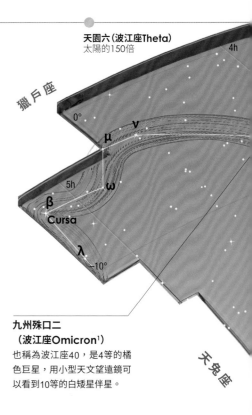

**九州殊口二
(波江座Omicron[1])**
也稱為波江座40,是4等的橘色巨星,用小型天文望遠鏡可以看到10等的白矮星伴星。

# 波江座 ERIDANUS 河流

波江座發源自獵戶座,一路蜿蜒深入南天,亮星水委一是河流的終點。
古希臘時期的波江座並沒有延伸到這麼南邊,但是當歐洲的航海家開始
繪製南天的星圖之後,星座的範圍就向南延伸了。

在神話中,波江座代表太陽神赫利歐斯(Helios)的兒子費頓(Phaethon)試圖駕駛父親的太陽馬車穿越天空時落入其中的河流。

古希臘天文學家讓天上的這條河向南流到波江座 Theta,也就是天園六(Acamar)。但後來波江座延伸到更南邊,現在河流的終點位在波江座 Alpha,也就是水委一(Achernar)。Acamar 和 Achernar

這兩個星名在阿拉伯語中的意思都是「河的盡頭」。現在的波江座南北跨幅接近 60 度,是南北向最寬的星座。

波江座內有幾個著名的天體,包括快速自轉的扁平恆星水委一,經典的棒旋星系 NGC 1300(見第 52-53 頁),盤面朝向我們的螺旋星系 NGC 1309,以及被新生恆星環包圍的 NGC 1291 星系。

## 水委一是波江座中的最亮星,也是外形最不接近球形的恆星。

△ **NGC 1309**
NGC 1309這個螺旋星系距離我們約1億光年,寬度約為銀河系的四分之三。在這張哈伯太空望遠鏡拍攝的影像中,可以看到星系旋臂有明亮活躍的恆星形成區,棕色塵埃帶從擁有較年老恆星的淡黃色星系核心向外旋出。

◁ **NGC 1291**
這張由美國航太總署史匹哲太空望遠鏡拍攝的紅外波長假色影像中,可以看到有一圈新生恆星環繞著NGC 1291星系。影像中以紅色表示年輕的恆星,藍色表示星系中央的年老恆星。像這樣的星系在年輕時,主要的恆星形成區集中在星系的中心附近,但是當星系中心的氣體用完之後,恆星形成區就會移動到比較外側的區域,這個星系就是如此。

▷ **恆星距離**
構成波江座形狀的主要亮星與地球的距離約在10光年至810光年之間。最近和最遠的恆星都位在星座的北邊:10.5光年的天苑四(波江座Epsilon)和約810光年的玉井一(波江座Lambda)。

**玉井一(波江座Lambda)**
810光年

地球

**天苑四(波江座Epsilon)** 10.5光年

**天苑九(波江座Tau[2])** 187光年

**天苑十六(波江座Tau[9])** 327光年

**天園二(波江座Chi)** 58光年

距離

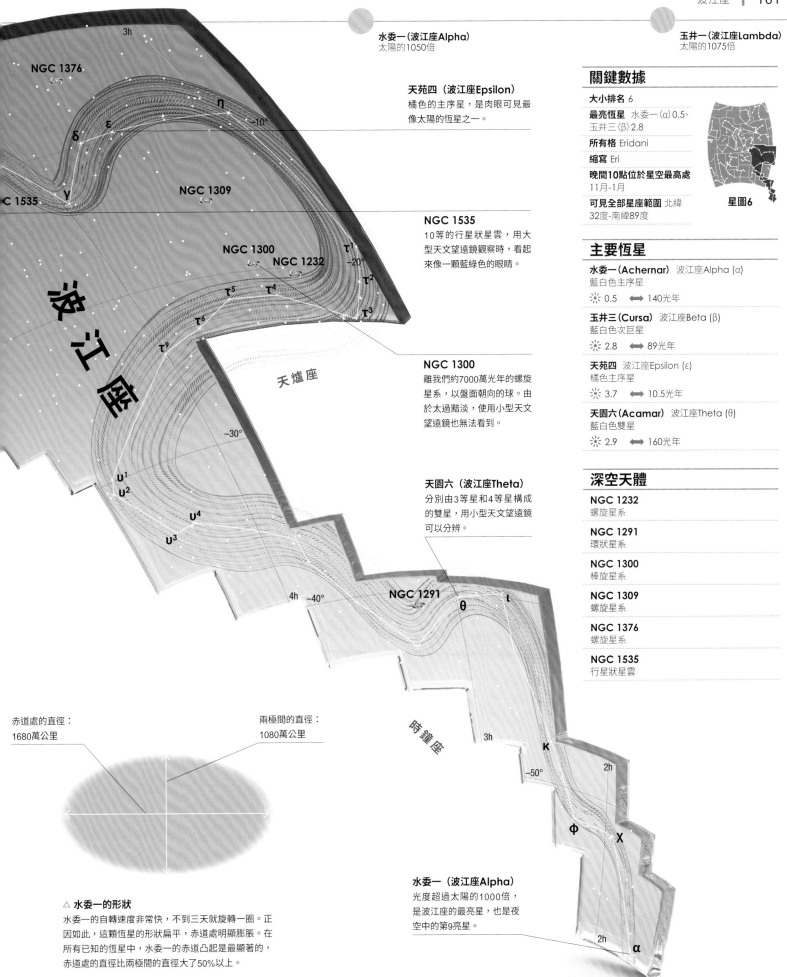

水委一（波江座Alpha）
太陽的1050倍

玉井一（波江座Lambda）
太陽的1075倍

**天苑四（波江座Epsilon）**
橘色的主序星，是肉眼可見最
像太陽的恆星之一。

**NGC 1535**
10等的行星狀星雲，用大
型天文望遠鏡觀察時，看起
來像一顆藍綠色的眼睛。

**NGC 1300**
離我們約7000萬光年的螺旋
星系，以盤面朝向的球。由
於太過黯淡，使用小型天文
望遠鏡也無法看到。

**天圓六（波江座Theta）**
分別由3等星和4等星構成
的雙星，用小型天文望遠鏡
可以分辨。

天爐座

時鐘座

## 關鍵數據

**大小排名** 6

**最亮恆星** 水委一（α）0.5、
玉井三（β）2.8

**所有格** Eridani

**縮寫** Eri

**晚間10點位於星空最高處**
11月-1月

**可見全部星座範圍** 北緯
32度-南緯89度

星圖6

## 主要恆星

**水委一（Achernar）** 波江座Alpha（α）
藍白色主序星
☀ 0.5 ⟷ 140光年

**玉井三（Cursa）** 波江座Beta（β）
藍白色次巨星
☀ 2.8 ⟷ 89光年

**天苑四** 波江座Epsilon（ε）
橘色主序星
☀ 3.7 ⟷ 10.5光年

**天圓六（Acamar）** 波江座Theta（θ）
藍白色雙星
☀ 2.9 ⟷ 160光年

## 深空天體

**NGC 1232**
螺旋星系

**NGC 1291**
環狀星系

**NGC 1300**
棒旋星系

**NGC 1309**
螺旋星系

**NGC 1376**
螺旋星系

**NGC 1535**
行星狀星雲

赤道處的直徑：
1680萬公里

兩極間的直徑：
1080萬公里

**△ 水委一的形狀**
水委一的自轉速度非常快，不到三天就旋轉一圈。正
因如此，這顆恆星的形狀扁平，赤道處明顯膨脹。在
所有已知的恆星中，水委一的赤道凸起是最顯著的，
赤道處的直徑比兩極間的直徑大了50%以上。

**水委一（波江座Alpha）**
光度超過太陽的1000倍，
是波江座的最亮星，也是夜
空中的第9亮星。

光度

司怪四（獵戶座Chi¹）
太陽的1倍

參宿三（獵戶座Delta）
太陽的4945倍

參宿一（獵戶座Zet
太陽的8940倍

# 獵戶座 ORION 獵人

**獵戶座的形狀非常容易辨認，因此大多數觀星人都很熟悉獵戶座。星座內有好幾顆明亮的恆星和獵戶座星雲，這是夜空中最美麗的天體之一。**

獵戶座是個古老的星座，代表希臘神話中的獵人或戰士。他是海神波塞頓的兒子，一位力大無窮的獵人，狩獵技巧非常優異，但因為過於驕傲，而被一隻蠍子螫死，這隻蠍子就是天蠍座。獵戶座西沉時，天蠍座就會從東方升起，並在天空中追逐著獵戶座。在獵戶座的腳旁跟著他的兩條獵犬，也就是大犬座和小犬座。

獵戶座中最亮的兩顆恆星色彩對比很強，其中紅色的超巨星參宿四（Betelgeuse）代表獵人的肩膀，藍色的超巨星參宿七（Rigel）是他的一隻腳。獵戶座最精采的地方大多集中在代表獵戶座腰帶的三顆恆星附近。獵戶座的腰帶很容易辨認，因為有三顆等間距的明亮恆星——參宿一（Alnitak）、參宿二（Alnilam）和參宿三（Mintaka）——排列成近乎一直線。位在腰帶下方的恆星和星雲代表獵人的劍。這個區域包含了稱為獵戶座星雲（M42）的巨大恆星形成區，是此類星雲中最大、離我們最近的一個。附近還有其他星雲，包括背景襯著明亮的發射星雲 IC 434 的暗星雲：馬頭星雲（Horsehead Nebula）。

## 參宿四爆炸時，瞬間釋放的能量比太陽一生所產生的能量還要多。

▷ **參宿四**
這顆超巨星比太陽大了500多倍。如果把參宿四放在太陽系的中心，會吞沒太陽和木星以內的所有行星。參宿四相對年輕，且非常不穩定，亮度變化不定。在接下來的100萬年內的某個時刻可能會發生超新星爆炸。

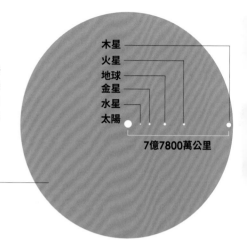

木星
火星
地球
金星
水星
太陽

7億7800萬公里

**參宿四**
半徑8億2000萬公里

▷ **M42**
更為人所知的名稱是獵戶座星雲，這個恆星形成區域大約有24光年寬。M42星雲呈現粉紅色，是因為年輕高溫恆星發出的輻射會使氫氣發出粉紅色的光。獵戶座星雲位在一個大得多的暗星雲裡，其中的塵埃以暗粉紅色表示。

▽ **獵戶座四邊形（The Trapezium）**
正在獵戶座星雲形成的恆星，包括名為獵戶座四邊形的星群。除了圖中可見的四顆星之外，這個系統還有另外兩顆較暗的成員星。

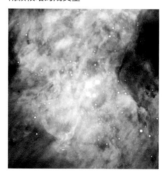

▷ **恆星距離**
在獵戶座最亮的兩顆星中，參宿四（獵戶座Alpha）離我們不到500光年，參宿七（獵戶座Beta）的距離就遠多了，約860光年。但大多數時候，參宿七看起來比參宿四亮，因為它發出的光多很多。形成獵戶座腰帶的三顆恆星，其實分布在太空間廣闊的範圍之中，其中最遠的是參宿二（獵戶座Epsilon），它也是構成獵戶座形狀的主要亮星中最遠的，離我們將近2000光年。而最近的亮星是參旗六（獵戶座Pi3），離地球只有26光年。

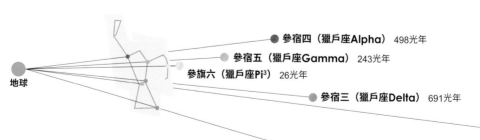

地球

● 參宿四（獵戶座Alpha） 498光年
● 參宿五（獵戶座Gamma） 243光年
參旗六（獵戶座Pi³） 26光年
● 參宿三（獵戶座Delta） 691光年
參宿二（獵戶座Eps
1976光年
● 參宿七（獵戶座Beta） 860光年

距離

**參宿四（獵戶座Alpha）**
太陽的13415倍

**參宿七（獵戶座Beta）**
太陽的51665倍

**參宿二（獵戶座Epsilon）**
太陽的67480倍

## 關鍵數據

**大小排名** 26

**最亮恆星** 參宿七（β）0.2、
參宿四（α）0.0-1.3

**所有格** Orionis

**縮寫** Ori

**晚間10點位於星空最高處**
12月-1月

**可見全部星座範圍** 北緯
79度-南緯67度

**星圖6**

## 主要恆星

**參宿四（Betelgeuse）** 獵戶座Alpha（α）
亮度會變化的紅色超巨星
☀ 0.0-1.3 ⟷ 498光年

**參宿七（Rigel）** 獵戶座Beta（β）
藍色超巨星，在大多數時間是獵戶座的最亮星
☀ 0.2 ⟷ 860光年

**參宿五（Bellatrix）** 獵戶座Gamma（γ）
藍白色巨星
☀ 1.6 ⟷ 243光年

**參宿三（Mintaka）** 獵戶座Delta（δ）
獵戶座腰帶其中一端的雙星
☀ 2.3 ⟷ 691光年

**參宿二（Alnilam）** 獵戶座Epsilon（ε）
藍色超巨星，獵戶座腰帶中央的恆星
☀ 1.7 ⟷ 1976光年

**參宿一（Alnitak）** 獵戶座Zeta（ζ）
獵戶座腰帶其中一端的雙星
☀ 1.7 ⟷ 736光年

**獵戶座四邊形** 伐增二、獵戶座Theta$^1$（θ$^1$）
M42星雲中央的聚星，有六顆成員星
☀ 5.1 ⟷ 1600光年

**參宿增一** 獵戶座Sigma（σ）
有四顆成員星的聚星
☀ 3.8 ⟷ 1072光年

## 深空天體

**M42（獵戶座星雲）**
明亮發射星雲

**M78**
反射星雲

**NGC 2169**
疏散星團

**B33（馬頭星雲）**
在明亮星雲IC 434前方的暗星雲

**NGC 1981**
鬆散的大型疏散星團

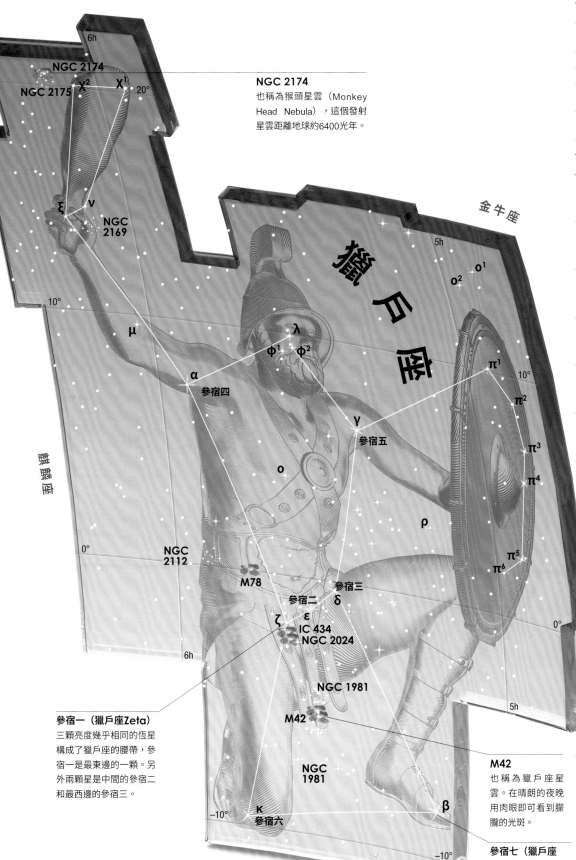

**NGC 2174**
也稱為猴頭星雲（Monkey
Head Nebula），這個發射
星雲距離地球約6400光年。

**參宿一（獵戶座Zeta）**
三顆亮度幾乎相同的恆星
構成了獵戶座的腰帶，參
宿一是最東邊的一顆。另
外兩顆星是中間的參宿二
和最西邊的參宿三。

**M42**
也稱為獵戶座星
雲。在晴朗的夜晚
用肉眼即可看到朦
朧的光斑。

**參宿七（獵戶座
Beta）**
這顆藍色的超巨星是
全天第七亮的恆星。

金牛座

獵戶座

麒麟座

天兔座

# 獵戶座星雲

### 1 獵戶座之劍

獵戶座星雲是最多人觀察和拍攝的天體之一，用肉眼只能看到代表獵人之劍的模糊光斑，但透過攝影可以呈現出恆星誕生區的多彩漩渦。位於智利的歐洲帕瑞納天文臺（European Paranal Observatory）VISTA紅外望遠鏡拍攝下這幅廣視野的影像，顯示出所有的大量恆星形成區。

### 2 星雲之心

獵戶座星雲是恆星的育嬰室，核心包含了數以千計的年輕恆星和正在發展中的原恆星。剛形成的恆星會把大部分孕育它們的塵埃和氣體向外吹散，在星雲中造成巨大的空洞，也就是圖中所見的紅色區域。空洞上方區域的璀璨星光來自一群年輕恆星組成的緊密疏散星團，稱為獵戶座四邊形（見第162頁）。

### 3 紅外線合成影像

這幅約10光年寬的星雲影像，結合了史匹哲和赫歇爾兩架太空望遠鏡的紅外線資料，圖左是獵戶座四邊形。在紅外影像中，最閃耀的不是氣體和恆星，而是塵埃。紅色區域是低溫的塵埃，在恆星形成過程中凝聚成恆星周圍的團塊。藍色區是較溫暖的塵埃，由已經形成的高溫年輕恆星加熱。

### 4 高溫氣體

XMM－牛頓太空望遠鏡（XMM Newton space telescope）以X射線拍下這幅星雲的影像，其中藍色區域是高溫的氣體雲，似乎填滿了星雲內的巨大空洞，以可見光或是紅外線觀察就能看到這個空洞。由於大質量恆星吹出的恆星風猛烈撞擊周圍的氣體，使恆星被加熱到數百萬度，而產生這團雲氣。亮黃色的光斑是獵戶座四邊形。

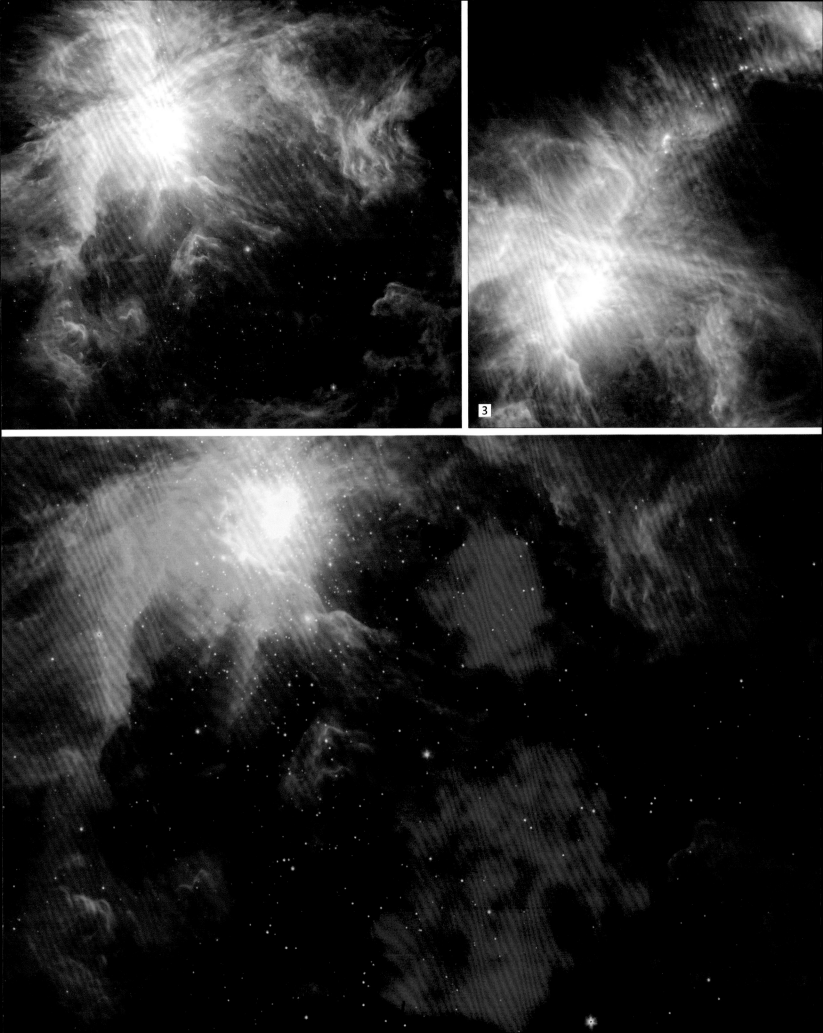

光度

天樽二（雙子座Delta）
太陽的12倍

北河三（雙子座Beta）
太陽的32倍

北河二（雙子座Alpha）
太陽的49倍

# 雙子座 GEMINI 雙胞胎兄弟

雙子座是黃道帶上相當顯眼的星座，在神話中代表了雙胞胎卡斯特（Castor，北河二）和波樂克斯（Pollux，北河三）。北河二和北河三是雙子座最亮的兩顆星，代表這二人的頭部。星座內其他引人注意的天體包含一個明亮的星團，和一個看起來很特別的行星狀星雲。

在希臘神話中，卡斯特和波樂克斯是斯巴達皇后麗妲（Leda）的兒子。據說波樂克斯是天神宙斯所生，因此擁有不死之身；而卡斯特的父親是麗妲的丈夫，也就是國王廷達瑞俄斯（Tyndareus），因此是個平凡人。這對雙胞胎加入了阿爾戈號（Argo）船員尋找金羊毛的旅程，這段故事是古希臘神話中的偉大史詩。

雙子座的形狀接近長方形，星座內的兩顆主要恆星之一北河二，是引人注目的聚星系統（見右下圖解），用小型天文望遠鏡可以看到其中兩顆最亮的成員星。雖然北河二被標記為雙子座 Alpha，但它並不是雙子座中最亮的恆星，雙子座的另一顆主星北河三（雙子座Beta）才是最亮星。

雙子座流星雨是年度最盛大的流星雨之一，每年 12 月 13 日左右會從北河二附近的一個點輻射出來，每小時最多可以看到 100 顆流星。雙子座流星雨與其他大多數流星雨不同，它的母體不是彗星，而是一顆名為費頓（Phaethon）的小行星。

▽ **M35**
由大約200顆恆星組成的大型星團，位於雙子座靠近金牛座的交界處，用雙筒望遠鏡可以輕易觀察到。透過望遠鏡還能看到另一個較暗、但是更緊密的星團，也就是圖中左下角的 NGC 2158。M35距離我們約2800光年，而NGC 2158又遠了大約1萬光年。

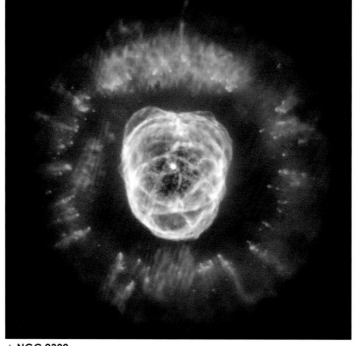

△ **NGC 2392**
這個奇特的行星狀星雲看起來像一張被毛茸茸的大衣帽兜圍繞的臉，因此有愛斯基摩星雲（Eskimo Nebula）之稱。像帽兜的圓圈，其實是從中央恆星處向外流出的氣體環。用小型天文望遠鏡可以看到圓盤狀的外觀。愛斯基摩星雲距離我們約5000光年。

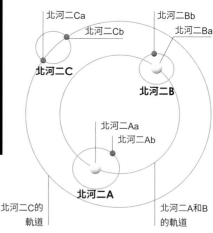

北河二Ca
北河二Cb
北河二Bb
北河二Ba
北河二C
北河二B
北河二Aa
北河二Ab
北河二A
北河二C的軌道
北河二A和B的軌道

△ **北河二的聚星系統**
用小型天文望遠鏡看到的北河二像一對雙星，北河二A和北河二B，以460年的週期互繞。但這兩顆成員星本身也都是雙星。另外更複雜的是，北河二A和北河二B還有一個黯淡的紅矮星伴星，稱為北河二C，是一顆食雙星。因此，這整個被重力相連的系統非常特別，總共有六顆恆星。

**星座內的Alpha (α)星不一定是星座內的最亮星，例如雙子座的Alpha星北河二，就比北河三要暗。**

**井宿三（雙子座Gamma）**
太陽的165倍

**井宿五（雙子座Epsilon）**
太陽的3490倍

**井宿七（雙子座Zeta）**
太陽的3860倍

天貓座

8h

30°

8h

α
北河三

τ

θ

7h

σ

β

υ

ι

30°

御夫座

**M35**
靠近雙子座底部的細長
大型星團，在晴朗的黑
暗夜空能用肉眼看見。

**北河三（雙子座Beta）**
北河三這顆橙色的巨星是
雙子座中最亮的恆星。

κ

巨蟹座

ε
井宿五

金牛座

20°

δ
天樽二

NGC 2392

μ

M35

η

**NGC 2392**
這個星雲又稱為愛斯基摩
星雲，是一顆瀕臨死亡的
恆星拋出的氣體殼層。需
要大型天文望遠鏡才能看
到詳細的結構。

ζ

ν

20°

**鉞（雙子座Eta）**
鉞是距離我們約350光年
的紅巨星，大約每八個
月會從3.1等變暗到3.9
等。

λ

雙 子 座

γ
井宿三

30

ξ

小犬座

7h

**井宿七（雙子座Zeta）**
這顆造父變星每10.2天會
從3.6等變暗到4.2等。

▷ **恆星距離**
雖然卡斯特（Castor，北河二）和波樂克斯
（Pollux，北河三）在神話中是一對雙胞
胎，但其實這兩顆恆星並無關連。北河二（
雙子座Alpha）距離我們約51光年，北河三
（雙子座Beta）則是34光年。以銀河系的尺
度來說，或是和構成雙子座形狀的恆星中最
遠的那一顆比起來，這兩顆恆星與我們的距
離都算近。雙子座中最遠的一顆亮星是距離
地球約1375光年的井宿七（雙子座Zeta）。

**北河二（雙子座Alpha）** 51光年

**北河三（雙子座Beta）** 34光年

**井宿五（雙子座Epsilon）** 845光年

地球

**井宿八（雙子座Lambda）**
100光年

**井宿七（雙子座Zeta）**
1375光年

距離

# 巨蟹座
## CANCER 螃蟹

**巨蟹座是黃道帶上最黯淡的星座，但由於位在獅子座和雙子座的亮星之間，並不難找到。**

巨蟹座代表英雄海克力士（Hercules，武仙座）與九頭蛇（Hydra，長蛇座）搏鬥時，攻擊海克力士的那隻螃蟹。四顆恆星構成的方形是螃蟹的身體，而柳宿增三（巨蟹座 Alpha）和軒轅增廿二（巨蟹座 Iota）則代表標誌螃蟹的螯。柳宿增三的星名為 Acubens，在阿拉伯文中是蟹螯的意思。鬼宿三（巨蟹座Gamma）和鬼宿四（巨蟹座 Delta）的星名分別為 Assellus Borealis 和 Assellus Australis，意思是「北邊的驢子」和「南邊的驢子」，來自另一個有關驢子的傳說故事，這兩顆恆星分別位於 M44 星團的兩側。M44 又叫蜂巢星團（Beehive Cluster），據說代表驢子的飼料槽。巨蟹座中並沒有特別明亮的恆星，而且星座的範圍內也沒有什麼有趣的天體。軒轅增廿二（巨蟹座 Iota）是可以用雙筒望遠鏡看見的黃色巨星，柳宿增三（巨蟹座 Alpha）和水位四（巨蟹座 Zeta）是聚星。

△ **M44**
M44也稱為蜂巢星團或鬼宿星團（Praesepe），年紀只有6億年，是分布在相當於三倍滿月大小範圍內的一群相對鬆散的年輕恆星。肉眼看起來是一團密集的恆星，使用雙筒望遠鏡可以分辨出6等或更暗的個別恆星。這個星團離我們590光年，是距離地球最近的疏散星團之一。

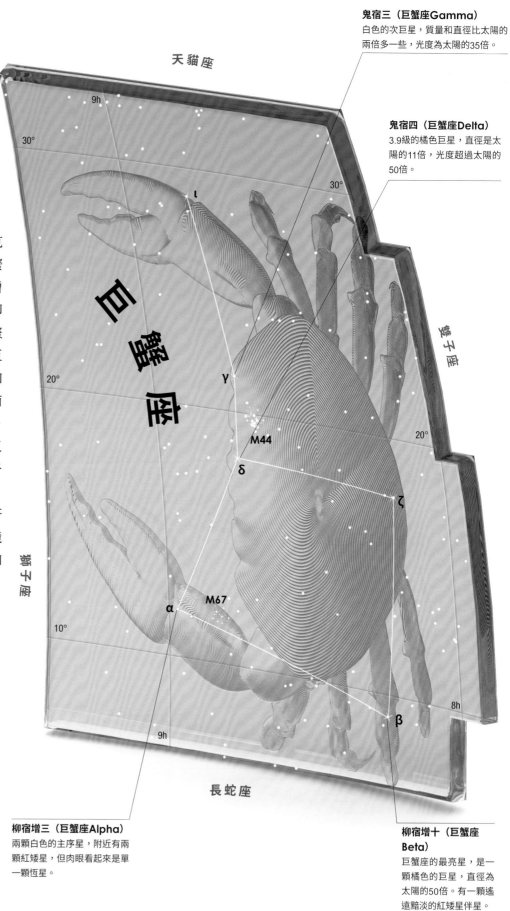

天貓座

**鬼宿三（巨蟹座Gamma）**
白色的次巨星，質量和直徑比太陽的兩倍多一些，光度為太陽的35倍。

**鬼宿四（巨蟹座Delta）**
3.9級的橘色巨星，直徑是太陽的11倍，光度超過太陽的50倍。

巨蟹座

雙子座

獅子座

長蛇座

**柳宿增三（巨蟹座Alpha）**
兩顆白色的主序星，附近有兩顆紅矮星，但肉眼看起來是單一顆恆星。

**柳宿增十（巨蟹座 Beta）**
巨蟹座的最亮星，是一顆橘色的巨星，直徑是太陽的50倍。有一顆遙遠黯淡的紅矮星伴星。

## 關鍵數據

**大小排名** 31

**最亮恆星** 柳宿增十
（β）3.5、鬼宿四（δ）3.9

**所有格** Cancri

**縮寫** CnC

**晚間10點位於星空最高處**
2月-3月

**可見全部星座範圍** 北緯
90度-南緯57度

星圖6

## 主要恆星

**柳宿增三 (Acubens)** 巨蟹座Alpha (α)
白色主序星，也是聚星
☀ 4.3 ⟷ 188光年

**柳宿增十 (Altarf)** 巨蟹座Beta (β)
橘色巨星，也是雙星
☀ 3.5 ⟷ 303光年

**鬼宿三 (Assellus Borealis)** 巨蟹座Gamma
(γ)
白色次巨星
☀ 4.7 ⟷ 181光年

**鬼宿四 (Assellus Australis)** 巨蟹座Delta (δ)
橘色巨星
☀ 3.9 ⟷ 131光年

## 深空天體

**M44（蜂巢星團、鬼宿星團）**
疏散星團

**M67**
疏散星團

△ **M67**
這個疏散星團大約50億歲，是已知最古老的疏散星團之一，由100多顆恆星組成，化學組成與太陽和紅巨星相似。M67比M44（蜂巢星團）更小、更密集，距離地球約2600光年，也比M44更遠，大小約為滿月的直徑。使用雙筒望遠鏡可見。

# 小犬座
# CANIS MINOR 小狗

小犬座是古希臘最初的星座之一，雖然星座範圍很小，但由於有南河三這顆亮星，因此相當容易辨認。

獵戶座帶著兩隻獵犬，小犬座是其中較小的一隻。星座內的最亮星南河三（Procyon）和南河二（Gomeisa）代表小狗的形象。這個星座幾乎就位在天球赤道上，除了全天第八亮星——南河三之外，幾乎沒什麼有趣的天體。南河三的原文 Procyon 在希臘語的意思是「在狗之前」，之所以會如此命名，是因為在地中海地區的緯度，這顆恆星會在更明亮的「狗星」——大犬座的天狼星之前不久升起。南河三和天狼星與地球的距離差不多，因此這兩顆星的不同亮度也表示光度的真正差異。南河三和天狼星一樣，是顆有白矮星伴星的雙星，若使用非常大的天文望遠鏡，可以看到它的伴星南河三 B。南河三也是冬季大三角（Winter Triangle）的其中一角。

## 關鍵數據

**大小排名** 71

**最亮恆星** 南河三（α）0.4、
南河二（β）2.9

**所有格** Canis Minoris

**縮寫** CMi

**晚間10點位於星空最高處**
2月

**可見全部星座範圍** 北緯
89度-南緯77度

星圖6

## 主要恆星

**南河三 (Procyon)** 小犬座Alpha (α)
白色主序星，也是雙星
☀ 0.4 ⟷ 11光年

**南河二 (Gomeisa)** 小犬座Beta (β)
藍白色主序星
☀ 2.9 ⟷ 162光年

△ **冬季大三角**
位於北天的冬季大三角相當明顯，由南河三（左上角）、大犬座天狼星（下方中央）和獵戶座的紅色巨星參宿四（右上角）組成。

**南河二（小犬座Beta）**
藍白色主序星，光度是太陽的195倍。

**南河三（小犬座 Alpha）**
白色的主序星，有一顆白矮星伴星每40年會繞行它一圈。

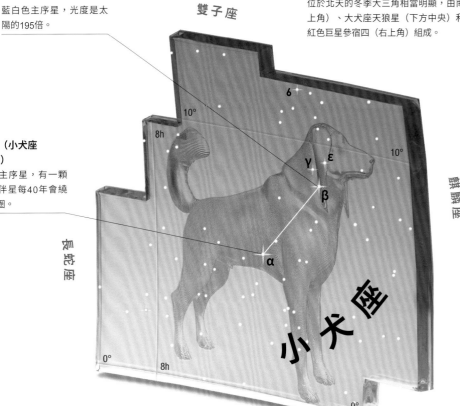

雙子座

長蛇座

麒麟座

小犬座

光度

闕丘增七（麒麟座Alpha）
太陽的48倍

闕丘增三（麒麟座Delta）
太陽的265倍

參宿增廿八（麒麟座Gamma
太陽的515倍

# 麒麟座 MONOCEROS
## 獨角獸

**麒麟座範圍雖大，但並不顯眼。星座內沒有明亮的恆星，不過包含了許多值得注意的聚星，以及星團、星雲等深空天體。**

麒麟座位於長蛇座和獵戶座之間，南邊與大犬座接壤，北鄰小犬座。參宿增廿六（麒麟座 Beta）是全天最值得一看的三合星之一，使用小型天文望遠鏡可以區分出三顆 5 等的成員星。闕丘增三（麒麟座 Delta）是一對並無關連的遠距雙星，以雙筒望遠鏡可見。4 等的四瀆四（麒麟座 Epsilon）有一顆並無關連的黯淡伴星，用小型天文望遠鏡可見。由於麒麟座位在銀河之中，星座內有許多星團和星雲。可使用雙筒望遠鏡觀察的天體，包括位在星座南邊的疏散星團 M50 和北邊的 NGC 2264。若以攝影方式長時間曝光，能夠看到 NGC 2264 周圍有黯淡的雲氣，包括黑暗的塵埃帶：錐狀星雲（Cone Nebula）。另一個值得注意的深空天體是玫瑰星雲（Rosette Nebula），這個星雲圍繞著細長的 NGC 2244 星團。

**NGC 2264**
距離我們約2500光年的疏散星團，以雙筒望遠鏡可見。用小型天文望遠鏡可看出形狀呈三角形。星團內最亮的成員是5等的四瀆增一（麒麟座S）。

**NGC 2244**
這個細長的星團位在玫瑰星雲的核心，距離地球約5500光年，以雙筒望遠鏡可見。玫瑰星雲（NGC 2237）本身比NGC 2244星團還要大上三到四倍。

**闕丘增三（麒麟座Delta）**
這顆4等星有一顆並無關連的伴星，叫做闕丘二（麒麟座21）。這顆伴星比闕丘增三（麒麟座Delta）更接近我們，以雙筒望遠鏡可見，視力特別好的人用肉眼就能看到。

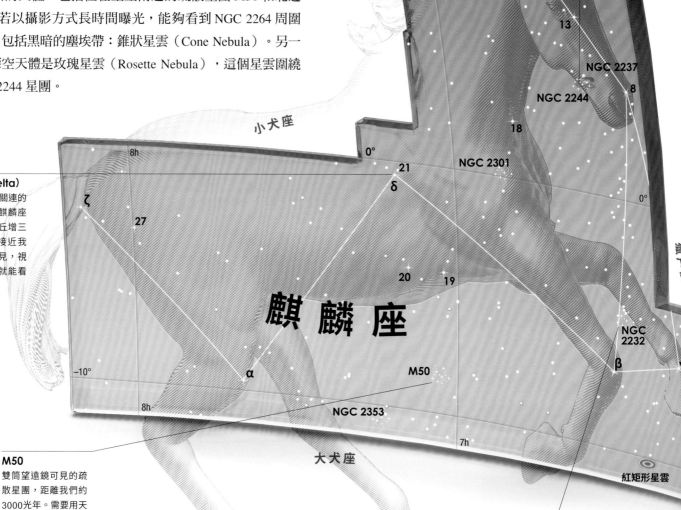

**M50**
雙筒望遠鏡可見的疏散星團，距離我們約3000光年。需要用天文望遠鏡才能分辨出比8等星還黯淡的個別恆星。

**NGC 2232**
雙筒望遠鏡可見的鬆散星團，距離地球約1300光年。星團內最亮的成員星是5等的參宿增廿五（麒麟座10）。

參宿增廿六（麒麟座Beta）
太陽的1175倍

麒麟座Zeta
太陽的1655倍

四瀆三（麒麟座13）
太陽的1億4200萬倍

## 關鍵數據

**大小排名** 35

**最亮恆星** 關丘增七（α）3.9、參宿增廿八（γ）4.0

**所有格** Monocerotis

**縮寫** Mon

**晚間10點位於星空最高處** 1月-2月

**可見全部星座範圍** 北緯78度-南緯78度

星圖6

## 主要恆星

**關丘增七** 麒麟座Alpha（α）
黃色巨星
☀ 3.9 ⟷ 148光年

**參宿增廿六** 麒麟座Beta（β）
三合星；三顆成員星皆為藍白色主序星
☀ 3.7 ⟷ 680光年

**參宿增廿八** 麒麟座Gamma（γ）
橘色巨星
☀ 4.0 ⟷ 500光年

**關丘增三** 麒麟座Delta（δ）
藍白色主序星
☀ 4.2 ⟷ 385光年

## 深空天體

**M50**
約80顆恆星組成的疏散星團

**NGC 2237（玫瑰星雲）**
在NGC 2244星團周圍的雲氣

**NGC 2264**
約40顆恆星組成的疏散星團

**紅矩形星雲**
約2300光年遠的行星狀星雲

△ **NGC 2237**

NGC 2237也稱為玫瑰星雲，星雲的絢麗粉紅色氣體圍繞著NGC 2244星團。從星雲裡誕生的星團恆星照亮了周圍的氣體。透過雙筒望遠鏡可以很容易看到NGC 2244星團，但視直徑比滿月還大的黯淡星雲，必須透過大型天文望遠鏡拍攝，才能看到如圖的影像。

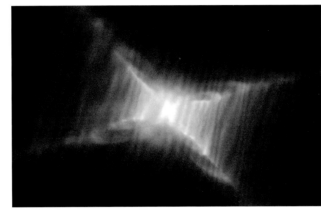

▷ **紅矩形星雲**

哈伯太空望遠鏡拍攝的紅矩形星雲（Red Rectangle Nebula）。這是個相當特別的行星狀星雲，從中央恆星流出的氣體和塵埃，形成了明顯的X形結構。

# 麒麟座是由荷蘭製圖師彼得勒斯·普朗修斯於1612年創建的星座。

四瀆三（麒麟座13）
3930光年

四瀆四（麒麟座Epsilon） 120光年
麒麟座Zeta 1060光年
參宿增廿六（麒麟座Beta） 680光年
關丘增七（麒麟座Alpha） 148光年

地球

◁ **恆星距離**

構成麒麟座形狀的主要亮星與地球的距離差異很大。最近的是120光年外的四瀆四（麒麟座Epsilon，也稱為麒麟座8），最遠的是超過3900光年的四瀆三（麒麟座13）。

距離

光度

| 折威增三（長蛇座54）<br>太陽的7倍 | 長蛇座R<br>太陽的37倍 | 平二（長蛇座Pi）<br>太陽的42倍 |
| --- | --- | --- |

# 長蛇座 HYDRA
## 水蛇

長蛇座是全天最大的星座，在希臘神話中代表被英雄海克力士（武仙座）殺死的怪物。長蛇座中最容易辨認的部分是代表蛇頭的六顆星。

雖然在古希臘神話中，海克力士面對的怪物有九個頭，但天空中的長蛇座形象只有一個頭。代表長蛇頭部的恆星位在巨蟹座南邊的北天球，而大部分身體和尾部則是位於南天球。長蛇座的最亮星星宿一（Alphard）代表長蛇的心臟，附近沒有什麼亮星，因此它的星名 Alphard 在阿拉伯文中是「孤單」的意思。長蛇座內有兩個值得注意的天體：螺旋星系 M83 和行星狀星雲 NGC 3242。

## 長蛇座是全天88個星座中最大的一個，一路延伸超過四分之一的天空。

### 關鍵數據

**大小排名** 1

**最亮恆星** 星宿一（α）2.0、平一（γ）3.0

**所有格** Hydrae

**縮寫** Hya

**晚間10點位於星空最高處** 2月-6月

**可見全部星座範圍** 北緯54度-南緯83度

星圖5

### 主要恆星

**星宿一（Alphard）** 長蛇座Alpha（α）
橘色巨星
☀ 2.0 ⟺ 180光年

**平一** 長蛇座Gamma（γ）
黃色巨星
☀ 3.0 ⟺ 145光年

**柳宿五** 長蛇座Epsilon（ε）
四合星系統
☀ 3.4 ⟺ 130光年

**長蛇座R**
芻藁型變星（Mira-type variable，米拉型變星）
☀ 5.0 ⟺ 405光年

### 深空天體

**M68**
球狀星團

**M83（南風車星系）**
螺旋星系

**NGC 3242（木魂星雲）**
行星狀星雲，也稱為眼睛星雲（Eye Nebula）

△ **M83**
這個螺旋星系也稱為南風車星系（Southern Pinwheel Galaxy），結構與我們的銀河系類似，但恆星的形成和死亡情況比銀河系活躍得多。圖中的藍色和紫紅色的區域是恆星誕生處，另外還可以看到許多超新星殘骸，數千個星團和數十萬顆恆星。

**M68**
透過雙筒望遠鏡或小望遠鏡，球狀星團M68看起來像一顆模糊的恆星。

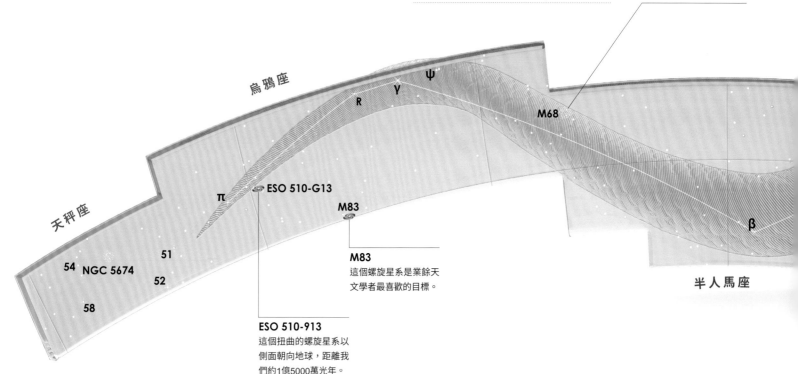

**M83**
這個螺旋星系是業餘天文學者最喜歡的目標。

**ESO 510-913**
這個扭曲的螺旋星系以側面朝向地球，距離我們約1億5000萬光年。

柳宿一（長蛇座Delta）
太陽的46倍

柳宿五（長蛇座Epsilon）
太陽的61倍

星宿一（長蛇座Alpha）
太陽的425倍

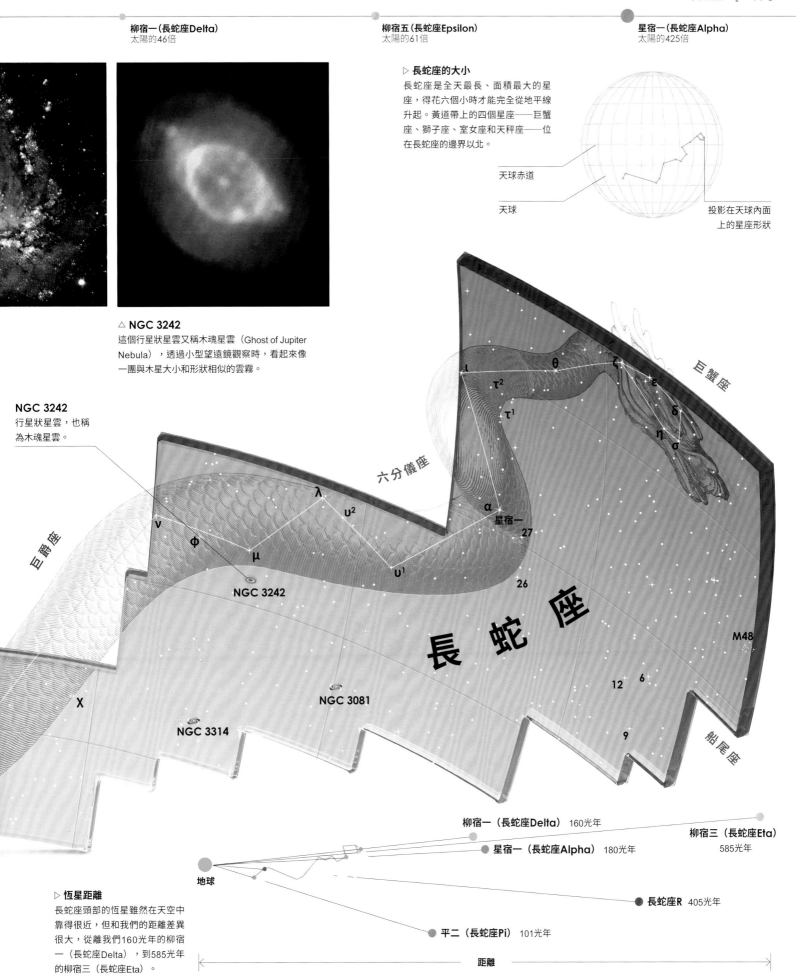

▷ **長蛇座的大小**
長蛇座是全天最長、面積最大的星座，得花六個小時才能完全從地平線升起。黃道帶上的四個星座——巨蟹座、獅子座、室女座和天秤座——位在長蛇座的邊界以北。

天球赤道

天球

投影在天球內面上的星座形狀

△ **NGC 3242**
這個行星狀星雲又稱木魂星雲（Ghost of Jupiter Nebula），透過小型望遠鏡觀察時，看起來像一團與木星大小和形狀相似的雲霧。

**NGC 3242**
行星狀星雲，也稱為木魂星雲。

▷ **恆星距離**
長蛇座頭部的恆星雖然在天空中靠得很近，但和我們的距離差異很大，從離我們160光年的柳宿一（長蛇座Delta），到585光年的柳宿三（長蛇座Eta）。

柳宿一（長蛇座Delta）160光年

柳宿三（長蛇座Eta）585光年

星宿一（長蛇座Alpha）180光年

長蛇座R 405光年

平二（長蛇座Pi）101光年

地球

距離

# 六分儀座 SEXTANS
## 六分儀

**六分儀座就坐落在天球赤道上，可以在獅子座的軒轅十四附近找到這個黯淡的星座。**

六分儀座中只有三顆恆星，是波蘭天文學家約翰・赫維留於 1687 年創立的星座，代表船上用來定位的儀器。六分儀座的恆星相對黯淡，最亮星只有 4.5 等，恆星都沒有特殊的星名。要觀察星座內的星系最好使用大型天文望遠鏡。NGC 3115 看起來狀似紡錘形，因此也稱為紡錘星系（Spindle Galaxy），亮度為 8.5 等，天氣好的時候用雙筒望遠鏡剛好看得到。天相一（六分儀座 17）和天相增一（六分儀座 18）是兩顆接近但並無關連的 6 等星，要用雙筒望遠鏡才能看見。

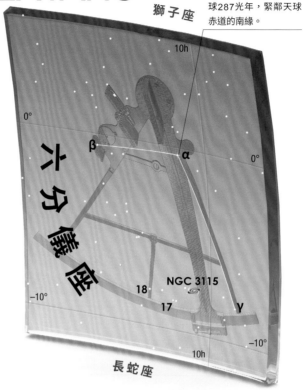

獅子座

**天相二（六分儀座 Alpha）**
這顆藍白色巨星距離地球287光年，緊鄰天球赤道的南緣。

NGC 3115

長蛇座

### 關鍵數據
**大小排名** 47
**最亮恆星** 天相二（α）4.5、Gamma（γ）5.1
**所有格** Sextantis
**縮寫** Sex
**晚間10點位於星空最高處** 3月-4月
**可見全部星座範圍** 北緯78度-南緯83度

星圖5

△ **NGC 3115**
這個巨大的透鏡狀星系以側面朝向地球，中央的核球清晰可見，在星系深處有一個無法看見的超大質量黑洞。這個星系也稱為紡錘星系，距離我們約3000萬光年。別和另一個位於天龍座中的紡錘星系混淆。

---

# 烏鴉座 CORVUS
## 烏鴉

**烏鴉座的形狀由星座內最亮的四顆星構成，代表烏鴉的身體。**

烏鴉座是希臘神話中阿波羅的聖鳥，它的故事與鄰近的巨爵座（水杯）和長蛇座（水蛇）有關。阿波羅派遣烏鴉用水杯去取水，但烏鴉卻只帶了一條水蛇回來。要找到烏鴉座的最好方法，是往室女座角宿一的西南邊尋找。軫宿三（烏鴉座 Delta）是構成烏鴉座四方形的其中一角，這對雙星是由一顆藍色的 3 等亮星，和一顆繞行它的暗星構成。星座內的觸鬚星系（Antennae Galaxies）是距離最近和最年輕的互撞星系之一。

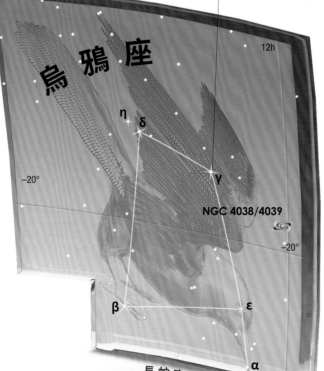

室女座

**軫宿一（Gienah，烏鴉座Gamma）**
軫宿一是烏鴉座的最亮星，是一顆藍白色巨星，距離地球154光年。

NGC 4038/4039

長蛇座

### 關鍵數據
**大小排名** 70
**最亮恆星** 軫宿一（γ）2.6、軫宿四（β）2.6
**所有格** Corvi
**縮寫** Crv
**晚間10點位於星空最高處** 4月-5月
**可見全部星座範圍** 北緯65度-南緯90度

星圖5

△ **NGC 4038和NGC 4039**
NGC 4038和NGC 4039延伸出由黯淡恆星、氣體和塵埃構成的長尾，因此有了觸鬚星系的別稱。這兩個星系在數億年前開始產生交互作用時，就形成了長長的尾巴。星系互撞產生的巨大恆星形成區被發光氫氣環繞。

# 巨爵座 CRATER
## 水杯

巨爵座在希臘神話中代表阿波羅的水杯，通常被描繪成有兩個把手的高腳杯。巨爵座是個黯淡且不顯眼的星座，把它想像成天空中的大領結或許更容易尋找。

巨爵座是希臘神話中最初的 48 個星座之一。故事和鄰近的烏鴉座和長蛇座有關，因此據說是阿波羅把這三個星座放在一起的。阿波羅派遣烏鴉去取水，烏鴉不但遲遲未歸，還向阿波羅撒謊說長蛇阻礙牠取水，讓阿波羅非常生氣。巨爵座沒有特別亮的恆星，最亮星是 3.6 等的翼宿七（巨爵座 Delta）。需要大型天文望遠鏡才能觀察到位於巨爵座內的深空天體，例如 NGC 3981 棒旋星系，這個星系是由英國天文學家威廉・赫歇爾在 1780 年代中期發現，另外他也發現了 NGC 3511 和 NGC 3887。星座內還有更遙遠的天體——類星體 RXJ 1131，距地球約 60 億光年。

△ **RXJ 1131**
圖中的四個粉紅亮點就是類星體 RXJ 1131，疊影是因為類星體的光被橢圓星系扭曲的結果。中心的星系與 RXJ 1131 位在同個視線方向上，但離我們近得多。

**翼宿七（巨爵座 Delta）**
這顆橘色巨星距離我們 195 光年，亮度為 3.6 等，是巨爵座的最亮星。

**翼宿二（巨爵座 Gamma）**
亮度 4.1 等的白色雙星，用小型天文望遠鏡可分辨出它的伴星。

**翼宿一（巨爵座 Alpha）**
4.1 級的橘色巨星。它的星名 Alkes 源自阿拉伯文的「杯子」。

**NGC 3511**
幾乎完全以側面朝向地球的棒旋星系。

室女座
獅子座
六分儀座
烏鴉座
巨爵座
長蛇座

θ ε δ η ζ γ α β
RXJ 1131
NGC 3887
NGC 3981
NGC 3511
−10° −10° −20° −20°
11h 11h

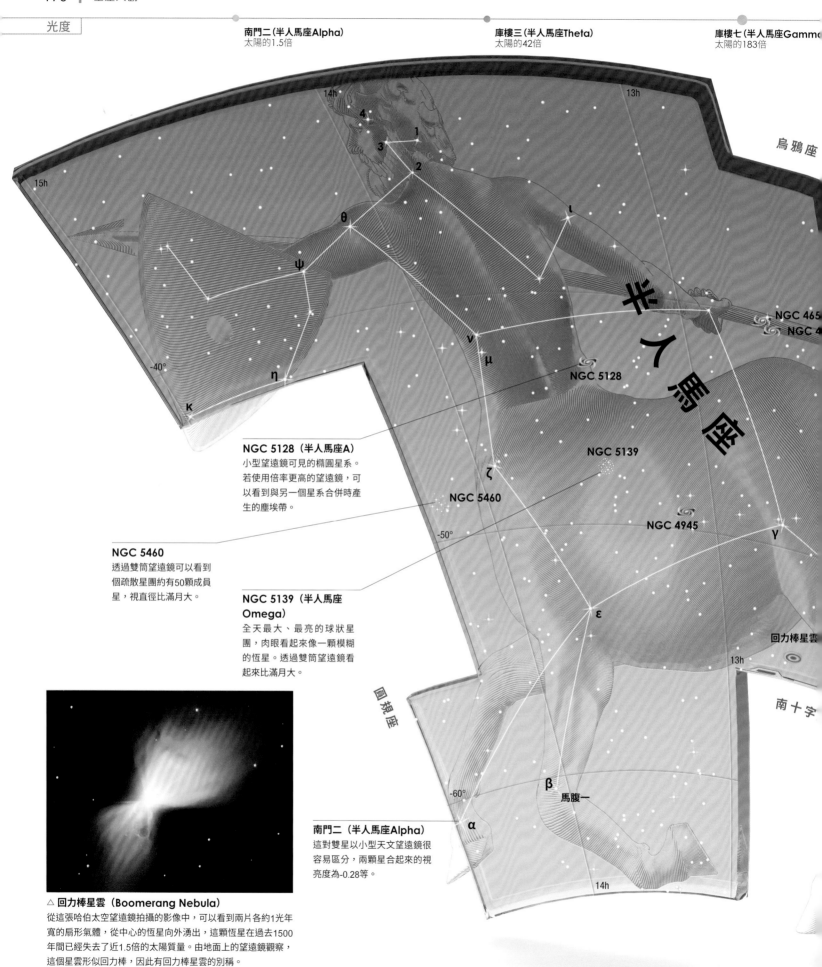

南門二（半人馬座Alpha）
太陽的1.5倍

庫樓三（半人馬座Theta）
太陽的42倍

庫樓七（半人馬座Gamma）
太陽的183倍

烏鴉座

半人馬座

NGC 4650
NGC 4

NGC 5128

NGC 5139

NGC 5460

NGC 4945

回力棒星雲

圓規座

南十字

**NGC 5128（半人馬座A）**
小型望遠鏡可見的橢圓星系。
若使用倍率更高的望遠鏡，可
以看到與另一個星系合併時產
生的塵埃帶。

**NGC 5460**
透過雙筒望遠鏡可以看到一
個疏散星團約有50顆成員
星，視直徑比滿月大。

**NGC 5139（半人馬座
Omega）**
全天最大、最亮的球狀星
團，肉眼看起來像一顆模糊
的恆星。透過雙筒望遠鏡看
起來比滿月大。

**南門二（半人馬座Alpha）**
這對雙星以小型天文望遠鏡很
容易區分，兩顆星合起來的視
亮度為-0.28等。

馬腹一

△ **回力棒星雲（Boomerang Nebula）**
從這張哈伯太空望遠鏡拍攝的影像中，可以看到兩片各約1光年
寬的扇形氣體，從中心的恆星向外湧出，這顆恆星在過去1500
年間已經失去了近1.5倍的太陽質量。由地面上的望遠鏡觀察，
這個星雲形似回力棒，因此有回力棒星雲的別稱。

**庫樓二（半人馬座Eta）**
太陽的895倍

**南門一（半人馬座Epsilon）**
太陽的1815倍

**馬腹一（半人馬座Beta）**
太陽的7170倍

# 半人馬座
# CENTAURUS
## 半人馬

**位於南天的顯著星座，內有距離太陽最近的恆星，以及從地球上所能看到最明亮的球狀星團。**

半人馬座是古希臘48個星座之一，代表一位聰明的半人馬凱隆（Chiron），他在位於皮立翁山（Mount Pelion）的洞穴中，教導古希臘神話中的諸神和英雄。

南門二（半人馬座 Alpha）是肉眼可見的全天第三亮星，僅次於天狼星和老人星。用望遠鏡能分辨出這其實是一對金黃色的雙星，以 80 年的週期互繞。南門二也是肉眼可見距離太陽最近的恆星。但是在這個恆星系統中還有第三顆只能用望遠鏡觀察到的成員星——名為比鄰星（Proxima Centauri）的紅矮星，它比另外兩顆星還要近十分之一光年，是最接近太陽的恆星。NGC 5139（半人馬座 Omega）位在半人馬座的中央，這個球狀星團非常明亮，因此剛開始被編為恆星。在它北邊的 NGC 5128（半人馬座 A）可能是橢圓星系和螺旋星系合併的結果。

**NGC 3918**
用小型天文望遠鏡觀察這個行星狀星雲，看起來像一個藍色的圓盤，因此有藍色行星狀星雲（Blue Planetary Nebula）之稱。

12h

-40°

δ

-50°

12h

π

NGC 3918

o

-60°

NGC 3766

λ

▽ **恆星距離**
半人馬座內有距離太陽最近、僅4.2光年的恆星：比鄰星。星座內的亮星南門一（半人馬座Epsilon），距離是比鄰星的100倍，而星座內最遙遠的亮星半人馬座Omicron1距離幾乎是比鄰星的1400倍。

衡二（半人馬座Mu） 505光年
庫樓一（半人馬座Zeta） 382光年
南門一（半人馬座Epsilon） 430光年

地球

比鄰星 4.2光年

半人馬座Omicron[1]
5720光年

距離

## 關鍵數據

**大小排名** 9
**最亮恆星** 南門二（α）-0.1、馬腹一（β）0.6
**所有格** Centauri
**縮寫** Cen
**晚間10點位於星空最高處** 4月-6月
**可見全部星座範圍** 北緯25度-南緯90度

星圖5

## 主要恆星

**南門二（Rigil Kentaurus）** 半人馬座Alpha (α)
一對黃色和橘色的主序星
☀ -0.28 ⟷ 4.4光年

**馬腹一（Hadar）** 半人馬座Beta (β)
藍白色巨星
☀ 0.6 ⟷ 390光年

**庫樓七** 半人馬座Gamma (γ)
藍白色次巨星
☀ 2.2 ⟷ 130光年

**南門一** 半人馬座Epsilon (ε)
藍白色巨星
☀ 2.3 ⟷ 430光年

**庫樓二** 半人馬座Eta (η)
藍白色主序星
☀ 2.3 ⟷ 305光年

**庫樓三** 半人馬座Theta (θ)
橘色巨星
☀ 2.1 ⟷ 59光年

## 深空天體

**NGC 5139（半人馬座Omega）**
球狀星團

**回力棒星雲**
行星狀星雲

**NGC 3766**
疏散星團

**NGC 3918（藍色行星狀星雲）**
行星狀星雲

**NGC 5128（半人馬座 A）**
特殊星系及無線電波源

光度

# 南十字座 CRUX 南方的十字架

南十字座雖然是全天最小的星座，但由於擁有四顆明亮的恆星，卻也是最明顯的星座之一。南十字座坐落在銀河的恆星密集區，星座內還有南方夜空的璀璨珍寶：珠寶盒星團（Jewel Box Cluster）。

南十字座位於半人馬座的腿間，是全天中聚集得最緊密的四顆亮星。古希臘人早已知道這幾顆耀眼的亮星，但一直要到16世紀才成為獨立的星座。1598年，南十字座首度以現在的樣貌出現在製圖師彼得勒斯‧普朗修斯的天球上。一開始的星座名稱是 Crux Australis，意為「南邊的十字架」，現在稱為 Crux。

十字架圖案的南端，是星座中的最亮星十字架二（Acrux）。十字架二、十字架三（Mimosa）和十字架一（Gacrux）在夜空中都是排行前25亮的恆星。星座內還有塊楔形的暗雲，比四顆亮星的距離要遠得多，為600光年。這個暗星雲名為煤袋星雲（Coalsack Nebula），由氣體和塵埃形成，因為阻擋了來自後方密集的銀河星野光線，因此以肉眼就能看見。煤袋星雲的北邊還有個距離約十倍遠的珠寶盒星團（NGC 4755），肉眼看起來像一顆模糊的恆星，但以雙筒望遠鏡觀察就能分辨出個別的恆星。

## 關鍵數據

**大小排名** 88
**最亮恆星** 十字架二 (α) 0.8、十字架三 (β) 1.25-1.35
**所有格** Crucis
**縮寫** Cru
**晚間10點位於星空最高處** 4月-5月
**可見全部星座範圍** 北緯25度-南緯90度

星圖2

## 主要恆星

**十字架二（Acrux）** 南十字座Alpha (α)
藍白色次巨星；也是雙星
☀ 0.8 ⟷ 322光年

**十字架三（Mimosa）** 南十字座Beta (β)
藍白色巨星；也是變星
☀ 1.25-1.35 ⟷ 278光年

**十字架一（Gacrux）** 南十字座Gamma (γ)
紅色巨星
☀ 1.6 ⟷ 89光年

**十字架四** 南十字座Delta (δ)
藍白色次巨星
☀ 2.8 ⟷ 345光年

## 深空天體

**NGC 4755（珠寶盒星團）**
疏散星團

**煤袋星雲**
暗星雲

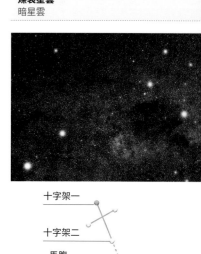

---

**十字架三（南十字座Beta）**
藍白色巨星，也是變星，每6小時會從1.25等變暗到1.35等。

半人馬座

**十字架一（南十字座Gamma）**
這顆紅色巨星的直徑至少是太陽的85倍；用雙筒望遠鏡可以看到另一顆並無關連的6等伴星。

**十字架四（南十字座Delta）**
一顆藍白色的恆星，正從主序進入生命的紅巨星階段。

**十字架增一（南十字座Epsilon）**
橙色巨星，質量約為太陽的1.4倍，寬度是太陽的33倍，距離我們230光年，星等為3.6。

12h

γ

−60°

β

δ

NGC 4755

ε

−60°

南 十 字 座

**十字架二（南十字座Alpha）**
藍白色的次巨星；用望遠鏡可以分辨出另一顆伴星，是1.8等的藍白色主序星。

α

12h

蒼蠅座

▷ **尋找天球南極**
好幾個世紀以來，南十字座一直被用來尋找天球的南極。南十字座內的亮星和半人馬中兩顆最亮的恆星（馬腹一和南門二）都很容易找到，如上圖所示。把十字架一和十字架二的連線往南延伸，以及另一條南門二和馬腹一連線中分的假想線也向南延伸，這兩條線的交點恰好就在天球南極的東邊，最近的恆星是南極座Sigma。

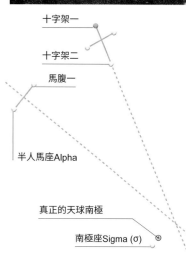

十字架一

十字架二

馬腹一

半人馬座Alpha

真正的天球南極

南極座Sigma (σ)

十字架四（南十字座Delta）
太陽的750倍

十字架三（南十字座Beta）
太陽的2010倍

十字架二（南十字座Alpha）
太陽的4180倍

**NGC 4755**
這個疏散星團看起來就像一盒閃閃發光的
珠寶，因此稱為珠寶盒星團，星團內有數
十顆藍白色的巨星，中心附近還有一顆紅
寶石色的超巨星。這個星團寬約20光年，
距離地球6400光年。年齡約1500萬年，是
已知最年輕的星團之一。

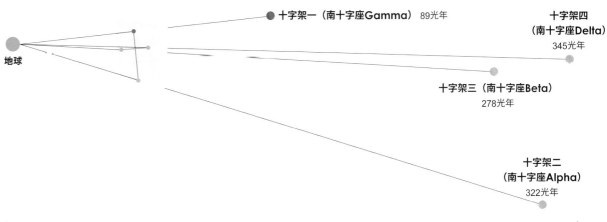

● 十字架一（南十字座Gamma） 89光年

十字架四
（南十字座Delta）
345光年

地球

十字架三（南十字座Beta）
278光年

十字架二
（南十字座Alpha）
322光年

距離

▷ 恆星距離
在南十字座的四顆亮星中，有三顆與地球
距離差不多：278光年的十字架三（南十
字座Beta）、322光年的十字架二（南十
字座Alpha），和345光年的十字架一（南
十字座Gamma）。十字架最北端的十字
架一是星座內最靠近太陽的亮星，只有89
光年，也是目前已知離我們最近的紅巨星
之一。

# 豺狼座 LUPUS 狼

**這個星座位在天蠍座和半人馬座之間的銀河邊緣。雖然很難看出狼的樣子，但星座內有一些有趣的恆星。**

豺狼座一開始的形象，是一隻插在半人馬座攜帶的桿子上的不知名野生動物，但後來被描繪成一隻獨立的狼。星座內兩顆最亮的恆星騎官十（豺狼座 Alpha）和騎官四（豺狼座 Beta）代表牠的後腿，球狀星團 NGC 5986 代表狼的頭部。如果把騎官十想像成狼的嘴，騎官四是牠的後頸，可能比較容易看出狼的形象。用小型天文望遠鏡觀察，可以發現騎陣將軍（豺狼座 Kappa）和騎官七（豺狼座 Mu）是雙星，透過更大的望遠鏡還會發現騎官七其實是三合星。

### SN 1006
這個超新星殘骸約60光年寬，距離地球7000光年，是有史以來最亮的超新星留下的殘骸。

天秤座

豺狼座

天蠍座

NGC 5986

半人馬座

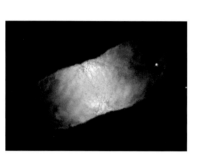

△ 視網膜星雲（Retina Nebula）
這個行星狀星雲其實是個環形，只是我們從側面觀察，因此看起來呈矩形。行星狀星雲的中心是一顆垂死的恆星，向外推開了環狀的氣體和塵埃。

▽ SN 1006
圖為錢卓X射線太空望遠鏡在八天內拍攝的十幅影像合併而成。當白矮星爆炸並將恆星的組成物質噴向太空，就會形成超新星殘骸。

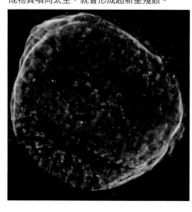

**NGC 5882**
行星狀星雲，從中央的垂死恆星向外噴出兩層氣體殼層；一個非球形的殼層包覆住另一個細長的殼層。

NGC 5882

IC 4406

矩尺座

NGC 5822

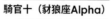

**騎官十（豺狼座Alpha）**
2.3等的騎官十是豺狼座的最亮星，質量約為太陽的十倍，它的光度會在七小時的週期內微幅變化。

## 關鍵數據

**大小排名** 46

**最亮恆星** 騎官十 (α) 2.3、騎官四 (β) 2.7

**所有格** Lupi

**縮寫** Lup

**晚間10點位於星空最高處**
5月-6月

**可見全部星座範圍** 北緯34度-南緯90度

星圖4

## 主要恆星

**騎官十** 豺狼座Alpha (α)
藍色巨星
☀ 2.3 ⟷ 464光年

**騎官四** 豺狼座Beta (β)
藍色巨星
☀ 2.7 ⟷ 383光年

**騎官一** 豺狼座Gamma (γ)
雙星系統中的藍色巨星
☀ 2.8 ⟷ 內文

## 深空天體

**NGC 5882**
形狀不對稱的行星狀星雲

**NGC 5986**
球狀星團

**視網膜星雲（IC 4406）**
行星狀星雲

**SN 1006**
超新星殘骸

# 矩尺座 NORMA
## 三角板

**這個小星座創立於 1750 年代早期，之後面積又再縮小。銀河流經此處，背景恆星相當密集。**

法國人尼可拉・路易・拉卡伊首度將這個天區的恆星劃為一個星座，並命名為 Norma et Regula，意思是「方形和直尺」。但後來星座邊界發生變化，代表直尺的恆星被重新劃分到鄰近的天蠍座範圍內。因此現在的矩尺座內沒有 Alpha 星和 Beta 星。形成直角三角形的三顆星構成了三角板的形狀，很難從銀河的背景恆星中區分出來。

△ **ESO 137-001**
這張影像以假色處理，突顯出在ESO 137-001星系後方的兩條低溫氣體帶。這個星系正朝著離銀河系最近的大質量星系團──矩尺座星系團──的中心前進。氣體從星系的旋臂中剝離時，就會形成這樣的軌跡。

## 關鍵數據

| | |
|---|---|
| **大小排名** | 74 |
| **最亮恆星** | Gamma²(γ2) 4.0、Epsilon (ε) 4.5 |
| **所有格** | Normae |
| **縮寫** | Nor |
| **晚間10點位於星空最高處** | 6月 |
| **可見全部星座範圍** | 北緯29度-南緯90度 |

星圖2

## 主要恆星

**矩尺座Gamma¹ (γ¹)**
黃色超巨星，與Gamma²形成雙星
※ 5.0  ⟷ 1436光年

**矩尺座Gamma² (γ²)**
黃色巨星，與Gamma1形成雙星
※ 4.0  ⟷ 129光年

**矩尺座Epsilon (ε)**
雙星，成員星分別為5等和7等星
※ 4.5  ⟷ 400光年

**矩尺座Eta (η)**
黃色巨星
※ 4.7  ⟷ 218光年

## 深空天體

**NGC 6067**
疏散星團

**NGC 6087**
疏散星團

**NGC 6167**
疏散星團

**沙普利1**
行星狀星雲，也稱為細指環星雲 (Fine Ring Nebula)

**阿貝爾3627**
星系團，也稱為矩尺座星系團

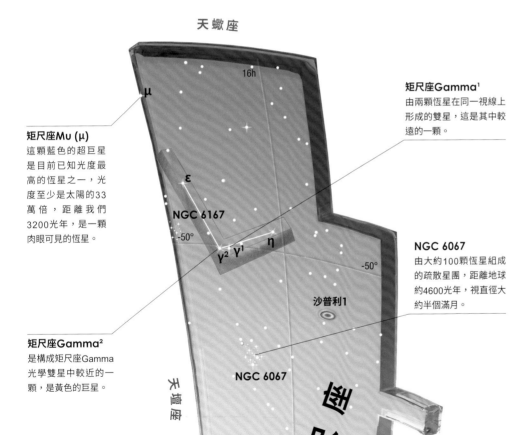

天蠍座

16h

μ

**矩尺座Mu (μ)**
這顆藍色的超巨星是目前已知光度最高的恆星之一，光度至少是太陽的33萬倍，距離我們3200光年，是一顆肉眼可見的恆星。

ε

NGC 6167

-50°

γ² γ¹ η

**矩尺座Gamma¹**
由兩顆恆星在同一視線上形成的雙星，這是其中較遠的一顆。

**NGC 6067**
由大約100顆恆星組成的疏散星團，距離地球約4600光年，視直徑大約半個滿月。

-50°

沙普利1

**矩尺座Gamma²**
是構成矩尺座Gamma光學雙星中較近的一顆，是黃色的巨星。

天壇座

NGC 6067

矩尺座

圓規座

NGC 6087

**NGC 6087**
一個由大約40顆炎熱、年輕的藍白色恆星組成的疏散星團。距離地球大約3000光年，但肉眼可見。

16h

南三角座

△ **沙普利1**
這個由哈洛・沙普利（Harlow Shapley）於1936年發現的行星狀星雲，是一個正面朝向我們的氣體環。位在行星狀星雲中心的不是單一顆恆星，而是雙星系統，在數千年前向外拋出環繞的氣體。兩顆恆星之間的交互作用讓噴出的氣體形成近乎正圓形的環。

# 天壇座 ARA
## 祭壇

天壇座位在天蠍座的南邊,坐落在銀河之中。古希臘 48 個星座之一,代表希臘神話中的祭壇。

天壇座是希臘眾神與泰坦神(Titans)戰鬥,爭奪宇宙的統治權之前宣誓效忠的祭壇。最後希臘眾神取得了勝利,而率隊的宙斯為了感念此事,把祭壇放在天空成為星座。這個星座不難找到,但因為夾雜在銀河的繁星之中而不太容易看出形狀。天壇座的最亮星:杵三(天壇座 Beta)和杵二(天壇座 Alpha),以及 NGC 6193 星團都能用肉眼看到。同樣值得一看的還有 NGC 6397 和 NGC 6362 球狀星團,以及天壇座 Mu,這是一顆至少有四個行星繞行的類太陽恆星。

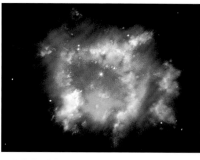

△ **NGC 6326**
這個行星狀星雲離地球約1萬1000光年,中央的白矮星正向外噴出氣體。圖中的紅色是氫,藍色是氧。

◁ **NGC 6362**
這個球狀星團的中心有一些看起來比鄰近恆星年輕的藍色恆星,因恆星碰撞或恆星之間的物質轉移,導致恆星溫度升高而形成。

## 關鍵數據

**大小排名** 63

**最亮恆星** 杵三(β)2.9, 杵二(α)3.0

**所有格** Arae

**縮寫** Ara

**晚間10點位於星空最高處**
6月-7月

**可見全部星座範圍** 北緯
22度-南緯90度

**星圖2**

## 主要恆星

**杵二** 天壇座Alpha(α)
藍白色主序星

☀ 3.0 ⟷ 267光年

**杵三** 天壇座Beta(β)
天壇座Beta(β)

☀ 2.9 ⟷ 645光年

## 深空天體

**NGC 6193和NGC 6188**
疏散星團和相關的發射星雲

**NGC 6326**
行星狀星雲

**NGC 6352**
球狀星團

**NGC 6362**
球狀星團

**NGC 6397**
球狀星團

**刺魟星雲(Stingray Nebula)**
年輕的小型行星狀星雲

**NGC 6352**
誕生於120億年前的鬆散球狀星團。距離我們1萬9500光年,亮度為7.8等。

**杵二(天壇座Alpha)**
這顆3等的恆星很容易看到,大小約為太陽的4.5倍,質量是太陽的9.6倍。

**NGC 6397**
位於8200光年外的NGC 6397是離我們最近的球狀星團之一,因此視直徑不算小——超過滿月的一半。

**杵三(天壇座Beta)**
天壇座中的最亮星,亮度為2.9等,很容易用肉眼觀察。年齡約5000萬歲,質量是太陽的七倍。

天蠍座

NGC 6352

天壇座

NGC 6193/6188

NGC 6326

NGC 6397

矩尺座

刺魟星雲

孔雀座

**NGC 6362**
這個球狀星團距離我們大約2萬5000光年,成員星為年齡約100億歲的恆星。

# 南冕座 CORONA AUSTRALIS
## 南邊的皇冠

**南冕座是全天最小的星座之一。雖然是最初的 48 個希臘星座之一，但沒有任何相關的神話故事。**

南冕座的圖形不像北冕座那樣金碧輝煌又珠光寶氣，而是以樹葉圈成的冠冕。其他文化以不同的觀點看待這些恆星。古代的中國人把這些恆星看成一隻烏龜，澳洲原住民則視之為回力棒，或是一種稱為庫拉蒙（coolamon）的淺盤。

南冕座內的恆星都不是特別亮，但由於構成了彎曲的形狀，讓這個星座還算容易找到。星座內兩顆最亮的恆星是鱉六（南冕座 Alpha）和鱉五（南冕座 Beta），看起來難以分辨，但卻非常不同。鱉五（南冕座 Beta）較大，光度也更高，但比鱉六（南冕座 Alpha）遠了將近四倍，因此在天空中看起來的亮度相同。南冕座的北邊有一團巨大的雲氣，這個區域包括了位於大約 400 光年外的 NGC 6729，是離我們最近的恆星形成星雲之一。

△ **皇冠星團（Coronet Cluster）**
這張紅外線和X射線影像顯示出皇冠星團中的年輕恆星。這個星團集位於NGC 6729附近，位於大約420光年外，是離我們最近也最活躍的恆星誕生區之一。

◁ **NGC 6729**
星雲中最年輕的恆星隱藏在濃密的氣體和塵埃雲中，向外拋出高速的物質噴流，在氣體內形成衝擊波，使星雲發光。

**鱉六（南冕座Alpha）**
像太陽一樣的主序星，但顏色是白色，大小超過太陽的兩倍，光度是太陽的31倍。

**鱉七（南冕座Gamma）**
一對以122年的週期互繞的雙星，使用小型天文望遠鏡可以分辨。

**鱉五（南冕座Beta）**
這顆巨星大小是太陽的43倍，光度是太陽的730倍，比鱉六的發光能力高13倍，但由於距離較遠，看起來的亮度相同。

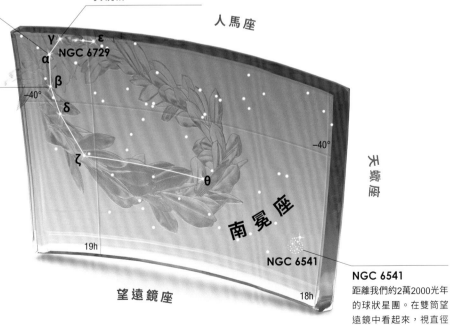

人馬座

γ NGC 6729
ε
α
β
δ
ζ
θ
-40°
-40°
19h
18h
望遠鏡座
天蠍座
南冕座
NGC 6541

**NGC 6541**
距離我們約2萬2000光年的球狀星團。在雙筒望遠鏡中看起來，視直徑約為滿月的三分之一。

## 主要恆星

**大小排名** 80

**最亮恆星** 鱉六（α）4.1、鱉五（β）4.1

**所有格** Coronae Australis

**縮寫** CrA

**晚間10點位於星空最高處** 7月-8月

**可見全部星座範圍** 北緯44度-南緯90度

星圖4

## 主要恆星

**鱉六** 南冕座Alpha (α)
白色主序星
☀ 4.1 ⟷ 125光年

**鱉五** 南冕座Beta (β)
黃色巨星
☀ 4.1 ⟷ 475光年

## 深空天體

**NGC 6541**
球狀星團

**NGC 6729**
恆星形成星雲

**皇冠星團**
疏散星團

光度

狗國一（人馬座Omega）
太陽的8倍

天淵一（人馬座Beta²）
太陽的29倍

箕宿一（人馬座Gamma）
太陽的49倍

天淵三、人馬座 Alpha（
太陽的70倍

# 人馬座 SAGITTARIUS 射手

人馬座是位於黃道帶上的大型星座，代表一種半人半馬的虛構生物，稱為半人馬（Centaur），他手裡握著弓和箭。位於銀河恆星密集的區域，銀河系的中心也位在人馬座內。

人馬座最容易辨認的是由主要亮星構成的茶壺狀星群，由八顆恆星組成：斗宿三（人馬座 Phi）、斗宿四（人馬座 Sigma）、斗宿五（人馬座 Tau）、斗宿六（人馬座 Zeta）構成了茶壺的手把，箕宿一（人馬座 Gamma）、箕宿二（人馬座 Delta）和箕宿三（人馬座 Epsilon）構成了壺嘴，而斗宿二（人馬座 Lambda）、則是茶壺的蓋子。星座中最亮的恆星不像其他大部分的星座那樣是 Alpha 星（天淵三），而是 Epsilon 星（箕宿三）。人馬座 Alpha

星（天淵三）亮度為 4.0 等，而 Epsilon 星（箕宿三）亮度是 1.8 等。

人馬座包含了密集的銀河恆星，因為我們銀河系的中心就位在這個方向上。確切的銀河系中心位置是人馬座 A＊，一般認為有一個超大質量黑洞位於此處。

查爾斯・梅西耶在他的天體目錄中編入了人馬座的 15 個天體，比任何其他星座都多。值得一看的天體包括礁湖星雲（Lagoon Nebula）M8、三裂星雲（Trifid Nebula）M20，和明亮的球狀星團 M22。

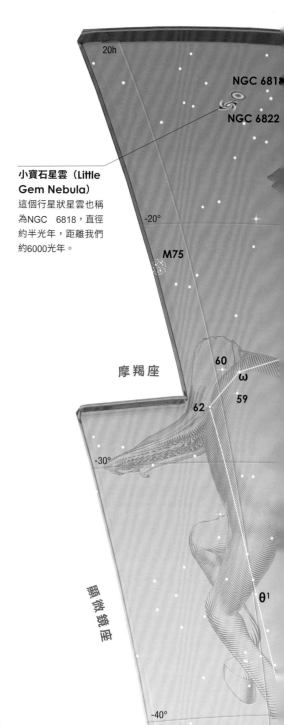

**小寶石星雲（Little Gem Nebula）**
這個行星狀星雲也稱為NGC 6818，直徑約半光年，距離我們約6000光年。

◁ **紅蜘蛛星雲（Red Spider Nebula）**
巨大的波浪掃過NGC 6537這個狀似蜘蛛的行星狀星雲，這樣的波浪是由中心恆星膨脹的外層壓縮並加熱周遭的星際氣體所產生。

▽ **恆星距離**
人馬座的主要亮星與地球的距離介在78到3600光年之間。距離最近的斗宿二（人馬座Lambda）是茶壺星群的壺蓋。從地球上看到的斗宿一（人馬座Mu）與斗宿二相當接近，但實際上斗宿一是星座中距離最遠的亮星，比斗宿二還遠了3500多光年。

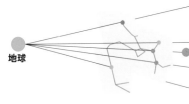

建六（人馬座Upsilon）　1780光年

地球

斗宿二（人馬座Lambda）　78光年

斗宿一（人馬座Mu）
3600光年

箕宿二（人馬座Delta）　350光年

天淵增二（人馬座Theta¹）520光年

距離

天淵二（人馬座Beta¹）
太陽的210倍

箕宿三（人馬座Epsilon）
太陽的325倍

斗宿四（人馬座Sigma）
太陽的640倍

建六（人馬座Upsilon）
太陽的4050倍

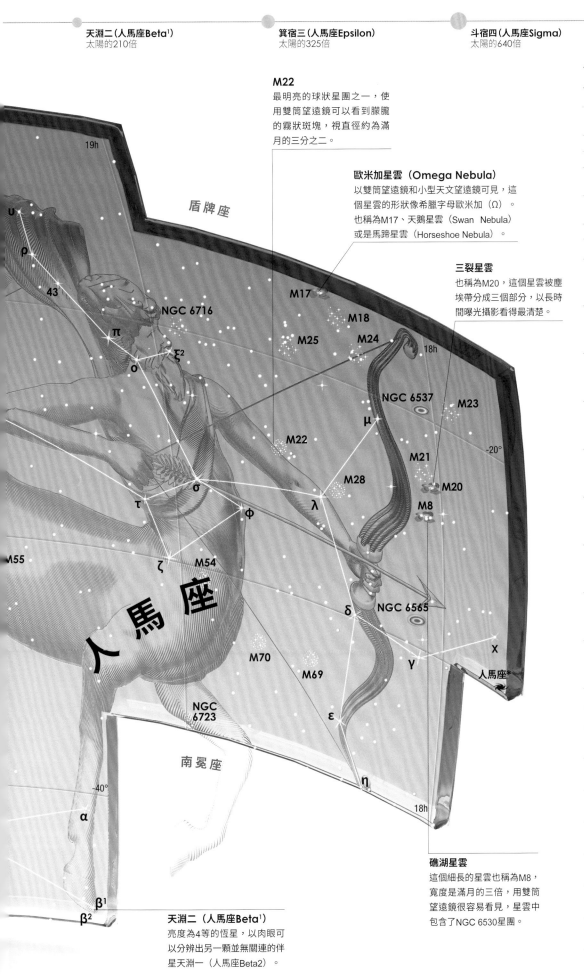

**M22**
最明亮的球狀星團之一，使用雙筒望遠鏡可以看到朦朧的霧狀斑塊，視直徑約為滿月的三分之二。

**歐米加星雲（Omega Nebula）**
以雙筒望遠鏡和小型天文望遠鏡可見，這個星雲的形狀像希臘字母歐米加（Ω）。也稱為M17、天鵝星雲（Swan Nebula）或是馬蹄星雲（Horseshoe Nebula）。

**三裂星雲**
也稱為M20，這個星雲被塵埃帶分成三個部分，以長時間曝光攝影看得最清楚。

盾牌座

南冕座

19h
18h
18h
-20°
-40°

盾牌座
u
ρ
43
π
o
ξ²
σ
τ
φ
ζ
λ
μ
δ
χ
γ
ε
η
α
β¹
β²

NGC 6716
NGC 6537
NGC 6565
NGC 6723

M17
M18
M25
M24
M23
M22
M21
M28
M20
M8
M54
M55
M70
M69

人馬座

人馬座*

**天淵二（人馬座Beta¹）**
亮度為4等的恆星，以肉眼可以分辨出另一顆並無關連的伴星天淵一（人馬座Beta2）。

**礁湖星雲**
這個細長的星雲也稱為M8，寬度是滿月的三倍，用雙筒望遠鏡很容易看見，星雲中包含了NGC 6530星團。

## 主要恆星

**天淵三（Rukbat）** 人馬座 Alpha (α)
藍白色主序星
☀ 4.0 ⟺ 182光年

**天淵二（Arkab Prior）** 人馬座Beta¹ (β¹)
藍白色主序星
☀ 4.0 ⟺ 310光年

**天淵一（Arkab Posterior）** 人馬座Beta² (β²)
白色主序星
☀ 4.3 ⟺ 134光年

**箕宿一（Alnasl）** 人馬座Gamma (γ)
橘色巨星
☀ 3.0 ⟺ 97光年

**箕宿二（Kaus Media）** 人馬座Delta (δ)
橘色巨星
☀ 2.7 ⟺ 350光年

**箕宿三（Kaus Australis）** 人馬座Epsilon (ε)
藍白色巨星
☀ 1.8 ⟺ 143光年

**斗宿六（Ascella）** 人馬座Zeta (ζ)
藍白色主序星
☀ 2.6 ⟺ 88光年

**斗宿二（Kaus Borealis）** 人馬座Lambda (λ)
橘色次巨星
☀ 2.8 ⟺ 78光年

**斗宿四（Nunki）** 人馬座Sigma (σ)
藍白色主序星
☀ 2.1 ⟺ 228光年

## 深空天體

**M8（礁湖星雲）**
發射星雲

**M17（歐米加星雲）**
發射星雲，也稱為天鵝星雲或是馬蹄星雲

**M20（三裂星雲）**
發射和反射星雲

**M22**
球狀星團

**NGC 6537（紅蜘蛛星雲）**
行星狀星雲

**NGC 6818（小寶石星雲）**
行星狀星雲

**NGC 6565**
行星狀星雲

# 摩羯座 CAPRICORNUS 摩羯

摩羯座是黃道帶上最小的星座，代表一種奇怪的生物：一半是山羊、一半是魚。位在人馬座和寶瓶座之間，星座內有一些有趣的恆星。

古希臘人把摩羯座聯想成眾神中貌似山羊的潘恩（Pan），他把下半身變成了魚的樣子並躲進河裡，以逃避怪物堤豐（Typhon）。摩羯座內沒有明亮的星團和星雲，大部分的星系也都很黯淡，無法使用小型望遠鏡觀察，但業餘的設備仍然可以觀察星座內的恆星。摩羯座 Alpha 是一對讓人印象深刻的雙星，由兩顆並無關連的恆星構成：黃色的超巨星牛宿增六（摩羯座 Alpha[1]，或稱 Algedi Prima）和橘色的巨星牛宿二（摩羯座 Alpha2，或 Algedi Secunda）。用小型天文望遠鏡可發現牛宿增六本身就是一對雙星，牛宿二則是三合星。

## 關鍵數據

**大小排名** 40

**最亮恆星** 壘壁陣四
（δ）2.8、牛宿一（β）3.1

**所有格** Capricorni

**縮寫** Cap

**晚間10點位於星空最高處**
8月-9月

**可見全部星座範圍** 北緯
62度-南緯90度

星圖4

## 主要恆星

**牛宿二（Algedi Secunda）** 摩羯座Alpha[2]（α[2]）
橘色巨星，也是三合星
☀ 3.6 ⟷ 105光年

**牛宿一（Dabih）** 摩羯座Beta（β）
黃色巨星，也是聚星
☀ 3.1 ⟷ 327光年

**壘壁陣四（Deneb Algedi）** 摩羯座Delta（δ）
白色巨星，也是食雙星
☀ 2.8 ⟷ 37光年

## 深空天體

**M30**
球狀星團

**HCG 87（第87號希克森密集星系群）**
密集星系群

**壘壁陣四（摩羯座Delta）**
這顆白色巨星的名字Deneb Algedi在阿拉伯文中的意思是山羊幼仔的尾巴。另一顆質量較小的伴星每24小時會繞行一圈。

**摩羯座Alpha（α）**
由黃色超巨星牛宿增六（摩羯座 Alpha1）和橘色巨星牛宿二（摩羯座Alpha2）構成的光學雙星。

天鷹座

寶瓶座

人馬座

摩羯座

南魚座

δ γ ι θ α β ρ ψ ω ζ 36 M30 HCG 87

-10° -20° 21h

△ **第87號希克森密集星系群（Hickson Compact Group 87）**
稱為HCG 87的四個星系中，有三個非常接近，會受到彼此引力的影響。以側面朝向我們的盤狀星系（圖下方中心處）與最接近它的橢圓星系（圖右下角）之間，有一個由恆星形成的微弱潮汐橋。第三個星系是位在圖上方的螺旋星系，正在形成大量的恆星。影像中央附近的小型螺旋星系可能距離很遠。

# 南魚座 PISCIS AUSTRINUS
## 南邊的魚

這個小星座由一圈黯淡的恆星構成魚的形狀。在古希臘天文學家描述的 **48** 個星座中，南魚座是最南邊的一個。要找到這個星座的最好方法，是尋找星座內的亮星北落師門。

據說南魚座是比較不明顯的雙魚座那兩條魚的媽媽。值得一提的是星座內的亮星北落師門，是夜空中第 18 亮的恆星。北落師門的名字 Fomalhaut 在阿拉伯文中的意思是「魚嘴」，正是這顆星在南魚座中的位置。北落師門也是我們第一次發現周圍有盤狀物質環繞的恆星，塵埃盤的直徑約為我們太陽系的好幾倍，盤內有正在形成的行星。我們已經發現一顆稱為北落師門 b 的行星，大約 1700 年繞行母恆星一圈。南魚座的其他恆星相對黯淡，也沒有值得一看的深空天體。

△ **HCG 90（第90號希克森密集星系群）**
HCG 90是由位於大約1.1億光年外的16個星系構成的緊密星系團，圖中三個星系是HCG 90的一部分，其中兩個是橢圓星系，另一個是充滿塵埃的螺旋星系，與最接近的橢圓星系產生交互作用而扭曲。螺旋星系被延展扯開，之後會被這兩個橢圓星系併吞。最終這三個星系可能會合併形成一個超級星系。

## 關鍵數據

**大小排名** 60

**最亮恆星** 北落師門
（α）1.2、羽林軍八（ε）4.2

**所有格** Piscis Austrini

**縮寫** PsA

**晚間10點位於星空最高處**
9月-10月

**可見全部星座範圍** 北緯
53度-南緯90度

星圖3

## 主要恆星

**北落師門（Fomalhaut）** 南魚座Alpha（α）
藍白色主序星
☀ 1.2 ⟷ 25光年

**羽林軍八** 南魚座Epsilon（ε）
藍白色主序星
☀ 4.2 ⟷ 744光年

## 深空天體

**北落師門周圍的碎屑盤**
形成行星物質構成的環形

**HCG 90（第90號希克森密集星系群）**
密集星系群

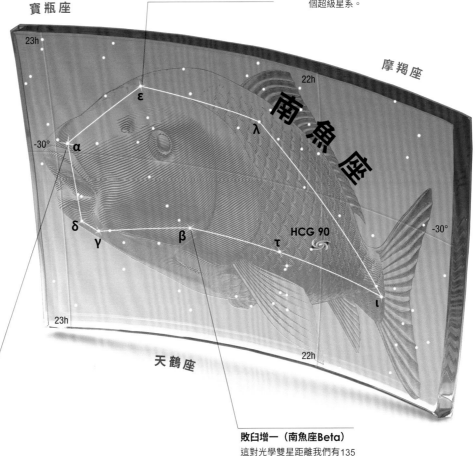

**羽林軍八（南魚座Epsilon）**
位在魚背上的藍色主序星。距離地球744光年，亮度為4.2等。

寶瓶座

摩羯座

南魚座

**北落師門（南魚座Alpha）**
這顆耀眼的恆星離地球只有25光年，是一顆藍白色的主序星，周圍有碎屑盤和行星環繞。

天鶴座

**敗臼增一（南魚座Beta）**
這對光學雙星距離我們有135光年，由兩顆亮度分別為4.3等和7.7等的恆星組成。

# 天鶴座 GRUS 鶴

天鶴座是在 16 世紀末才被命名的星座，最明顯的特徵是從天鶴的喙到尾部的一連串恆星。

天鶴座是荷蘭航海家彼得 · 德任 · 凱澤和弗雷德里克 · 德 · 霍特曼構想出來的幾個恆星圖形之一。他們在 1595 年前往東印度群島探險期間，觀測了南方的星空，把成果提供給荷蘭製圖師彼得勒斯 · 普朗修斯，於是他據此創造出 12 個新的星座，一直流傳到今日（除了天鶴座之外還有天燕座、蝘蜓座、劍魚座、水蛇座、印第安座、蒼蠅座、孔雀座、鳳凰座、南三角座、杜鵑座和飛魚座）。從連接天鶴座頸部和身體的一長串恆星向南延伸，可以找到位在杜鵑座的小麥哲倫雲（Small Magellanic Cloud）。位在天鶴座頸部的天鶴座 Delta 是一對能以肉眼分辨的雙星，分別為距離我們 150 光年的 4.0 等黃色巨星，和 420 光年的 4.1 等紅色巨星。天鶴座中其他值得注意的天體包括星系 NGC 7424，和俗稱備胎星雲（Spare Tyre Nebula）的行星狀星雲 IC 5148。

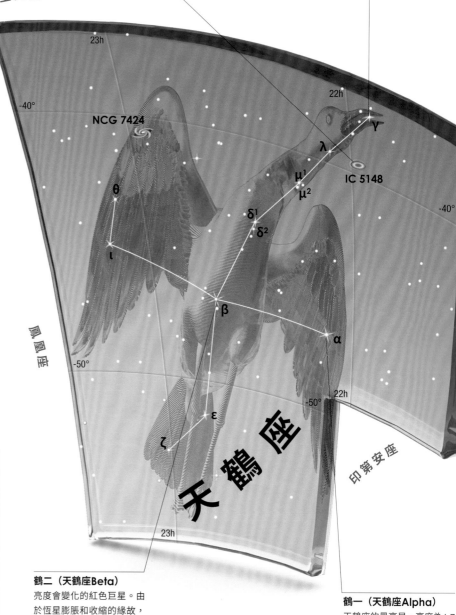

**IC 5148**
這個行星狀星雲也稱為備胎星雲，距離我們約3000光年。可透過小型天文望遠鏡看到環繞白矮星的環狀構造。

玉夫座

**敗臼一（天鶴座Gamma）**
藍白色的次巨星，直徑約為太陽的四倍；正在從主序星演化為巨星的階段。

NCG 7424

鳳凰座

印第安座

天鶴座

**鶴二（天鶴座Beta）**
亮度會變化的紅色巨星。由於恆星膨脹和收縮的緣故，亮度會在2.0等和2.3等之間發生無法預期的變化。

**鶴一（天鶴座Alpha）**
天鶴座的最亮星，亮度為1.7等，是一顆藍白色的次巨星，直徑為太陽的3.5倍。

◁ **NGC 7424**
這個星系距離我們大約3700萬光年，直徑與銀河系相近，約10萬光年。它被歸類為介於螺旋系和棒旋系之間階段的中間型星系（intermediate galaxy），鬆散破碎的旋臂主要由年輕的恆星構成，因此呈藍色；中央環狀結構的淡橘色顯示此處為較年老的恆星。

構成天鶴座的恆星在16世紀末之前，都還屬於南魚座的一部分。

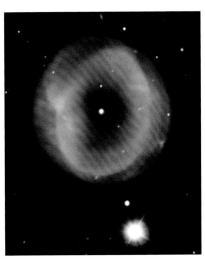

**△ IC 5148**
這個行星狀星雲是由瀕死恆星拋出的氣體球殼，看起來像個汽車輪胎，因此也稱為備胎星雲。這個氣體球殼約數光年寬，正在遠離原本恆星留下的白矮星殘骸（位在中央的明亮白色天體）。

# 顯微鏡座
# MICROSCOPIUM
## 顯微鏡

**顯微鏡座是南天的黯淡小星座，創立於18世紀中葉，由一群不明顯的恆星排列成接近矩形。**

顯微鏡座是法國天文學家尼可拉・路易・拉卡伊發明的14個星座之一。位在摩羯座的南方，介於較明顯的南魚座和人馬座之間。顯微鏡座幾乎沒有什麼特徵，沒有明亮的恆星，也沒有深空天體，只有一些黯淡得用業餘天文望遠鏡難以觀察的星系。顯微鏡座 Theta 是幾顆變星中最亮的，但它的變化很難看到，只有 0.1 級的差異。

**璃瑜增一（顯微鏡座Gamma）**
黃色巨星，直徑約為太陽的10倍，質量為太陽的2.5倍，亮度4.7等。

### 關鍵數據

**大小排名** 66
**最亮恆星** 璃瑜增一 (γ) 4.7
、璃瑜二 (ε) 4.7
**所有格** Microscopii
**縮寫** Mic
**晚間10點位於星空最高處**
8月-9月
**可見全部星座範圍** 北緯
62度-南緯90度

**星圖4**

### 主要恆星

**璃瑜一** 顯微鏡座Alpha (α)
黃色巨星
☀ 4.9 ⟷ 380光年

**璃瑜增一** 顯微鏡座Gamma (γ)
黃色巨星
☀ 4.7 ⟷ 230光年

**璃瑜二** 顯微鏡座Epsilon (ε)
白色主序星
☀ 4.7 ⟷ 180光年

### 深空天體

**ESO 286-19**
兩個碰撞星系

**顯微鏡座AU周圍的碎屑盤**
環繞年輕恆星的塵埃物質

**顯微鏡座AU**
黯淡的紅色矮星，離我們約32光年，周圍有一圈塵埃環，這些物質將來可能形成行星。

**璃瑜一（顯微鏡座Alpha）**
黃色巨星，直徑約為太陽的16倍，光度是太陽的160倍，與另一顆亮度10等的恆星組成光學雙星。

**ESO 286-19**
距離約600光年的特殊天體，由兩個正在碰撞的盤狀星系組成。

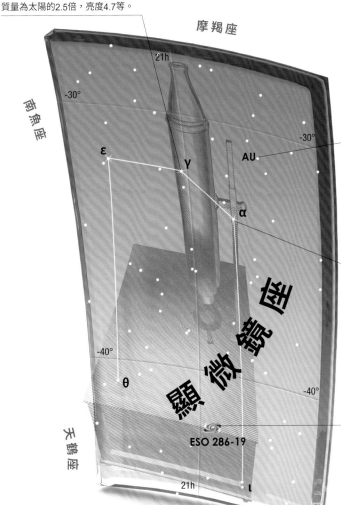

摩羯座
21h
南魚座
-30°
ε
γ
AU
-30°
α
人馬座
-40°
θ
-40°
天鶴座
顯微鏡座
ESO 286-19
21h

### 關鍵數據

**大小排名** 45
**最亮恆星** 鶴一 (α) 1.7、鶴二 (β) 2.0-2.3
**所有格** Gruis
**縮寫** Gru
**晚間10點位於星空最高處**
9月-10月
**可見全部星座範圍** 北緯
33度-南緯90度

**星圖3**

### 主要恆星

**鶴一（Alnair）** 天鶴座Alpha (α)
藍白色次巨星
☀ 1.7 ⟷ 101光年

**鶴二** 天鶴座Beta (β)
亮度會變化的紅色巨星
☀ 2.0-2.3 ⟷ 177光年

**敗臼一** 天鶴座Gamma (γ)
藍白色次巨星
☀ 3.0 ⟷ 210光年

### 深空天體

**NGC 7424**
中間螺旋星系

**IC 5148（備胎星雲）**
行星狀星雲

# 玉夫座
## SCULPTOR 雕刻師

玉夫座本身黯淡又不明顯，但因為就位在南魚座的亮星北落師門東邊，因此很容易找到。星座內有幾個有趣的星系。

玉夫座是法國天文學家尼古拉 · 路易斯 · 拉卡伊於 1754 年制訂的星座，一開始的名稱為「Apparatus Sculptoris」，意思是雕刻師的工作室。星座的形象是放在檯子上的大理石頭像、木槌和鑿子，但其實恆星的排列形狀更像是牧羊人的手杖。星座內的恆星都比 4 等星暗，且沒有任何一顆星有自己的星名。星座內包含了由十幾個星系組成的玉夫座星系群（Sculptor Group），是距離我們最近的星系群之一。位於此星系群核心的 NGC 253，是出生於德國的英國天文學家卡羅琳 · 赫歇爾（Caroline Herschel）於 1783 年發現。在附近還有她的哥哥威廉 · 赫歇爾在 1785 年發現的球狀星團 NGC 288。

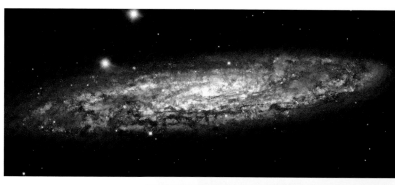

△ **NGC 253**
玉夫座星系群內最大也最亮的螺旋星系，距離我們1100萬光年，但7.5等的亮度在雙筒望遠鏡看來只呈現模糊的橢圓形。由於恆星形成的速率很快，被歸類為星遽增星系。

▷ **NGC 300**
NGC 300是個核心和旋臂都不太明顯的螺旋星系，距離我們只有600萬光年，可能位在我們和玉夫座星系群之間。

## 關鍵數據

**大小排名** 36

**最亮恆星** Alpha（α）4.3、火鳥一（β）4.4

**所有格** Sculptoris

**縮寫** Scl

**晚間10點位於星空最高處** 10月-11月

**可見全部星座範圍** 北緯50度-南緯90度

星圖3

## 主要恆星

**玉夫座Alpha (α)**
藍白色巨星
☀ 4.3 ⟷ 776光年

**火鳥一** 玉夫座Beta (β)
藍白色次巨星
☀ 4.4 ⟷ 174光年

## 深空天體

**NGC 55**
不規則星系

**NGC 253**
玉夫座星系團內的螺旋星系

**NGC 288**
球狀星團

**NGC 300**
螺旋星系

**NGC 7793**
玉夫座星系團內的螺旋星系

**ESO 350-40（車輪星系）**
由螺旋星系和環狀星系合併形成的天體

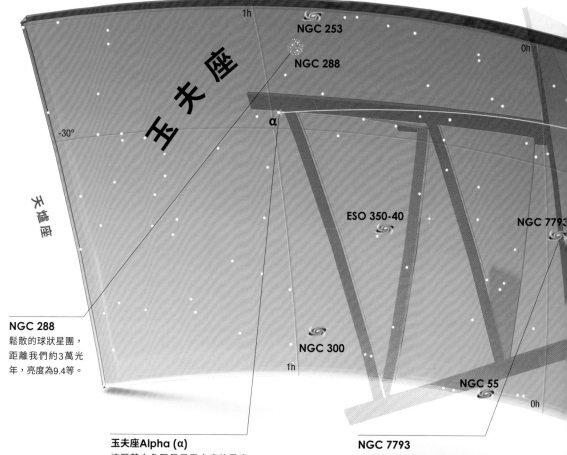

**NGC 288**
鬆散的球狀星團，距離我們約3萬光年，亮度為9.4等。

**玉夫座Alpha (α)**
這顆藍白色巨星是玉夫座的最亮星，距離我們776光年，大小是太陽的七倍，光度是太陽的1700倍。

**NGC 7793**
寬3萬5000光年的螺旋星系，距離我們約1300萬光年，是玉夫座星系群內最明亮的成員之一。

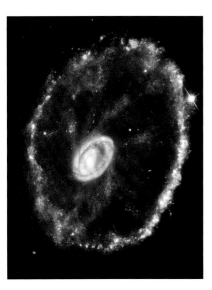

**△ ESO 350-40**
這個星系距離我們約5億光年，寬15萬光年，車輪狀的外觀來自劇烈的星系碰撞，因此也稱為車輪星系（Cartwheel Galaxy）。一個較小的星系穿過另一個較大的螺旋星系，產生掠過氣體和塵埃的衝擊波，並引發了藍色外環中數十億顆恆星的誕生。

# 雕具座 CAELUM
## 鑿子

**雕具座是個不明顯的小星座，由兩顆黯淡的恆星組成，代表雕刻師的鑿子。**

位在波江座和天鴿座之間的雕具座是南天最小的星座之一，也是法國天文學家尼古拉・路易斯・拉卡伊在1754年創立的14個星座之一。星座的範圍太小，又遠離銀河系盤面，因此幾乎沒有深空天體。恆星是雕具座內較值得一看的天體，其中只有Alpha、Beta和Gamma的亮度超過5等。

## 關鍵數據

**大小排名** 81
**最亮恆星** Alpha（α）4.5、Beta（β）5.0
**所有格** Caeli
**縮寫** Cae
**晚間10點位於星空最高處** 12月-1月
**可見全部星座範圍** 北緯41度-南緯90度

**星圖6**

## 主要恆星

**雕具座Alpha（α）**
白色主序星，也是雙星
☀ 4.5 ⟺ 66光年

**雕具座Beta（β）**
白色次巨星
☀ 5.0 ⟺ 93光年

## 深空天體

**類星體HE0450-2958**
類星體，也被歸類為西佛星系

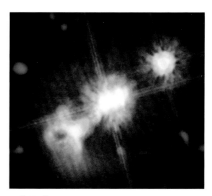

**△ 類星體HE 0450-2958**
類星體HE0450-2958靠雕具座北側，特別之處在於宿主星系被類星體的光線掩蓋，因此太過黯淡而無法直接看到。圖為歐南天文臺（ESO）超大望遠鏡的紅外影像和哈伯太空望遠鏡的可見光影像的合成照片。

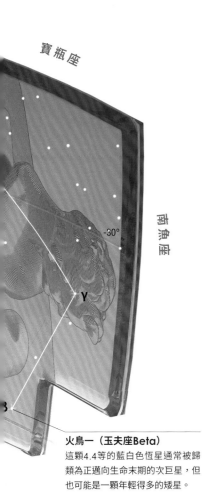

寶瓶座

南魚座

**火鳥一（玉夫座Beta）**
這顆4.4等的藍白色恆星通常被歸類為正邁向生命末期的次巨星，但也可能是一顆年輕得多的矮星。

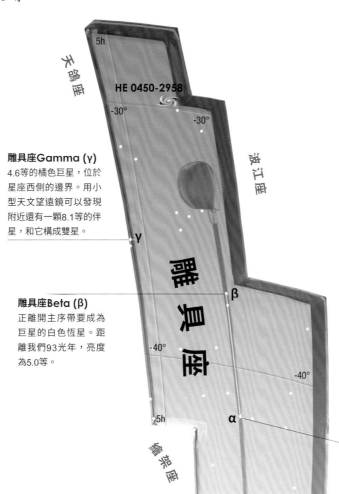

天鴿座

HE 0450-2958

波江座

**雕具座Gamma（γ）**
4.6等的橘色巨星，位於星座西側的邊界。用小型天文望遠鏡可以發現附近還有一顆8.1等的伴星，和它構成雙星。

**雕具座Beta（β）**
正離開主序帶要成為巨星的白色恆星。距離我們93光年，亮度為5.0等。

雕具座

繪架座

時鐘座

**雕具座Alpha（α）**
這顆白色的恆星只有4.5等，但它是雕具座的最亮星。用較大的望遠鏡可以看到另一顆更暗的紅矮星伴星。

# 天爐座 FORNAX

## 熔爐

**天爐座位在鯨魚座的南邊,星座的形狀圖案是由三顆星構成的寬 V 形。星座內較著名的天體是天爐座星系團,也是我們窺探宇宙最深處的天區之一。**

天爐座原先的名稱是「Fornax Chemica」,意思是化學家的熔爐,為法國人尼古拉 · 路易斯 · 拉卡伊在 1751 年至 1752 之間調查南天星空後創立的 14 個星座之一。星座內有天爐座星系團,是距離我們 6200 萬光年的密集星系團。使用業餘設備可以看到 58 個成員中較明亮的星系。橢圓星系 NGC 1316(也稱為天爐座 A 星系)是星系團內最亮的星系,也是天空中最強大的無線電波源之一。棒旋星系 NGC 1365 是星系團內最大的螺旋星系。哈伯太空望遠鏡拍攝了天爐座北側的一個小區域,得到了稱為哈伯超深空(Hubble Ultra Deep Field)的影像,影像內包含了 1 萬個星系,是我們窺探宇宙最深處的天區之一。

△ **NGC 1097**

大型西佛星系NGC 1097的亮度為10.3等,是天空中最亮的棒旋星系之一。與右上方的小型橢圓星系NGC 1097A產生交互作用,這並不是第一個受NGC 1097影響的小星系──NGC 1097在數十億年前吞噬了另一個矮星系。

△ **NGC 1350**

這個螺旋星系內側區域的旋臂形成了完整的環形構造,像太空中的一顆大眼睛。外側旋臂的藍色代表活躍的恆星形成活動,從外側還能看到其他星系。NGC 1350距離我們約8500萬光年,寬13萬光年。

## 關鍵數據

**大小排名** 41

**最亮恆星** 天苑增三 (α) 3.9 、Beta (β) 4.5

**所有格** Fornacis

**縮寫** For

**晚間10點位於星空最高處** 11月-12月

**可見全部星座範圍** 北緯50度-南緯90度

**星圖 3**

## 主要恆星

**天苑增三** 天爐座Alpha (α)
雙星
☀ 3.9 ⟷ 46光年

**天爐座Beta (β)**
黃色巨星
☀ 4.5 ⟷ 169光年

## 深空天體

**NGC 1097**
棒旋星系,也被歸為西佛星系

**NGC 1316(天爐座A)**
無線電波源,也是橢圓星系

**NGC 1350**
螺旋星系

**NGC 1365**
棒旋星系

**NGC 1398**
棒旋星系

**IC 335**
透鏡狀星系

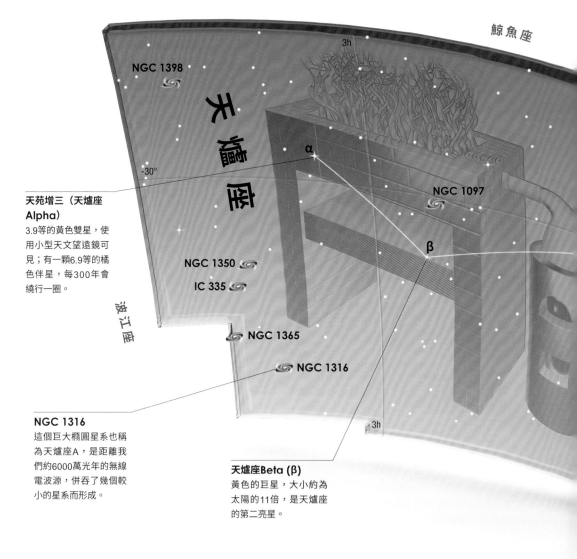

**天苑增三(天爐座 Alpha)**
3.9等的黃色雙星,使用小型天文望遠鏡可見;有一顆6.9等的橘色伴星,每300年會繞行一圈。

**NGC 1316**
這個巨大橢圓星系也稱為天爐座A,是距離我們約6000萬光年的無線電波源,併吞了幾個較小的星系而形成。

**天爐座Beta (β)**
黃色的巨星,大小約為太陽的11倍,是天爐座的第二亮星。

**NGC 2017**
一群色彩斑斕的恆星碰巧緊密排列在一起而形成的星群，以雙筒望遠鏡能看到其中五顆亮度介於6等到10等的恆星。

**廁一（天兔座Alpha）**
天兔座的最亮星，亮度為2.6等。質量是太陽的14倍，大小是太陽的129倍，光度為太陽的3萬2000倍。

**廁二（天兔座Beta）**
廁二和我們的距離只有廁一（天兔座Alpha）的十分之一，但亮度僅2.8等，比廁一暗一些。質量約為太陽的3.5倍，寬度是太陽的16倍。

**M79**
年齡超過110億年，距離我們4萬1000光年。這個黯淡的球狀星團由15萬顆恆星組成，其中大部分是紅巨星。

## 關鍵數據

**大小排名** 51

**最亮恆星** 廁一（α）2.6、廁二（β）2.8

**所有格** Leporis

**縮寫** Lep

**晚間10點位於星空最高處** 1月

**可見全部星座範圍** 北緯62度-南緯90度

星圖1

## 主要恆星

**廁一（Arneb）** 天兔座Alpha (α)
白色超巨星
2.6 ⟷ 2130光年

**廁二（Nihal）** 天兔座Beta (β)
黃色巨星
2.8 ⟷ 160光年

**屏二** 天兔座Epsilon (ε)
橘色巨星
3.2 ⟷ 213光年

## 深空天體

**M79**
球狀星團，又稱NGC 1904

**NGC 2017**
聚星

**IC 418**
行星狀星雲，也稱為螺線圖星雲（Spirograph Nebula）

# 天兔座 LEPUS
野兔

**天兔座的形狀像個蝴蝶結，就位在非常容易辨認的獵戶座南方，主要特色為恆星，包含變星和聚星。**

希臘神話中提到，萊羅斯島（island of Leros）因野兔肆虐，使土地受到破壞並導致飢荒，於是把野兔放到天空成為星座，用來提醒飼養過多野兔可能造成的嚴重問題。天兔座位在獵戶座南邊，看起來就像要逃離獵戶座的兩隻獵犬：大犬座和小犬座。星座內的最亮星是廁一（天兔座 Alpha），星名 Arneb 在阿拉伯文中的意思是「野兔」，是地球上可見的恆星中光度最高的之一，但因為距離遠，平均亮度只有2.6等。天兔座 R 是一顆脈動的紅色變星，這顆芻藁型變星會在430天的週期內從5.5等變暗到12等，因為英國天文學家約翰・羅素・欣德（John Russell Hind）在1845年觀測過這顆恆星，因此又稱為欣德的深紅星（Hind's Crimson Star）。

# 大犬座 CANIS MAJOR
## 大狗

**這個古老的星座是獵戶座兩隻獵犬中較大的一隻，大犬座內的天狼星是整個夜空中最明亮的恆星。**

大犬座就位在牠的主人獵戶座的腳跟附近，附近還有較小的小犬座（緊鄰麒麟座北側）。大犬座在神話中代表一隻名為拉耶普斯（Laelaps）的狗，因為行動非常非常迅速敏捷，沒有任何獵物可以逃脫牠的追捕。星座內最明顯的天體就是天狼星（Sirius），其實在同類型的恆星中，天狼星算是滿普通的恆星，但因為很接近我們，因此在夜空中亮度睥睨群星。星座內的第二亮星弧矢七（Adhara）是一顆光度超高的藍白色巨星，但距離我們遠多了，如果把它放在天狼星旁邊，天狼星會顯得很暗。由於銀河流經大犬座，星座內有好幾個著名的深空天體，包括肉眼可見的 M41 和 NGC 2362 星團。

## 天狼星是夜空中最亮的恆星。亮度幾乎是天空中的第二亮星——船底座老人星（Canopus）的兩倍。

◁ **NGC 2359**
圖為 NGC 2359 星雲的特寫，這個星雲的寬度超過30光年，距離我們約為1萬2000光年。來自中心附近亮星的恆星風吹過星雲，產生像是冒泡的效果。從更廣視野的影像可以看到星雲兩側的臂狀區域，就像頭盔的側翼，因此也稱為「雷神索爾的頭盔」（Thor's Helmet）。

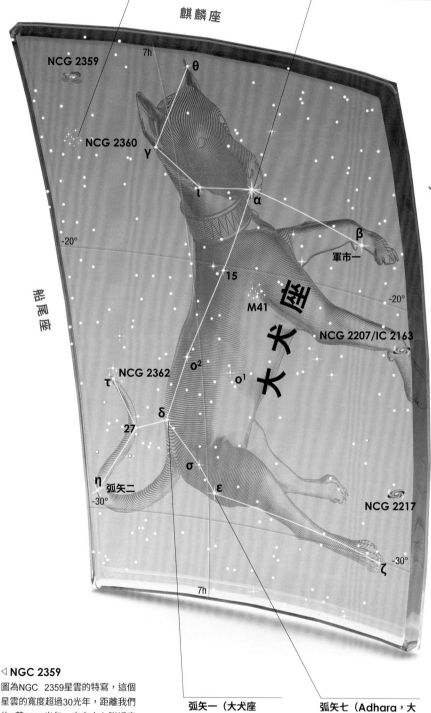

**NGC 2360**
位在銀河盤面的疏散星團。亮度為7.2等，使用雙筒望遠鏡可見；用天文望遠鏡則能看到個別的恆星。

**天狼星（大犬座Alpha）**
藍白色的主序星，是一對雙星。淡的白矮星——天狼星B——每50年會繞行天狼星一圈。

麒麟座

NCG 2359

7h

θ

NCG 2360

γ

ι

α

β

軍市一

15

M41

-20°

-20°

船尾座

NCG 2362

ο²

ο¹

大犬座

NCG 2207/IC 2163

τ

δ

27

σ

ε

NCG 2217

η 弧矢二

-30°

ζ

-30°

7h

天兔座

**弧矢一（大犬座 Delta）**
黃白色的超巨星，直徑約為太陽的200倍，光度是太陽的好幾千倍。

**弧矢七（Adhara，大犬座Epsilon）**
大犬座的第二亮星，是一顆藍白色巨星，直徑為太陽的十倍。

## 關鍵數據

**大小排名** 43

**最亮恆星** 天狼星（α）-1.5、弧矢七（ε）1.5

**所有格** Canis Majoris

**縮寫** CMa

**晚間10點位於星空最高處** 1月-2月

**可見全部星座範圍** 北緯56度-南緯90度

星圖6

## 主要恆星

**天狼星（Sirius）** 大犬座Alpha（α）
藍白色主序星，也是雙星
☀ -1.5 ⟷ 8.6光年

**軍市一（Mirzam）** 大犬座Beta（β）
藍色巨星
☀ 2.0 ⟷ 492光年

**弧矢一（Wezen）** 大犬座Delta（δ）
黃白色超巨星
☀ 1.8 ⟷ 1605光年

**弧矢七（Adhara）** 大犬座Epsilon（ε）
藍白色巨星
☀ 1.5 ⟷ 405光年

**弧矢二（Aludra）** 大犬座Eta（η）
藍白色超巨星
☀ 2.5 ⟷ 1985光年

## 深空天體

**M41**
疏散星團

**NGC 2207和IC 2163**
兩個交互作用星系

**NGC 2217**
棒旋星系

**NGC 2359（雷神索爾的頭盔）**
發射星雲

**NGC 2362**
以弧矢增六（大犬座Tau）為中心的疏散星團

△ **NGC 2207和IC 2163**
這兩個交互作用星系在太空中形成了巨大的面具形狀。較大的NGC 2207星系的重力讓IC 2163星系開始扭曲，並且把恆星和氣體向外拋，形成至少10萬光年的長帶。這兩個星系會繼續緩慢地靠近，在數十億年後形成一個巨大的星系。

# 天鴿座
## COLUMBA 鴿子

位於天兔座南邊的黯淡星座，到 16 世紀才創立，星座內的恆星先前不屬於其他任何星座。

荷蘭天文學家彼得勒斯・普朗修斯在 1592 年發明了天鴿座，一開始的名稱是「Columba Noachi」，意思是「諾亞（Noah）之鴿」，是《聖經》的大洪水故事中諾亞從方舟上派去尋找陸地的鴿子。星座中代表鴿子身體的是子二（Wezn），代表鴿子頭部的是橘黃色巨星老人增三（天鴿座 Eta）。星座內的最亮星是丈人一（Phact），星名在阿拉伯文的意思是「灰斑鳩」。屎星（天鴿座 Mu）是一顆移動快速的 5 等星，一開始的位置可能是在獵戶座星雲的區域。天鴿座最明顯的深空天體是球狀星團 NGC 1851，使用雙筒望遠鏡可以看到黯淡的斑塊。

## 關鍵數據

**大小排名** 54

**最亮恆星** 丈人一（α）2.7、子二（β）3.1

**所有格** Columbae

**縮寫** Col

**晚間10點位於星空最高處** 1月

**可見全部星座範圍** 北緯46度-南緯90度

星圖6

## 主要恆星

**丈人一（Phact）** 天鴿座Alpha（α）
藍白色次巨星
☀ 2.7 ⟷ 261光年

**子二（Wezn）** 天鴿座Beta（β）
黃色巨星
☀ 3.1 ⟷ 87光年

## 深空天體

**NGC 1792**
螺旋星系

**NGC 1808**
棒旋星系，也是西佛星系

**NGC 1851**
球狀星團

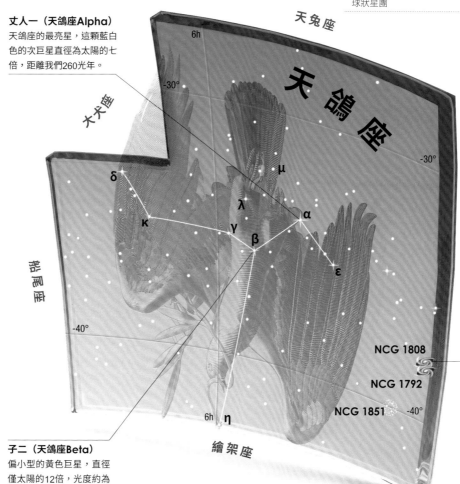

**丈人一（天鴿座Alpha）**
天鴿座的最亮星，這顆藍白色的次巨星直徑為太陽的七倍，距離我們260光年。

**NGC 1808**
這個棒旋星系離我們4000萬光年，有大量的恆星正在形成。

**子二（天鴿座Beta）**
偏小型的黃色巨星，直徑僅太陽的12倍，光度約為太陽的50倍。

弧矢卅二（船尾座Rho）
太陽的24倍

老人增一（船尾座Tau）
太陽的181倍

19

M46　M47

NGC 2440

16

-20°

-20°

NGC 2421

11

M93

ρ

ξ

NGC
2452

-30°

-30°

NGC 2571

NGC 2439

大犬座

7h

NGC 2451

π

NGC 2477

NGC 2546

-40°

ζ

弧矢增廿二

-40°

船尾座A

σ

船帆座

L²

ν

L¹

**M46和M47**
兩個不相關的疏散星
團，亮度恰好能以肉
眼看見，看起來像是
銀河內的亮點。

**M93**
以雙筒望遠鏡和小
型天文望遠鏡可見
的疏散星團，外觀
呈三角形，在頂點
附近有兩顆橘色的
巨星。

△ **NGC 2440**
位於這個行星狀星雲中心的恆星，是目前已知最高溫的恆星之一，
表面溫度約攝氏20萬度。恆星先前噴發出的氣體形成了類似翅膀的
形狀，被恆星的紫外線照亮。這張由哈伯太空望遠鏡拍攝的假色影
像中，藍色代表周圍氣體球殼中的氦，藍綠色代表氧氣，紅色代表
氫氣和氮氣。

**NGC 2451**
鬆散的大型疏散星團，以
肉眼可見。4等的橘色巨星
弧矢三（船尾座c）位於此
星團內。

**NGC 2477**
成員星眾多的疏散星
團，估計約有2000顆恆
星。用雙筒望遠鏡看起
來類似球狀星團。

**船尾座L2**
肉眼或雙筒望遠鏡可
見的紅色巨星，大約
每五個月會從3等變暗
到6等。

弧矢增廿二是肉眼
可見的最高溫恆星
之一，表面溫度超
過攝氏3萬度。

V
-50°

8h

7h

τ

船底座

繪架座

-50°

船尾座

# 船尾座 PUPPIS
## 船尾

南天的主要星座，位置就在大犬座旁邊。在古希臘，船尾座原本是更大的南船座（ARGO NAVIS）的一部分，星座內有數個以雙筒望遠鏡和小型天文望遠鏡可見的星團。

在古希臘傳說中，船尾座代表傑森和他的船員尋找金羊毛時搭乘的阿爾戈號船尾。

早期的希臘天文學家把阿爾戈號視為單一個大星座。但在1750年代，法國天文學家尼可拉·路易·拉卡伊把南船座分成三個星座，另外兩個分別是代表船身的船底座，和代表船帆的船帆座。船尾座是三個星座中最大的一個。但是南船座中最亮的恆星位於船底座和船帆座，船尾座內的最亮星只剩下2等星弧矢增廿二，星名「Naos」在希臘文中是「船」的意思。

位於船尾座北邊的兩個大型星團，在流經此處的銀河內形成明亮的斑塊。較大的M47離我們較近，約1500光年。旁邊的M46距離超過三倍，因此更難以分辨出個別恆星。船尾座最南端的NGC 2477星團，成員星更多，也較明亮。

## 關鍵數據

**大小排名** 20

**最亮恆星** 弧矢增廿二
(ζ) 2.2、弧矢九 (π) 2.7

**所有格** Puppis

**縮寫** Pup

**晚間10點位於星空最高處**
1月-2月

**可見全部星座範圍** 北緯
39度-南緯90度

星圖6

## 主要恆星

**弧矢增廿二(Naos)** 船尾座Zeta (ζ)
藍白色超巨星
☀ 2.2 ⟷ 1080光年

**弧矢九** 船尾座Pi (π)
橘色超巨星
☀ 2.7 ⟷ 800光年

**弧矢卅二** 船尾座Rho (ρ)
白色巨星
☀ 2.8 ⟷ 64光年

**老人增一** 船尾座Tau (τ)
橘黃色巨星
☀ 2.9 ⟷ 182光年

## 深空天體

**M46**
疏散星團

**M47**
疏散星團

**M93**
疏散星團

**NGC 2440**
行星狀星雲

**NGC 2451**
疏散星團

**NGC 2452**
行星狀星雲

**NGC 2477**
疏散星團

**船尾座A**
超新星殘骸

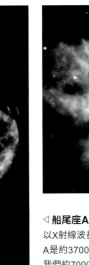

◁ **船尾座A**
以X射線波長拍攝的船尾座A影像。船尾座A是約3700年前超新星爆炸的殘骸，距離我們約7000光年，比隔壁船帆座更大的超新星遺殘骸遠了約八倍。

◁ **NGC 2452**
這張由哈伯太空望遠鏡拍攝的影像中，恆星到了生命末期，外層殘骸漂散到太空中，形成了圖中宛如藍色霧靄的行星狀星雲。星雲中心是原本恆星留下的裸露核心。

▷ **恆星距離**
在構成船尾座形狀的主要亮星中，距離地球最近的恆星是64光年外的弧矢卅二（船尾座Rho）；最遠的是離地球2000光年的弧矢增十七（船尾座Xi），距離相差大約30倍。船尾座的最亮星弧矢增廿二（船尾座Zeta）是星座內最遙遠的恆星之一，距離地球1080光年。

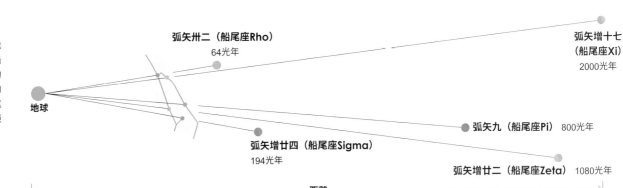

弧矢卅二（船尾座Rho）
64光年

弧矢增十七（船尾座Xi）
2000光年

地球

弧矢增廿四（船尾座Sigma）
194光年

弧矢九（船尾座Pi） 800光年

弧矢增廿二（船尾座Zeta） 1080光年

距離

## 關鍵數據

**大小排名** 65

**最亮恆星** 天狗五（α）3.7、
天狗四（β）4.0

**所有格** Pyxidis

**縮寫** Pyx

**晚間10點位於星空最高處**
2月-3月

**可見全部星座範圍** 北緯
52度-南緯90度

星圖6

## 主要恆星

**天狗五** 羅盤座Alpha (α)
藍白色巨星

☀ 3.7 ⟷ 879光年

**天狗四** 羅盤座Beta (β)
黃色巨星

☀ 4.0 ⟷ 416光年

**天狗六** 羅盤座Gamma (γ)
橘色巨星

☀ 4.0 ⟷ 207光年

## 深空天體

NGC 2818
行星狀星雲

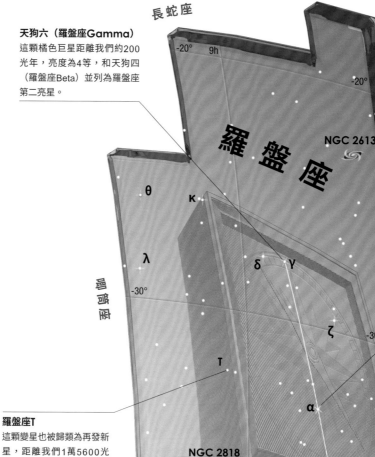

**天狗六（羅盤座Gamma）**
這顆橘色巨星距離我們約200
光年，亮度為4等，和天狗四
（羅盤座Beta）並列為羅盤座
第二亮星。

**天狗五（羅盤座Alpha）**
羅盤座的最亮星，大小是太
陽的六倍，質量為太陽的10
倍，光度則為太陽的1萬倍。

**天狗四（羅盤座Beta）**
這顆黃色巨星離我們比天狗
六（羅盤座Gamma）遠了
兩倍，大小是它的七倍，在
天空中看起來亮度相同。

**羅盤座T**
這顆變星也被歸類為再發新
星，距離我們1萬5600光
年。在2011年時亮度短暫
地從15等變亮為6.8等。

# 羅盤座 PYXIS 羅盤

**這個小型星座位在銀河的邊緣，形狀是由三顆星排列成的
一直線。羅盤座的形象是一個磁羅盤，在 1750 年代成為
南天的星座。**

羅盤座由法國天文學家尼可拉‧路易‧拉卡伊命名，他在 1750
年航行前往南半球，在開普敦（Cape Town）建立了天文臺之後，
清點記錄了南天的恆星，並將其中的部分恆星連成了 14 個新的
星座。羅盤座是水手使用的羅盤，位置就在船尾座的旁邊。

羅盤座內諸如棒旋星系 NGC 2613 等深空天體，要用大型
業餘天文望遠鏡才能看到，較值得一看的天體是星座內的恆星。
變星羅盤座 T 是由白一顆白矮星和伴星構成，白矮星把較大的
伴星上的物質拉扯到自身表面，導致發生無法預期的爆發，亮
度因而急劇增加。它最近一次爆發是在 2011 年，是自 1966 年
以來的第一次。

△ **NGC 2818**
這個行星狀星雲距離我們超過1萬光年，是一顆正在邁向死亡的恆星。這顆恆星原
本與太陽類似，但現在恆星的外層被推入太空。在行星狀星雲中心的白矮星，是原
始恆星留下的核心殘骸。圖中紅色代表氮，綠色代表氫，藍色代表氧。

# 唧筒座 ANTLIA
## 唧筒

這個黯淡的星座內有一個有趣的星系團，但若不用大型天文望遠鏡觀察，並不會覺得它特別有趣。

唧筒座是法國天文學家尼可拉．路易．拉卡伊以他在南非桌山附近的天文臺看到的恆星創造出來的星座。他回到法國之後出版了一份星表和南天星圖，其中就包括了唧筒座以及其他 13 個新創的星座。他在星圖上把唧筒座命名為 Antlia Pneumatica，星座的形象代表真空幫浦。

在這個不起眼的星座內，恆星都沒有自己的星名，也沒有明亮的星團或星雲，但有離我們第三近的星系團：唧筒座星系團。由兩顆 6 等星形成的唧筒座 Zeta 是光學雙星，用雙筒望遠鏡可以分辨。

△ **IC 2560**
在這張由哈伯太空遠鏡拍攝的影像中，可以看到螺旋星系IC 2560極為明亮的核心，這是星系中央黑洞周圍區域噴出的大量超高溫氣體所造成。IC 2560是唧筒座星系團的成員星系，這個星系團有大約250個星系。

## 關鍵數據

**大小排名** 62

**最亮恆星** Alpha (α) 4.3、Epsilon (ε) 4.5

**所有格** Antliae

**縮寫** Ant

**晚間10點位於星空最高處** 3月-4月

**可見全部星座範圍** 北緯49度-南緯90度

**星圖5**

## 主要恆星

**唧筒座Alpha (α)**
橘色巨星
☀ 4.3 ⟷ 366光年

**唧筒座Epsilon (ε)**
橘色巨星
☀ 4.5 ⟷ 700光年

**唧筒座Iota (ι)**
橘色巨星
☀ 4.6 ⟷ 199光年

**唧筒座Theta (θ)**
由白色主序星和黃色具星構成的雙星
☀ 4.8 ⟷ 384光年

## 深空天體

**NGC 2997**
螺旋星系

**IC 2560**
螺旋星系，也被歸類為西佛星系

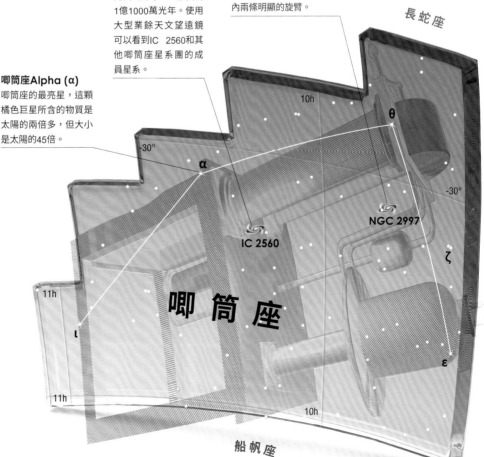

**NGC 2997**
正面朝向我們的螺旋星系，距離約5500萬光年。使用大型天文望遠鏡可以看到星系內兩條明顯的旋臂。

**IC 2560**
亮度13.3等，距離我們1億1000萬光年。使用大型業餘天文望遠鏡可以看到IC 2560和其他唧筒座星系團的成員星系。

**唧筒座Alpha (α)**
唧筒的最亮星，這顆橘色巨星所含的物質是太陽的兩倍多，但大小是太陽的45倍。

長蛇座

唧筒座

羅盤座

船帆座

天記增一（船帆座Psi）
太陽的11倍

天社三（船帆座Delta）
太陽的90倍

天社五（船帆座Kappa）
太陽的2760倍

# 船帆座 VELA 船帆

**船帆座是南天的大型星座，之前是古希臘更大的南船座的一部分，坐落在銀河中的天體密集區，星座內有一顆超過 1 萬 1000 年前爆發的超新星殘骸。**

船帆座代表了神話中傑森和船員搭乘的阿爾戈號的帆。古希臘人把這艘船看成巨大的南船座，但法國天文學家尼古拉·路易斯·拉卡伊在 1750 年代把南船座畫分成三個較小的部分，另外兩個星座是代表船身的船底座，和代表船尾的船尾座。船帆座內有幾個明顯的星團，包括由大約 50 顆恆星組成的 IC 2391，用肉眼就能看見。天社三（船帆座 Delta）、天社五（船帆座 Kappa）、海石一（船底座 Epsilon）、海石二（船底座 Iota）這四顆星構成的「假十字」（False Cross），有時會被誤認成南十字。船帆座最引人注目的天體是離我們大約 800 光年的船帆座超新星殘骸，這是和我們距離最近的超新星殘骸之一。船帆座中心附近有快速旋轉的船帆座脈衝星，是史前時代爆炸形成超新星的恆星所留下的核心。

## 關鍵數據

**大小排名** 32

**最亮恆星** 天社一（γ）1.8、天社三（δ）2.0-2.4

**所有格** Velorum

**縮寫** Vel

**晚間10點位於星空最高處**
2月-4月

**可見全部星座範圍** 北緯32度-南緯90度

星圖2

## 主要恆星

**天社一** 船帆座Gamma (γ)
從地球所能看見最亮的沃夫－瑞葉星（Wolf-Rayet star）
☀ 1.8 ⟷ 1100光年

**天社三** 船帆座Delta (δ)
食雙星
☀ 2.0-2.4 ⟷ 80光年

**天社五** 船帆座Kappa (κ)
藍白色次巨星或主序星
☀ 2.5 ⟷ 570光年

**天記** 船帆座Lambda (λ)
橘色超巨星
☀ 2.2 ⟷ 545光年

## 深空天體

**IC 2391**
疏散星團

**NGC 2736（鉛筆星雲）**
船帆座超新星殘骸的一部分

**NGC 3132（八裂星雲）**
行星狀星雲，也稱為南環狀星雲（Southern Ring Nebula）

**NGC 3228**
疏散星團

**船帆座超新星殘骸**
中央為脈衝星的超新星殘骸

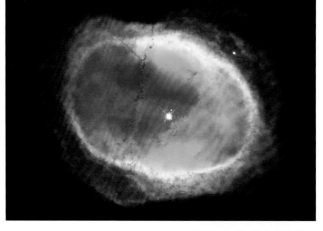

△ **八裂星雲（Eight-Burst Nebula）**
這個行星狀星雲也稱為NGC 3132，形狀很像重疊的8字形，因此有八裂星雲之稱。來自中央恆星的紫外線加熱了周圍的氣體（圖中以藍色顯示）。

▷ **鉛筆星雲（Pencil Nebula）**
鉛筆星雲是船帆座超新星殘骸的一部分，超新星的衝擊波撞擊星際氣體較濃密的部分，把星際氣體壓縮成這張哈伯影像中的發光長條狀區域。

△ **船帆座超新星殘骸**
在這張廣視野影像中的黯淡氣體帶，是在大約1萬1000年前爆發形成超新星的恆星所留下的殘骸。船帆座超新星殘骸位在天社一（船帆座Gamma）和天記（船帆座Lambda）之間，延伸約16個滿月寬。

**船帆座脈衝星以每秒11圈以上的速度旋轉，比直升機旋翼的轉速還要快。**

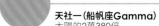

**天記（船帆座Lambda）**
太陽的3115倍

**船帆座Phi**
太陽的8100倍

**天社一（船帆座Gamma）**
太陽的2萬380倍

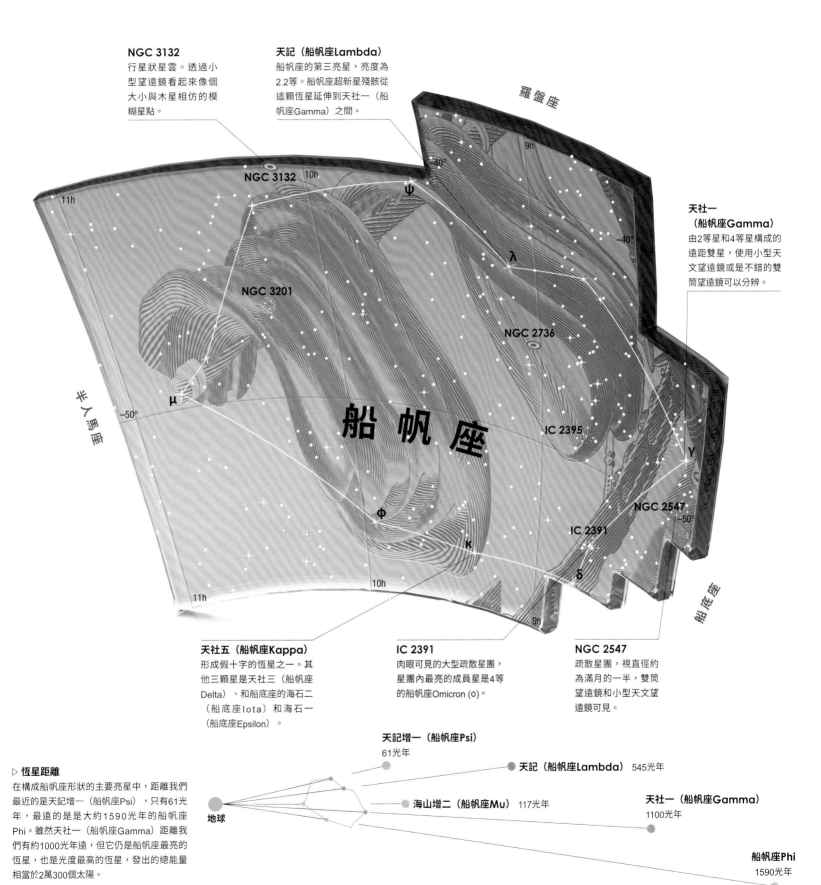

**NGC 3132**
行星狀星雲。透過小型望遠鏡看起來像個大小與木星相仿的模糊星點。

**天記（船帆座Lambda）**
船帆座的第三亮星，亮度為2.2等。船帆座超新星殘骸從這顆恆星延伸到天社一（船帆座Gamma）之間。

**天社一（船帆座Gamma）**
由2等星和4等星構成的遠距雙星，使用小型天文望遠鏡或是不錯的雙筒望遠鏡可以分辨。

羅盤座

半人馬座

NGC 3132 10h

Ψ

NGC 3201

−40°

−40°

λ

μ

−50°

NGC 2736

船 帆 座

IC 2395

γ

Φ

κ

NGC 2547

−50°

IC 2391

δ

11h

10h

9h

船底座

**天社五（船帆座Kappa）**
形成假十字的恆星之一。其他三顆星是天社三（船帆座Delta）、和船底座的海石二（船底座Iota）和海石一（船底座Epsilon）。

**IC 2391**
肉眼可見的大型疏散星團，星團內最亮的成員星是4等的船帆座Omicron (o)。

**NGC 2547**
疏散星團，視直徑約為滿月的一半，雙筒望遠鏡和小型天文望遠鏡可見。

**▷ 恆星距離**
在構成船帆座形狀的主要亮星中，距離我們最近的是天記增一（船帆座Psi），只有61光年，最遠的是是大約1590光年的船帆座Phi。雖然天社一（船帆座Gamma）距離我們有約1000光年遠，但它仍是船帆座最亮的恆星，也是光度最高的恆星，發出的總能量相當於2萬300個太陽。

**天記增一（船帆座Psi）**
61光年

**天記（船帆座Lambda）** 545光年

**海山增二（船帆座Mu）** 117光年

**天社一（船帆座Gamma）**
1100光年

地球

**船帆座Phi**
1590光年

距離

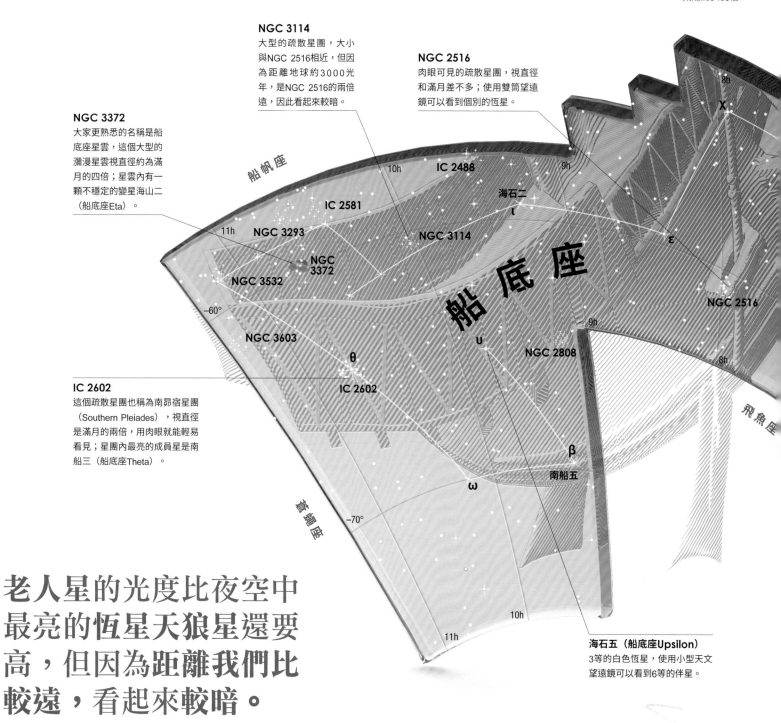

光度

**南船五（船底座Beta）**
太陽的225倍

**南船三（船底座Theta）**
太陽的1360倍

**海石一（船底座Epsilon）**
太陽的5405倍

**NGC 3114**
大型的疏散星團，大小
與NGC 2516相近，但因
為距離地球約3000光
年，是NGC 2516的兩倍
遠，因此看起來較暗。

**NGC 2516**
肉眼可見的疏散星團，視直徑
和滿月差不多；使用雙筒望遠
鏡可以看到個別的恆星。

**NGC 3372**
大家更熟悉的名稱是船
底座星雲，這個大型的
瀰漫星雲視直徑約為滿
月的四倍；星雲內有一
顆不穩定的變星海山二
（船底座Eta）。

**IC 2602**
這個疏散星團也稱為南昴宿星團
（Southern Pleiades），視直徑
是滿月的兩倍，用肉眼就能輕易
看見；星團內最亮的成員星是南
船三（船底座Theta）。

船帆座
NGC 3293
NGC 3532
NGC 3603
NGC 3372
IC 2581
IC 2488
海石二 ζ
NGC 3114
船底座
υ
NGC 2808
θ
IC 2602
ε
NGC 2516
X
飛魚座
β
南船五
ω
羅盤座
−60°
−70°
8h
9h
10h
11h

**海石五（船底座Upsilon）**
3等的白色恆星，使用小型天文
望遠鏡可以看到6等的伴星。

# 老人星的光度比夜空中最亮的恆星天狼星還要高，但因為距離我們比較遠，看起來較暗。

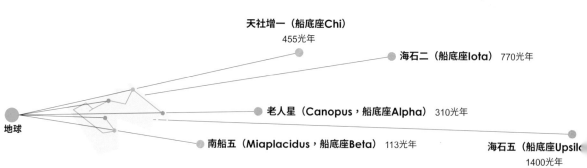

▷ **恆星距離**
構成船底座形狀的主要亮星距離地球113到
1400光年不等。星座內最亮的兩顆恆星
——老人星（船底座Alpha）和南船五（船
底座Beta），也是離我們最近的。而最遠
的恆星海石五（船底座Upsilon）是個局外
人，比第二遠的亮星海石二（船底座Iota）
還要遠了兩倍左右。

**天社增一（船底座Chi）**
455光年

**海石二（船底座Iota）** 770光年

**老人星（Canopus，船底座Alpha）** 310光年

**南船五（Miaplacidus，船底座Beta）** 113光年

**海石五（船底座Upsilo**
1400光年

地球

距離

海石二（船底座Iota）
太陽的6270倍

老人星（船底座Alpha）
太陽的1萬3855倍

海山二（船底座Eta）
超過太陽的500萬倍

# 船底座
# CARINA 龍骨

**船底座是顯著的南天星座，星座內有夜空中的第二亮星老人星，還有大量的銀河恆星。**

船底座代表了神話中阿爾戈號的船身，古希臘人把整艘阿爾戈號當作單一個大星座——南船座。法國天文學家尼古拉·路易斯·拉卡伊在18世紀把南船座分成三個星座（船底座、船帆座和船尾座，其中最亮的兩顆恆星老人星和南船五（Miaplacidus）被劃進了船底座。船底座內還有一顆非常特別的恆星——海山二（船底座 Eta），目前用肉眼剛好可以看見，但它曾在1843年爆發，當時的亮度還超過老人星。海山二可能是一對大質量雙星，被劇烈爆發所拋出的殘骸遮掩，它所在的船底座星雲（見第204-205頁）是比獵戶座星雲更大、更亮的氣體雲。船底座內的海石一（船底座 Epsilon）和海石二（Aspidiske），以及船帆座的天社三（船帆座 Delta）和天社五（船帆座 Kappa）構成了「假十字」，這個星群的形狀很像真正的南十字。

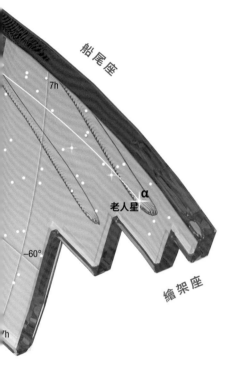

船尾座

7h

α
老人星

-60°

7h

繪架座

△ **NGC 3603**
從這張結合了可見光和紅外線的影像中，可以看到大質量星團NGC 3603內年輕高溫恆星的紫外線輻射和恆星風，在星團周圍的氣體中形成巨大的空腔。

## 關鍵數據

**大小排名** 34
**最亮恆星** 老人星（α）-0.7、南船五（β）1.7
**所有格** Carinae
**縮寫** Car
**晚間10點位於星空最高處** 1月-4月
**可見全部星座範圍** 北緯14度-南緯90度

星圖2

## 主要恆星

**老人星（Canopus）** 船底座Alpha（α）
白色巨星
☀ -0.7 ⟷ 310光年

**南船五（Miaplacidus）** 船底座Beta（β）
藍白色巨星
☀ 1.7 ⟷ 113光年

**海石一** 船底座Epsilon（ε）
橘色巨星
☀ 2.0 ⟷ 600光年

**南船三** 船底座Theta（θ）
藍白色主序星
☀ 2.8 ⟷ 455光年

**海石二（Aspidiske）** 船底座Iota（ι）
白色超巨星
☀ 2.3 ⟷ 770光年

**海石五** 船底座Upsilon（υ）
白色超巨星
☀ 3.0 ⟷ 1400光年

## 深空天體

**NGC 2516**
疏散星團

**NGC 3114**
疏散星團

**NGC 3372（船底座星雲）**
明亮的彌漫星雲

**NGC 3532**
疏散星團

**IC 2602（南昴宿星團）**
疏散星團

◁ **海山二（船底座Eta）和鑰匙孔星雲（Keyhole Nebula）**
圖左的雙星海山二（船底座Eta）在1843年爆發，周圍明亮的氣體就是那時候拋出來的。海山二位在船底座星雲內，星雲中還有一個區域是鑰匙孔星雲（海山二右側較暗的細長部分）。

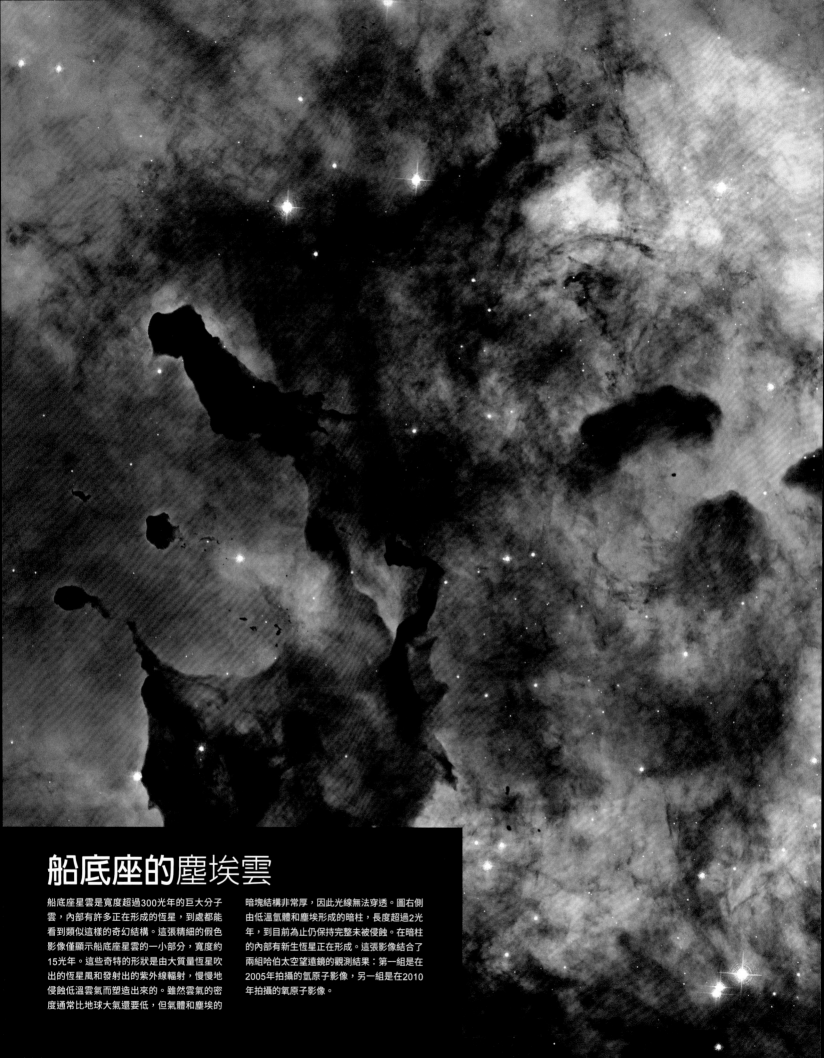

# 船底座的塵埃雲

船底座星雲是寬度超過300光年的巨大分子雲，內部有許多正在形成的恆星，到處都能看到類似這樣的奇幻結構。這張精細的假色影像僅顯示船底座星雲的一小部分，寬度約15光年。這些奇特的形狀是由大質量恆星吹出的恆星風和發射出的紫外線輻射，慢慢地侵蝕低溫雲氣而塑造出來的。雖然雲氣的密度通常比地球大氣還要低，但氣體和塵埃的暗塊結構非常厚，因此光線無法穿透。圖右側由低溫氫氣體和塵埃形成的暗柱，長度超過2光年，到目前為止仍保持完整未被侵蝕。在暗柱的內部有新生恆星正在形成。這張影像結合了兩組哈伯太空望遠鏡的觀測結果：第一組是在2005年拍攝的氫原子影像，另一組是在2010年拍攝的氧原子影像。

# 蒼蠅座 MUSCA 蒼蠅

這個南天的小星座就位在南十字座的南邊，星座內的恆星相對明亮，但在眾多的銀河背景恆星之中可能不容易找到。

要找到蒼蠅座的最好方法，就是先找到南十字座的亮星。蒼蠅座是全天星座中唯一的昆蟲，星座內的明亮恆星勾勒出蒼蠅的身體。在 1590 年代，荷蘭航海家彼得‧德任‧凱澤和弗雷德里克‧德‧霍特曼最初把這個星座想像成蜜蜂，後來才在 1750 年代變成蒼蠅。

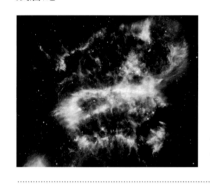

◁ **NGC 5189**
這個行星狀星雲也稱為螺旋行星狀星雲（Spiral Planetary Nebula），由瀕死的恆星（白矮星）所拋出的物質形成。不尋常的是NGC 5189有兩顆中心恆星：一顆白矮星和一顆沃夫－瑞葉型恆星，因此周遭的雲氣才會形成這麼複雜的結構。

**NGC 4833**
距離我們2萬1500光年的球狀星團，亮度為7.8等，使用雙筒望遠鏡能看到一團朦朧的光球。

半人馬座

南十字座

NGC 5189

MyCN 18

NGC 4833

β
α ε μ λ
δ
γ

蒼蠅座

船底座

星圖2

**蜜蜂三（蒼蠅座Alpha）**
正要演化成巨星的藍白色次巨星，距離我們315光年，是一顆脈動週期為2.2小時的造父變星。

# 圓規座 CIRCINUS
## 圓規

圓規座夾在半人馬座和南三角座間的狹窄縫隙中，是全天最小的星座之一。尋找圓規座的最好方法是先找到半人馬座的亮星南門二（半人馬座 Alpha）。

圓規座在 1750 年代由法國人尼古拉‧路易斯‧拉卡伊創立。星座的形象是由三顆黯淡的恆星構成代表製圖師和航海家使用的圓規。星座內的圓規座星系（Circinus Galaxy）是離我們最近的西佛星系之一。同樣值得注意的還有 RCW 86，這是中國天文學家在公元 185 年目睹的超新星爆發留下的殘骸。

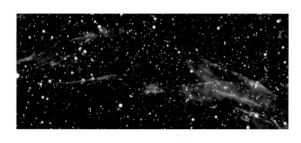

◁ **內文內文**
內文內文

豺狼座

圓規座

γ β

RCW 86

圓規座星系

NGC 5315

南三角座

半人馬座

α

蒼蠅座

星圖2

**南門增二（圓規座Alpha）**
離我們54光年的白色主序星，用小型天文望遠鏡可以看到8.6等的橘色矮星伴星。

**圓規座星系**
離我們1300萬光年的小型螺旋星系，星系中心有個活躍的超大質量黑洞。

# 南三角座 TRIANGULUM AUSTRALE 南邊的三角形

**南三角座是由三顆亮星構成的小星座，形狀非常明顯，銀河恆星密集區域經過此處。**

在半人馬座的東南方很容易發現這個明亮的三角形。不確定是誰創立了這個星座，但是約翰‧拜耳首次在他1603年出版的星圖《測天圖》上紀錄了南三角座。儘管銀河流經這個星座，但除了 NGC 6025 星團之外，南三角座內幾乎沒有什麼業餘天文學家會感興趣的天體。

◁ **ESO 69-6**
ESO 69-6是一對交互作用星系，兩個星系的外部區域扯出了氣體和恆星，形成長長的尾巴。這對星系離地球大約6億5000萬光年。

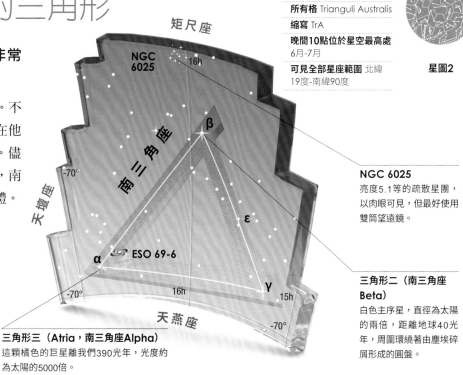

矩尺座
NGC 6025
16h
β
南三角座
天壇座
-70°
ε
ESO 69-6
α
16h
γ
15h
天燕座
-70°

**NGC 6025**
亮度5.1等的疏散星團，以肉眼可見，但最好使用雙筒望遠鏡。

**三角形二（南三角座 Beta）**
白色主序星，直徑為太陽的兩倍，距離地球40光年，周圍環繞著由塵埃碎屑形成的圓盤。

**三角形三（Atria，南三角座Alpha）**
這顆橘色的巨星離我們390光年，光度約為太陽的5000倍。

# 望遠鏡座 TELESCOPIUM 望遠鏡

**這個黯淡不起眼的南天星座創立於 1750 年代，位於容易辨認的人馬座和南冕座南邊。**

望遠鏡座是最不容易辨認的星座之一，圖案是僻處星座範圍一小角、構成直角的三顆星，由法國人尼古拉‧路易斯‧拉卡伊創立，當初還使用了來自周圍星座的其他恆星，但這些恆星已經回歸原本的星座，讓望遠鏡座處於目前的狀態。

▷ **NGC 6861**
這個透鏡狀星系的盤面朝我們的視線方向傾斜。星系盤面上的暗帶是大量塵埃粒子遮擋更遙遠的星光而造成。

**NGC 6861**
這個亮度11.1等的透鏡狀星系，是由十幾個星系組成的望遠鏡座星系團（Telescopium Group）的成員之一。

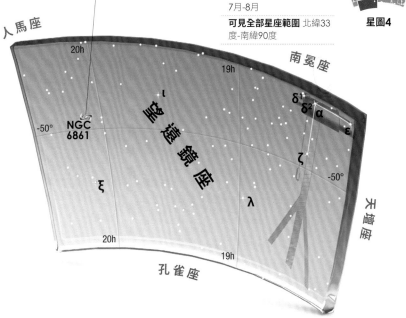

人馬座
20h
19h
南冕座
δ¹
δ²
α
ε
-50°
NGC 6861
望遠鏡座
ζ
-50°
ξ
λ
天壇座
20h
19h
孔雀座

# 印第安座 INDUS
## 印第安人

**這個星座在 16 世紀才引入南方的天空，星座的形象代表一位印第安人或印度人，不太清楚是美洲還是亞洲的原住民。**

荷蘭航海家彼得‧德任‧凱澤和弗雷德里克‧德‧霍特曼在1590 年代繪製了南半球的星空，並發明了 12 個星座，印第安座就是其中之一。星座的形象沿著星座範圍北邊構成直角的三顆星描繪，代表帶著長矛和箭的印第安人。印第安座中最亮的恆星是一顆 3 等星，沒有明顯的星團或星雲。另一顆值得注意的恆星是印第安座 Epsilon（ε），這顆 4.7 等的黃色主序星距離我們只有 11.2 光年，是最靠近地球的恆星之一。

## 關鍵數據

**大小排名** 49

**最亮恆星** 波斯二 (α) 3.1、孔雀增四 (β) 3.7

**所有格** Indi

**縮寫** Ind

**晚間10點位於星空最高處** 8月-10月

**可見全部星座範圍** 北緯15度-南緯90度

**星圖2**

## 主要恆星

**波斯二** 印第安座Alpha (α)
橘色巨星
☀ 3.1 ⟷ 98光年

**孔雀增四** 印第安座Beta (β)
橘色巨星
☀ 3.7 ⟷ 610光年

## 深空天體

**NGC 7049**
透鏡狀星系

**NGC 7090**
螺旋星系

**ESO 77-14**
一對交互作用星系

▷ **ESO 77-14**
這兩個大小相近的星系，盤面從原本的平坦變得扭曲，原先位於星系內的物質把兩個星系連接起來。上方星系拉出了一條短短的紅色氣體塵埃臂，下方的星系則是有一條較長的藍色旋臂。

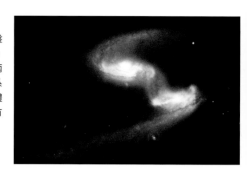

NGC 7049

**波斯二（印第安座Alpha）**
橘色的巨星，直徑約為太陽的12倍，光度是太陽的100倍。使用中型的天文望遠鏡可以看到它的兩顆伴星。

NGC 7090

**孔雀增四（印第安座Beta）**
孔雀增四是印第安座的第二亮星，這顆3.7等的橘色巨星離我們600光年。

**NGC 7090**
以側面朝向地球的螺旋星系，距離我們約3000萬光年，由英國天文學家約翰‧赫歇爾（John Herschel）於1834年發現。

**ESO 77-14**
這一對星系距離我們約5億5000萬光年，互相被彼此的重力扭曲。

ESO 77-14

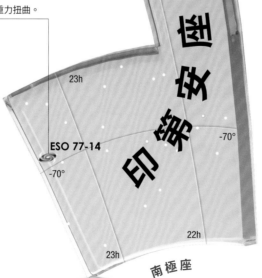

△ **NGC 7090**
螺旋星系NGC 7090以側面朝向地球，因此能夠看到星系的盤面和凸起的中央核心。粉紅色的區域代表正在形成恆星的氫氣雲，盤面內的暗區是塵埃帶。

天鶴座　杜鵑座　孔雀座　望遠鏡座　南極座

# 鳳凰座
## PHOENIX 鳳凰

鳳凰座的形象是神話中的鳳凰，這個不顯眼的星座在 16 世紀才創立，位於北方的玉夫座和南邊的杜鵑座之間。

傳說中鳳凰的壽命可達數百年，死於烈焰之中，再從灰燼中誕生。這個星座是荷蘭航海家彼得·德任·凱澤和弗雷德里克·德·霍特曼所創造。排列成長方形的四顆星代表鳳凰的身體，長方形北邊的火鳥六（Ankaa）是鳳凰的喙，兩側是張開的雙翼。鳳凰座內包含了有趣的雙星，和兩個目前已知質量最大的星系團：鳳凰座星系團（Phoenix Cluster）和胖子星系團。

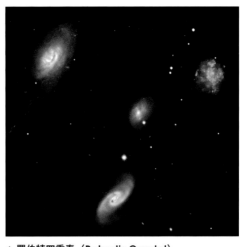

△ 羅伯特四重奏（Robert's Quartet）
這四個正在發生交互作用的星系離我們約1億6000萬光年，包含一個不規則星系（右）和三個螺旋星系。最大的螺旋星系（圖左上）有一條旋臂已經扭曲，且星系內至少有200個強烈的恆星形成區域。圖中央的星系周圍區域有瀰散的物質，下方的星系則有兩條旋臂。

## 關鍵數據

**大小排名** 37
**最亮恆星** 火鳥六（α）2.4、火鳥九（β）3.3
**所有格** Phoenicis
**縮寫** Phe
**晚間10點位於星空最高處** 10月-11月
**可見全部星座範圍** 北緯32度-南緯90度

星圖3

## 主要恆星

**火鳥六（Ankaa）** 鳳凰座Alpha（α）
橘色巨星
☀ 2.4 ⟷ 85光年

**火鳥九** 鳳凰座Beta（β）
黃色巨星
☀ 3.3 ⟷ 225光年

## 深空天體

**羅伯特四重奏**
一群正產生交互作用的星系

**胖子星系團**
已知最大型的星系團

**鳳凰座星系團**
大質量星系團

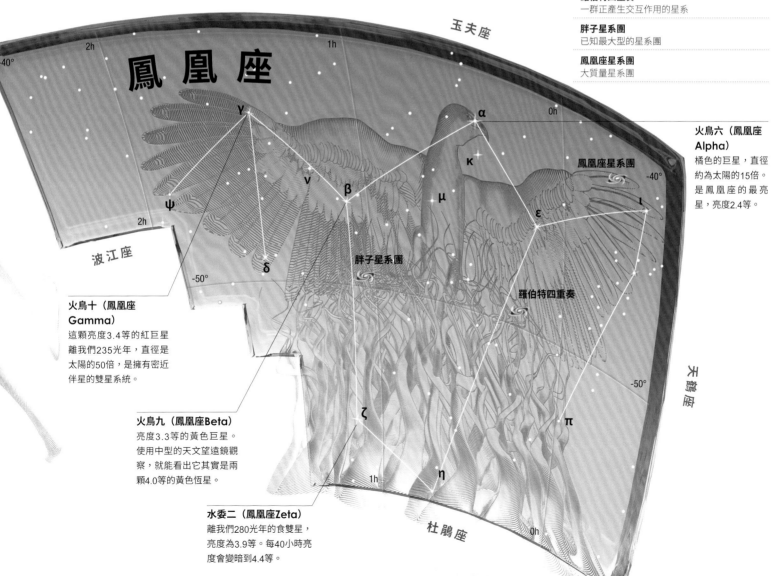

鳳凰座

玉夫座

波江座

天鶴座

杜鵑座

**火鳥十（鳳凰座 Gamma）**
這顆亮度3.4等的紅巨星離我們235光年，直徑是太陽的50倍，是擁有密近伴星的雙星系統。

**火鳥九（鳳凰座Beta）**
亮度3.3等的黃色巨星。使用中型的天文望遠鏡觀察，就能看出它其實是兩顆4.0等的黃色恆星。

**水委二（鳳凰座Zeta）**
離我們280光年的食雙星，亮度為3.9等。每40小時亮度會變暗到4.4等。

**火鳥六（鳳凰座 Alpha）**
橘色的巨星，直徑約為太陽的15倍。是鳳凰座的最亮星，亮度2.4等。

鳳凰座星系團

胖子星系團

羅伯特四重奏

# 劍魚座 DORADO
## 金魚

船底座的亮星老人星附近，有一連串的恆星構成了劍魚座。星座內有令人印象深刻的大麥哲倫雲，這是銀河系的衛星星系。

這個星座常被描述成金魚或劍魚，但其實原本指的是熱帶水域的鬼頭刀。魚的形狀由一連串黯淡的恆星構成，朝南天極游動。1590 年代，荷蘭航海家彼得·德任·凱澤和弗雷德里克·德·霍特曼發明了這個南天星座，其中沒有特別明亮的恆星，也沒有任何一顆恆星有特殊的星名。最引人注目的特徵是以肉眼就能見到的大麥哲倫雲（LMC），使用雙筒望遠鏡就能更清楚看到星系內的眾多星團和模糊的星雲狀斑塊。大麥哲倫雲以葡萄牙探險家斐迪南·麥哲倫（Ferdinand Magellan）的名字命名，他在 1520 年代早期就記錄下這個天體。狼蛛星雲（Tarantula Nebula）是大麥哲倫雲的一部分，1987 年還在這個星雲的外圍記錄到超新星 1987A 爆發。

## 狼蛛星雲因為形似蜘蛛而得名，是銀河系外唯一能以肉眼看到的星雲。

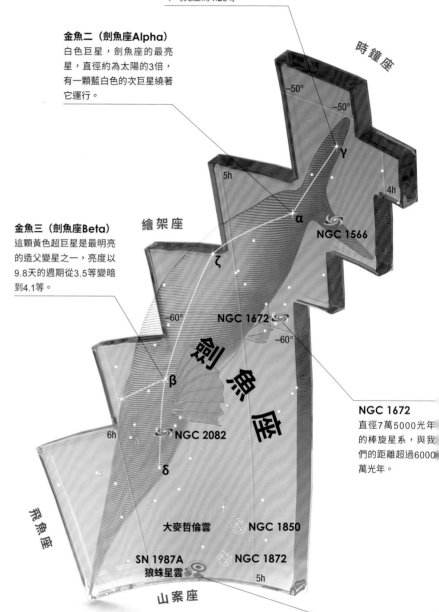

**劍魚座Zeta (ζ)**
太陽的2倍

**金魚一（劍魚座Gamma）**
太陽的7倍

**金魚一（劍魚座Gamma）**
這顆脈動變星的亮度每18小時會以小於0.1星等的幅度變化，平均亮度為4.25等。

**金魚二（劍魚座Alpha）**
白色巨星，劍魚座的最亮星，直徑約為太陽的3倍，有一顆藍白色的次巨星繞著它運行。

**金魚三（劍魚座Beta）**
這顆黃色超巨星是最明亮的造父變星之一，亮度以9.8天的週期從3.5等變暗到4.1等。

時鐘座

繪架座

飛魚座

劍魚座

山案座

NGC 1566

NGC 1672

NGC 2082

大麥哲倫雲　NGC 1850

SN 1987A　NGC 1872
狼蛛星雲

**NGC 1672**
直徑7萬5000光年的棒旋星系，與我們的距離超過6000萬光年。

**狼蛛星雲**
又稱為劍魚座30，是直徑約800光年的巨大恆星形成區；以肉眼可見，看起來像一個模糊的星點。

▷ **恆星距離**
劍魚座的亮星中，離我們最近的是38光年外的劍魚座Zeta(ζ)，這是一顆白色的主序星，算是離地球很近的恆星。最遙遠的亮星是黃色的超巨星金魚三（劍魚座Beta），距離地球1005光年，遠了26倍。

地球

金魚一（劍魚座Gamma）　67光年

金魚二（劍魚座Alpha）　170光年

劍魚座Zeta　38光年

金魚四（劍魚座Delta）　150光年

金魚三（劍魚座B）
1005光

距離

**金魚四（劍魚座Delta）**
太陽的34倍

**金魚二（劍魚座Alpha）**
太陽的110倍

**金魚三（劍魚座Beta）**
太陽的2600倍

## 關鍵數據

**大小排名** 72

**最亮恆星** 金魚二（α）3.3、
金魚三（β）3.8

**所有格** Doradus

**縮寫** Dor

**晚間10點位於星空最高處**
12月-1月

**可見全部星座範圍** 北緯
20度-南緯90度

星圖2

## 主要恆星

**金魚二** 劍魚座Alpha（α）
白色巨星，也是雙星

☀ 3.3 ⟷ 170光年

**金魚三** 劍魚座Beta（β）
黃色超巨星，也是造父變星

☀ 3.5-4.1 ⟷ 1005光年

## 深空天體

**NGC 1566**
螺旋星系；也是西佛星系

**NGC 1672**
棒旋星系；也是西佛星系

**NGC 1850**
大麥哲倫雲內的密集星團

**NGC 1929**
大麥哲倫雲內的星團

**NGC 2080（鬼頭星雲）**
大麥哲倫雲內的恆星形成區

**NGC 2082**
棒旋星系

**大麥哲倫雲**
破碎的棒旋星系

**狼蛛星雲（劍魚座30）**
大麥哲倫雲內的恆星形成區

**超新星1987A**
大麥哲倫雲內的超新星

△ **狼蛛星雲**
這個由星團、發光氣體和暗塵埃構成的廣大區域，是目前已知最大的恆星形成星雲之一。圖中央左側的亮星似乎在一片虛無之中閃耀，其實這是一群恆星，發出星雲中大部分的能量，因此狼蛛星雲才會這麼清晰可見。

◁ **NGC 1929**
這個星團中的大質量恆星以高速噴出物質並發生超新星爆炸，超新星的衝擊波和風在N44星雲周圍的氣體挖出了巨大的空洞，稱為超級泡泡（藍色區域）。

▷ **大麥哲倫雲**
這個衛星星系距離我們約18萬光年，過去曾認為它是個不規則星系，現在則認為是個破碎的棒旋星系。中央偏右的紅色斑塊是狼蛛星雲。

**金魚三（劍魚座Beta）**

# 繪架座 PICTOR
## 畫家的畫架

在 1750 年代才出現的繪架座內只有黯淡的恆星，位於船底座的老人星和劍魚座的大麥哲倫雲之間。

繪架座是傳說中藝術家的畫架，但它的恆星圖形與畫架幾乎沒有任何相似之處。這個星座是法國天文學家尼古拉·路易斯·拉卡伊在 1750 年代觀測南方的恆星之後發明的 14 個星座之一。整體來說，繪架座是個很不起眼的星座，但星座內仍然有幾顆有趣的恆星。老人增四（繪架座 Beta）的特寫影像顯示，這顆恆星周圍環繞著製造行星的物質，這些物質延伸的距離超過地球到太陽距離的 1000 倍。科學家已經在圓盤內側找到一顆名為老人增四 b 的行星，質量約為木星的九倍，和母恆星的距離與土星到太陽的距離相當。紅矮星卡普坦之星（Kapteyn's Star）是全天移動速度第二快的恆星（僅次於蛇夫座的的巴納德之星）。

## 關鍵數據

**大小排名** 59

**最亮恆星** 金魚增一
（α）3.3、老人增四（β）3.9

**所有格** Pictoris

**縮寫** Pic

**晚間 10 點位於星空最高處**
12月-2月

**可見全部星座範圍** 北緯
23度-南緯90度

星圖2

## 主要恆星

**金魚增一** 繪架座Alpha (α)
白色主序星

☀ 3.3 ⟷ 97光年

**老人增四** 繪架座Beta (β)
白色主序星

☀ 3.9 ⟷ 63光年

**繪架座Gamma (γ)**
橘色巨星

☀ 4.5 ⟷ 177光年

## 深空天體

**NGC 1705**
不規則矮星系；也是星遽增星系

**繪架座Pictor A**
無線電波星系；也是西佛星系

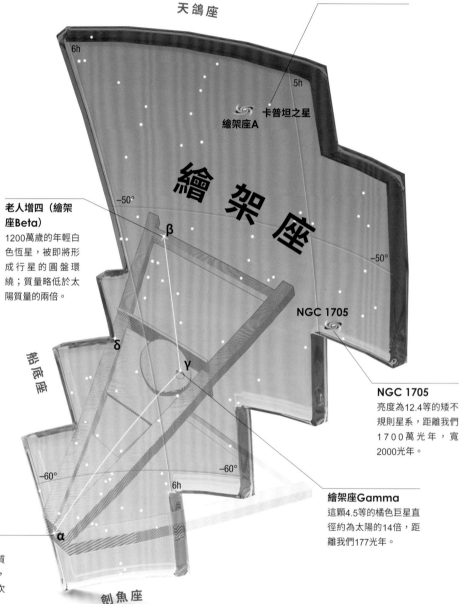

**卡普坦之星**
亮度8.9等的紅矮星，離我們約13光年，是天空中移動速度最快的恆星之一。

天鴿座

6h

5h

繪架座A

卡普坦之星

繪架座

船底座

**老人增四（繪架座Beta）**
1200萬歲的年輕白色恆星，被即將形成行星的圓盤環繞；質量略低於太陽質量的兩倍。

−50°

β

−50°

δ

γ

NGC 1705

**NGC 1705**
亮度為12.4等的矮不規則星系，距離我們1700萬光年，寬2000光年。

−60°

−60°

6h

α

**繪架座Gamma**
這顆4.5等的橘色巨星直徑約為太陽的14倍，距離我們177光年。

**繪架座Alpha**
繪架座的最亮星，質量約為太陽的兩倍，正從主序星演變成次巨星。

劍魚座

▷ **繪架座A**
這個雙瓣無線電波星系的明亮中心有個超大質量黑洞。物質在黑洞周圍旋轉時會釋放出巨大的能量，形成30萬光年長的巨大粒子束。

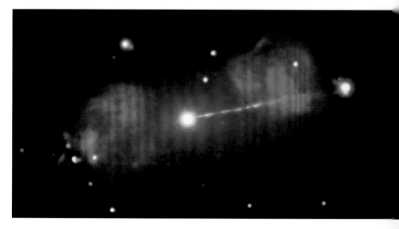

# 網罟座 RETICULUM
## 網子

黯淡的南天星座，呈鑽石形，位於劍魚座大麥哲倫雲的西北邊。

1621 年，德國天文學家艾薩克‧哈布雷希特（Isaac Habrecht）首度將這個區域內的恆星命名為菱形座（Rhombus）。到了 1750 年代，法國天文學家尼古拉‧路易斯‧拉卡伊才把這個星座命名為網罟座，代表望遠鏡目鏡中用來測量恆星位置的網狀十字線。網罟座是全天最小的星座之一，較有特色的天體是雙星網罟座 Zeta (ζ) 和數個黯淡的星系，包括星邊增星系 NGC 1313，此處正在形成異常大量的年輕高溫恆星，還有距離我們 5000 萬光年的螺旋星系 NGC 1559。

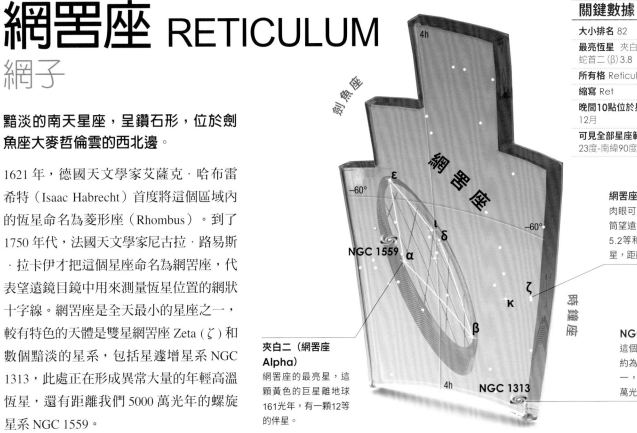

### 關鍵數據

大小排名 82

最亮恆星 夾白二（α）3.4、蛇首二（β）3.8

所有格 Reticuli

縮寫 Ret

晚間10點位於星空最高處 12月

可見全部星座範圍 北緯23度-南緯90度

星圖2

**網罟座Zeta (ζ)**
肉眼可見的雙星，以雙筒望遠鏡能區分出兩顆5.2等和5.9等的黃色恆星，距離我們39光年。

**夾白二（網罟座 Alpha）**
網罟座的最亮星，這顆黃色的巨星離地球161光年，有一顆12等的伴星。

**NGC 1313**
這個棒旋星系的寬度約為銀河系的三分之一，離我們約1500萬光年。

---

# 飛魚座 VOLANS 飛魚

這個不明顯的星座位於船底座的亮星和天球南極之間。

1590 年代，荷蘭探險家彼得‧德任‧凱澤和弗雷德里克‧德‧霍特曼創造了飛魚座，星座內最有趣的特徵是能以小型望遠鏡觀察的雙星，如飛魚二（飛魚座 Gamma），和必須用大型望遠鏡才能看見的星系。NGC 2442 的形狀像個巨大的 S 型，在星系棒狀構造的兩端各延伸出一條旋臂，因此有了「肉鉤」（Meathook）的暱稱，扭曲的形狀是因為另一個較小的星系擦身而過所導致。AM 0644-741 之前是個螺旋星系，但因為與另一個星系發生碰撞，現在成了環形星系。

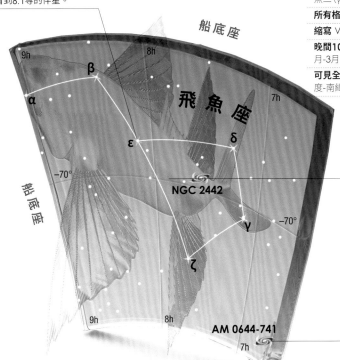

**飛魚座Epsilon (ε)**
4.4等的藍白色次巨星，使用小型天文望遠鏡可以看到8.1等的伴星。

### 關鍵數據

大小排名 76

最亮恆星 飛魚三（β）3.8、飛魚二（γ）3.8

所有格 Volantis

縮寫 Vol

晚間10點位於星空最高處 1月-3月

可見全部星座範圍 北緯14度-南緯90度

星圖2

**NGC 2442**
正面朝向地球的棒旋星系，寬7萬5000光年，距離我們5000萬光年，要用大型天文望遠鏡才能看見。

**AM 0644-741**
寬15萬光年的環形星系，就像鑲了鑽石和藍寶石的手鐲圍繞著一個黃色核心。

# 蝘蜓座 CHAMAELEON
## 變色龍

**蝘蜓座是位在天球南極附近不明顯的小星座,由彼得勒斯‧普朗修斯於 1590 年代創立。**

蝘蜓座位在船底座範圍和南極座的天球南極之間,星座內黯淡的恆星排列成鑽石的形狀。星座內沒有亮星,也沒有相關的傳說。蝘蜓座 Eta (η) 是疏散星團中最亮的恆星,而蝘蜓座 Delta(δ) 是一對無關連的恆星。蝘蜓座 I 星雲(Chamaeleon I Cloud)距離我們約 500 光年,是一個恆星形成星雲。

▷ **蝘蜓座I星雲**
蝘蜓座I星雲內正在形成的恆星之一。從兩極噴出的氣體撞上周圍氣體,點亮了這個區域。

**小斗三(蝘蜓座Gamma)**
這顆4.1等的紅色巨星也是不規則變星,距離我們417光年。

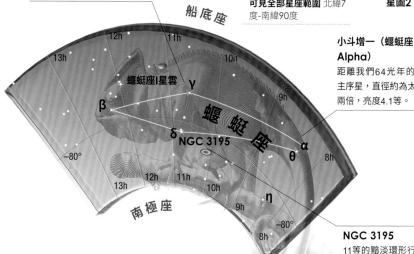

船底座

南極座

**小斗增一(蝘蜓座 Alpha)**
距離我們64光年的白色主序星,直徑約為太陽的兩倍,亮度4.1等。

**NGC 3195**
11等的黯淡環形行星狀星雲,要用中型的天文望遠鏡才能看到。

---

# 天燕座 APUS 天堂鳥

**16 世紀末登場的 12 個極南星座之一,星座的形象是沿著長鏈狀的四顆恆星連成的熱帶鳥類。**

天燕座位在南三角座明顯的三角形南邊,涵蓋了南天極附近幾乎毫無特徵的區域。1590 年代,荷蘭航海家彼得‧德任‧凱澤和弗雷德里克‧德‧霍特曼探索新幾內亞時,看到奇特的天堂鳥,因此創造了這個星座。視力極佳的觀星者,或是使用雙筒望遠鏡,都能看到天燕座內最有趣的恆星異雀六(天燕座 Delta),這是由兩顆並無關聯的4.7 和 5.3 等紅巨星組成的雙星,距離我們 310 光年。其他值得注意的特徵包括了天燕座 Theta,這顆紅巨星會以約四個月的週期從 6.4 等變暗到 8.0 等,還有球狀星團 IC 4499 和 NGC 6101。

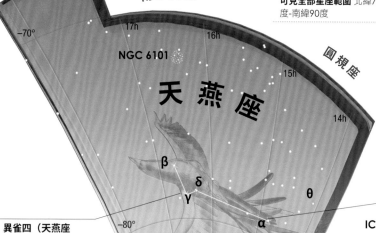

南三角座

圓規座

NGC 6101

天燕座

**異雀八(天燕座 Alpha)**
3.8等的橘色巨星,直徑約為太陽的50倍,距離我們450光年。

**異雀四(天燕座 Gamma)**
3.9等的黃色巨星,距離我們156光年,光度約為太陽的60倍。

**IC 4499**
年齡約120億歲的球狀星團,亮度10.3等,要用望遠鏡才能看見。

南極座

# 杜鵑座 TUCANA
## 巨嘴鳥

位在遙遠南方天空的杜鵑座代表熱帶的巨嘴鳥，是在 16 世紀末才引進的星座。雖然很黯淡，形狀也不明顯，但星座內有一些重要的天體。

杜鵑座位於水蛇座和鳳凰座的西邊，天鶴座的南邊，以及波江座的亮星水委一西南方，是荷蘭航海家彼得·德任·凱澤和弗雷德里克·德·霍特曼發明的 12 個星座之一。1598 年，荷蘭人彼得勒斯·普朗修斯首度在天球上描繪出杜鵑座。這個星座的恆星都沒有特殊的星名，也沒有相關的傳說故事。但杜鵑座內有兩個重要特徵：小麥哲倫雲（簡稱 SMC）和杜鵑座 47。小麥哲倫雲是銀河系兩個主要衛星星系中較小的一個（另一個是位在劍魚座和山案座的大麥哲倫雲）。密集的球狀星團杜鵑座 47（也稱為 NGC 104）包含了數百萬顆恆星，是地球夜空中所能見到第二亮的球狀星團。

### 關鍵數據

**大小排名** 48

**最亮恆星** 鳥喙一（α）2.8、鶴五（γ）4.0

**所有格** Tucanae

**縮寫** Tuc

**晚間10點位於星空最高處** 9月-11月

**可見全部星座範圍** 北緯14度-南緯90度

星圖2

### 主要恆星

**鳥喙一** 杜鵑座Alpha（α）
橘色巨星

☀ 2.9 ⟷ 200光年

### 深空天體

**杜鵑座47**
球狀星團，也稱為NGC 104

**NGC 121**
小麥哲倫雲內的球狀星團

**NGC 346**
小麥哲倫雲內的星團和星雲

**NGC 362**
球狀星團

**NGC 406**
螺旋星系

**小麥哲倫雲（NGC 292）**
環繞銀河系運行的不規則星系

**N81**
小麥哲倫雲內的恆星形成星雲

**鳥喙一（杜鵑座Alpha）**
杜鵑座的最亮星，這顆橘色巨星代表鳥喙的端點。直徑約為太陽的37倍，光度是太陽的424倍。

▽ **NGC 346**
位於小麥哲倫雲中的恆星形成區，有超過2500顆新生恆星，中央聚集了好幾十顆藍色的高溫恆星。這些恆星發出的能量正在雕塑周圍的星雲，星雲內還有其他尚未開始核融合反應因此沒有發光的新生恆星。

鳳凰座

天鶴座

杜鵑座

水蛇座

NGC 406

NGC 362　NGC 121

NGC 346

N81

47

小麥哲倫雲

**小麥哲倫雲**
形狀不規則的星系，肉眼可見到朦朧的斑塊，但透過雙筒望遠鏡能看到許多密集的恆星，和正在形成恆星的星雲。

**杜鵑座47**
球狀星團，也稱為NGC 104，寬120光年，距離我們1萬6700光年，以肉眼能夠看到模糊的星點狀。

# 孔雀座 PAVO
## 孔雀

這個星座代表來自印度的吸睛鳥類：孔雀，**1598 年首度被人描繪在天球上。孔雀座位在天壇座和印地安座之間的銀河邊緣。**

16 世紀晚期，荷蘭航海家彼得‧德任‧凱澤和弗雷德里克‧德‧霍特曼航行到南半球，記錄他們所看到的恆星並進行編目，而發明了 12 個星座，孔雀座就是其中之一。孔雀座涵蓋的區域沒有什麼特徵，但藉由星座內的最亮星孔雀十一（孔雀座 Alpha）很容易尋找。這顆恆星在 1930 年代晚期被命名為孔雀，代表孔雀的頭部。一群排列成長方形的恆星代表孔雀絢爛開展的尾羽，長方形的中間有一顆孔雀五（孔雀座 Kappa），這顆黃色的超巨星是天空中最明亮的造父變星之一，以肉眼就能看見，亮度每隔 9.1 天就會因膨脹收縮而從 3.9 等變暗到 4.8 等。孔雀座內還有令人印象深刻的明亮球狀星團 NGC 6752，也能以肉眼看見。

## 關鍵數據

**大小排名** 44
**最亮恆星** 孔雀十一（α）1.9、孔雀七（β）3.4
**所有格** Pavonis
**縮寫** Pav
**晚間10點位於星空最高處** 7月-9月
**可見全部星座範圍** 北緯 15度-南緯90度

星圖2

## 主要恆星

**孔雀十一（Peacock）** 孔雀座Alpha(α)
藍白色巨星
☀ 1.9 ⟷ 179光年

## 深空天體

**NGC 6744**
棒旋星系

**NGC 6752**
球狀星團

**NGC 6782**
棒旋星系

**孔雀十一（孔雀座Alpha）**
1.9等的藍白色巨星，直徑約為太陽的 5 倍，光度為太陽的 2200倍。

**NGC 6752**
天空中最大、最亮的球狀星團之一，亮度為 5.4 等，恰好能以肉眼看見。

**NGC 6782**
旋臂緊緊纏繞的棒旋星系，離我們 1 億 8000萬光年，亮度為11.8等。

**NGC 6744**
距離我們約3000萬光年的棒旋星系，幾乎以盤面朝向地球，用小型天文望遠鏡可以看見。

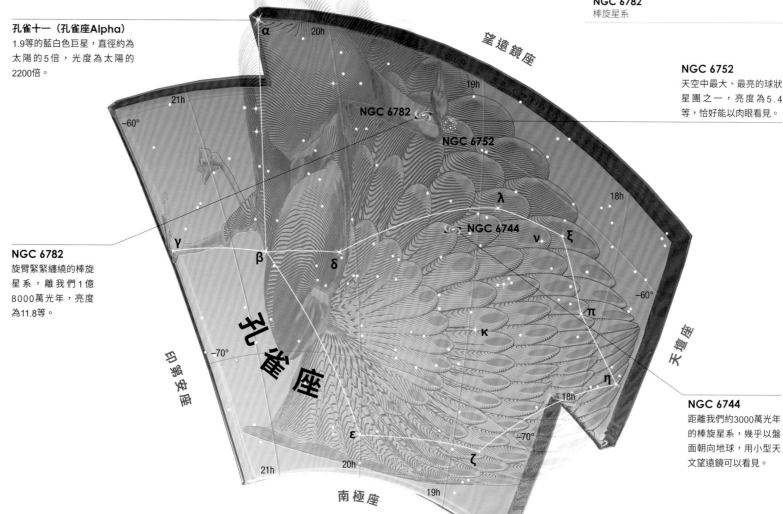

# 水蛇座 HYDRUS 小水蛇

**鋸齒狀的水蛇座位在鄰近的波江座亮星水委一南邊，有時會和長蛇座混淆，但是長蛇座較大，而且位在更北方。**

水蛇座位於劍魚座的大麥哲倫雲和杜鵑座的小麥哲倫雲之間，北邊就是明亮的水委一，是荷蘭航海家彼得‧德任‧凱澤和弗雷德里克‧德‧霍特曼在 16 世紀發明的 12 個星座之一。星座的蛇形圖案並不明顯，亮星構成的圖形更像是個三角形，三個頂點分別為蛇首一（水蛇座 Alpha）、蛇尾一（水蛇座 Beta）和附白一（水蛇座 Gamma）。水蛇座 VW 位於附白一的北方，這是一顆大約每個月都會爆發一次的新星，用小型天文望遠鏡很容易看到。小麥哲倫雲的外圍區域也位於水蛇座內。

## 關鍵數據

**大小排名** 61

**最亮恆星** 蛇尾一（β）2.8、蛇首一（α）2.8

**所有格** Hydri

**縮寫** Hyi

**晚間10點位於星空最高處** 10月-12月

**可見全部星座範圍** 北緯8度-南緯90度

星圖2

## 主要恆星

**蛇首一** 水蛇座Alpha (α)
白色次巨星
☀ 2.8 ⟷ 72光年

**蛇尾一** 水蛇座Beta (β)
黃色次巨星
☀ 2.8 ⟷ 24光年

## 深空天體

**PGC 6240**
橢圓星系，也稱為白玫瑰星系（White Rose Galaxy）

**NGC 602**
一群年輕恆星

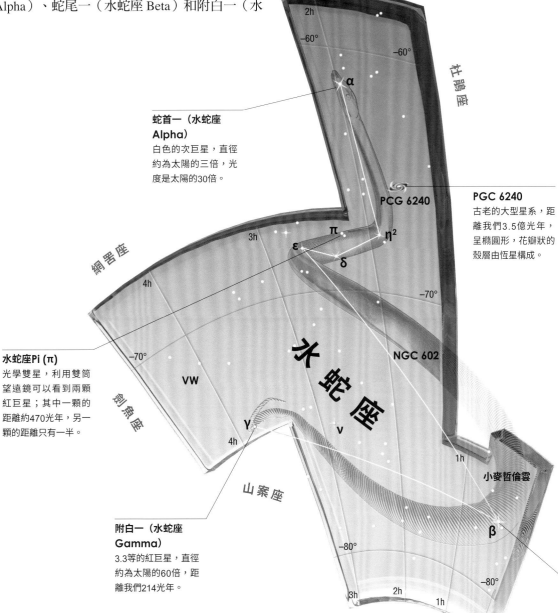

**蛇首一（水蛇座 Alpha）**
白色的次巨星，直徑約為太陽的三倍，光度是太陽的30倍。

**PGC 6240**
古老的大型星系，距離我們3.5億光年，呈橢圓形，花瓣狀的殼層由恆星構成。

**水蛇座Pi (π)**
光學雙星，利用雙筒望遠鏡可以看到兩顆紅巨星；其中一顆的距離約470光年，另一顆的距離只有一半。

**附白一（水蛇座 Gamma）**
3.3等的紅巨星，直徑約為太陽的60倍，距離我們214光年。

**蛇尾一（水蛇座Beta）**
距離我們只有24光年的黃色次巨星，質量與太陽相近，但年齡較老，恆星演化的階段也較晚一些。

△ **NGC 602**
這個星團位於巨大的恆星形成星雲N90的核心。恆星在NGC 602的中心開始形成，然後向外移動。新生成的明亮藍色恆星發出輻射，繼續雕塑星雲的內緣，而在星雲塵埃所構成的長脊上，仍有最年輕的恆星持續形成。

# 時鐘座 HOROLOGIUM
## 擺鐘

時鐘座是個黯淡不明顯的南天星座，星座內有個遙遠的球狀星團，但沒有明亮的恆星。

時鐘座涵蓋的天區沒有什麼恆星，最亮星只有 3.9 等，是法國天文學家尼古拉·路易斯·拉卡伊在 1750 年代發明的 14 個星座之一，代表當時天文臺用來精確計時的鐘錶，天圓增六（時鐘座 Alpha）是鐘面的中心，鐘擺則在時鐘座 Beta（β）和時鐘座 Lambda（λ）之間「擺動」，但也可以把擺鐘的圖形反過來，讓天圓增六代表鐘擺的底部。時鐘座的深空天體包括阿普－馬多爾 1（Arp-Madore 1），是環繞銀河系運行的球狀星團中距離我們最遠的。

### 關鍵數據

**大小排名** 58
**最亮恆星** 天圓增六
（α）3.9、時鐘座 R 4.7
**所有格** Horologii
**縮寫** Hor
**晚間10點位於星空最高處**
10月-12月
**可見全部星座範圍** 北緯8
度-南緯90度

星圖2

### 主要恆星

**天圓增六** 時鐘座 Alpha（α）
橘色巨星
☀ 3.9 ⟷ 115光年

### 深空天體

**NGC 1261**
球狀星團

**NGC 1512**
棒旋星系

**阿普－馬多爾1（AM1）**
球狀星團

**天圓增六（時鐘座 Alpha）**
這顆橘色的巨星直徑約為太陽的11倍，是時鐘座內最亮的恆星，距離地球115光年。

**NGC 1512**
這個棒旋星系距離我們約3800萬光年，寬7萬光年，使用小型天文望遠鏡可見。

**阿普－馬多爾1（AM1）**
距離地球40萬光年，是已知最遙遠的球狀星團，使用大型天文望遠鏡才看得見。

**時鐘座R**
距離地球685光年的紅巨星變星，會以約13個月的週期從5等變暗到14等。

**時鐘座TW**
距離我們約1000光年的半規則紅巨星，亮度會因膨脹和收縮而變化。

◁ **NGC 1261**
這個緊密的球狀星團離我們約5萬光年，星團因為恆星的光芒匯聚而有8.6等的亮度，適合使用雙筒望遠鏡或是小型天文望遠鏡觀測。

△ **NGC 1512**
在這個棒旋星系的明亮中心有恆星形成區和剛誕生的星團，寬2400光年。注入星系中心的氣體驅動了恆星誕生，藍色的恆星和發出紅色光芒的恆星形成氫雲，勾勒出星系外緣的旋臂。

# 山案座
## MENSA 桌山

**全天最黯淡的星座，位在天球南極附近，大麥哲倫雲就位在山案座與劍魚座的交界處。**

範圍小又黯淡的山案座是法國天文學家尼古拉·路易斯·拉卡伊發明的，1750 年代他在南非觀察南半球的天空，以開普敦附近的桌山將這個星座命名為「Mons Mensae」。山案座是他發明的 14 個星座中，唯一不是科學或藝術工具的星座。大麥哲倫雲的一部分位在這個星座內，這也是山案座最明顯的特徵。

▷ **類星體PKS 0637-752**
這顆高光度的類星體距離我們60億光年，只能用太空望遠鏡觀察，從比我們的太陽系還要小的範圍內輻射出相當於太陽10兆倍的能量，能量的起源是核心的超大質量黑洞。

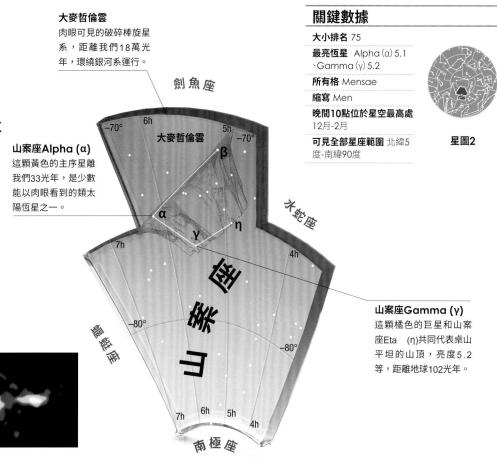

**大麥哲倫雲**
肉眼可見的破碎棒旋星系，距離我們18萬光年，環繞銀河系運行。

**山案座Alpha (α)**
這顆黃色的主序星離我們33光年，是少數能以肉眼看到的類太陽恆星之一。

**山案座Gamma (γ)**
這顆橘色的巨星和山案座Eta (η)共同代表桌山平坦的山頂，亮度5.2等，距離地球102光年。

### 關鍵數據
**大小排名** 75
**最亮恆星** Alpha (α) 5.1、Gamma (γ) 5.2
**所有格** Mensae
**縮寫** Men
**晚間10點位於星空最高處** 12月-2月
**可見全部星座範圍** 北緯5度-南緯90度

星圖2

---

# 南極座
## OCTANS 八分儀

**南極座涵蓋的天區非常貧瘠，星座內包含了天球南極，還有少數幾個重要天體。**

這是法國天文學家尼古拉·路易斯·拉卡伊於 1750 年代發明的星座，以當時剛發明的導航儀器八分儀命名，這個儀器後來演變成更為人熟知的六分儀。最值得注意的特徵是南極座 Sigma，是肉眼所能見到離南球天極最近的恆星。南極座 Gamma 由三顆並無關連的恆星排成一列，包含了兩顆黃色和一顆橘色巨星，通常能以肉眼分別。

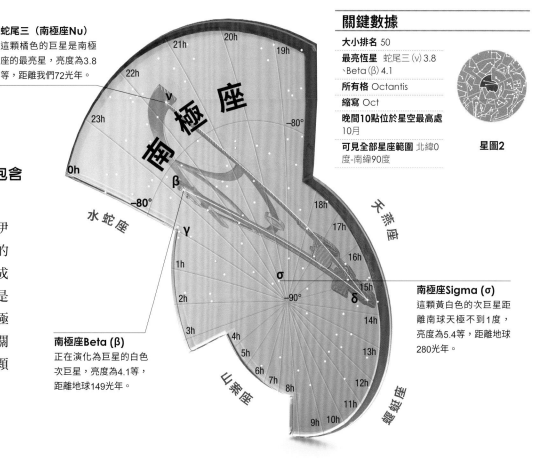

**蛇尾三（南極座Nu）**
這顆橘色的巨星是南極座的最亮星，亮度為3.8等，距離我們72光年。

**南極座Beta (β)**
正在演化為巨星的白色次巨星，亮度為4.1等，距離地球149光年。

**南極座Sigma (σ)**
這顆黃白色的次巨星距離南球天極不到1度，亮度為5.4等，距離地球280光年。

### 關鍵數據
**大小排名** 50
**最亮恆星** 蛇尾三 (ν) 3.8、Beta (β) 4.1
**所有格** Octantis
**縮寫** Oct
**晚間10點位於星空最高處** 10月
**可見全部星座範圍** 北緯0度-南緯90度

星圖2

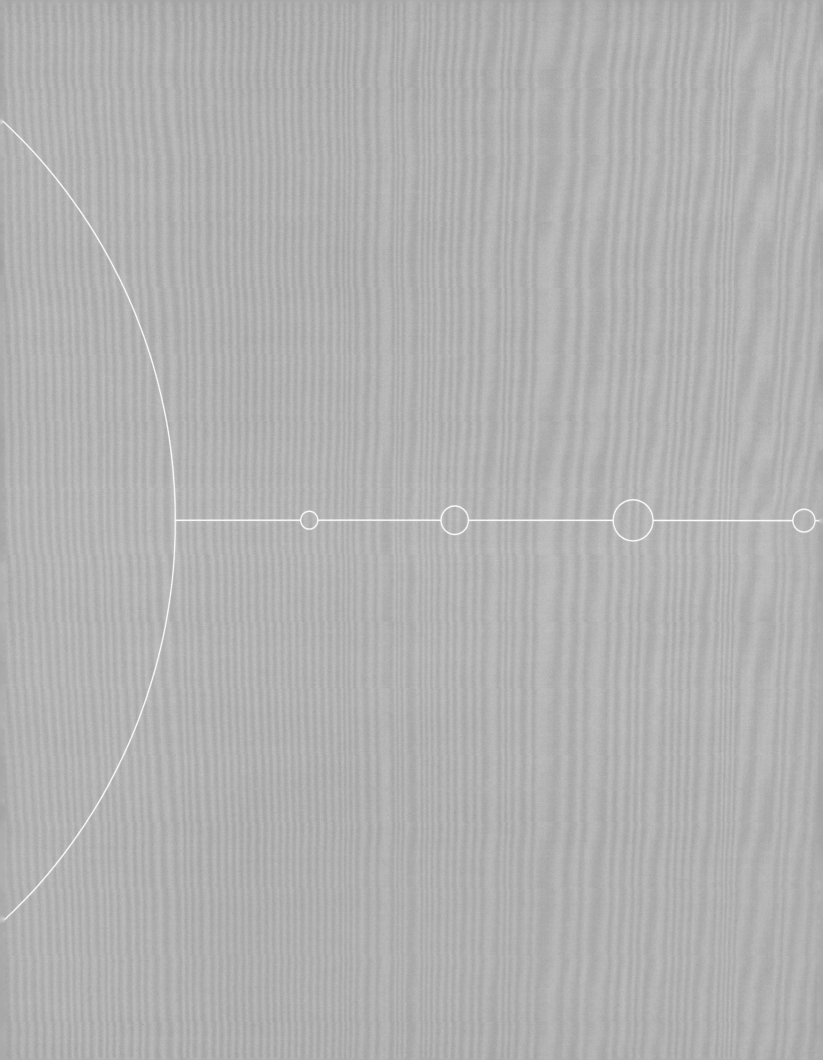

# 太陽系

在我們的家園星系——銀河系內，估計約有 2000 億顆恆星，其中只有一顆對我們的存在至關重要：這是一顆相當不起眼的主序星，我們叫它太陽。與銀河系裡的其他大多數恆星一樣，太陽不是在孤立的環境下形成的。太陽強大的重力拉住了一群和它同時形成的

# 繞著太陽轉 ────────────○

天體，其中最大的那些天體我們稱為行星。自古我們就已經知道其中的五顆，因為它們總是不停徘徊在夜空的恆星之間。有了望遠鏡和太空望遠鏡之後，我們還發現了另外兩顆行星、數百顆衛星和一百多萬顆較小的天體，包括從太陽系形成之初遺留下來的彗星和小行星。行星在圓盤上環繞太陽運行，較小的天體隨著離太陽的距離愈遠，軌道也愈加分散。最內側的行星——水星、金星、地球和火星——主要是由岩石和金屬組成的固態球體，較外側的行星——木星、土星、天王星和海王星——是由氣體和液體組成的巨行星，每顆行星又都有一群屬於自己的天然衛星。雖然我們對鄰近的天體知之甚詳，但可能尚未完全理解我們所屬的行星系統規模有多大。實際上，在太陽系黑暗的邊界之外可能還有尚未發現的大型天體存在。

◁ **太陽表面**
在接近太陽處的高溫下，幾乎所有的氣體都分離成帶電的粒子，這些電漿交織出纏繞混亂的磁場。長辮般的太陽表面翻騰不已，底下就是太陽系的熱能和光線的主要來源：一座深埋在恆星內部的核子爐。

# 太陽系

太陽系在大約 **46** 億年前，由一團緩慢旋轉的氣體塵埃雲形成。
這些氣體和塵埃聚集起來，形成繞著太陽運轉的行星和無數的小
天體。

行星的成分和當初形成時與太陽的距離很有關係，若行星是
在遠離太陽高溫處形成，那麼主要成分就是水、甲烷和其他
分子構成的冰。太陽系的範圍遠超過行星繞行的軌道範圍，
比海王星遠得多。在八顆行星之外，還散布著盤狀分布的冰
冷天體，其中有些寬度達數百公里。科學家認為在離太陽更
遠的地方，還有許多冰冷的小天體，呈球狀分布圍繞太陽
系，稱為歐特雲（Oort Cloud）。

▽ **行星的軌道**
所有的行星都以穩定的路徑繞行太陽，軌道接近圓形，且幾
乎都位在同一個盤面上。行星運動的速度取決於它們與太陽
的距離，因此水星的移動速度遠遠快過海王星。彗星、海王
星外天體（trans-Neptunian objects）和許多小行星的軌道較
偏橢圓，因此與太陽的距離變化很大。有些長週期彗星的軌
道非常細長，在數千年的週期中有時會非常靠近太陽，有時
又離得很遠。

**土星**
土星是太陽系第二大行星，也
是密度最小的行星，最明顯的
特徵就是巨大的行星環。

**太陽**
這顆恆星占了太陽系總
質量的99.8%以上。

**地球**
我們的家園以剛剛好
的距離繞行太陽，因
此能有液態水存在。

**水星**
太陽系最小的
行星，每88個
地球日就會繞
太陽運行一
圈。

**火星**
寒冷的火星有稀薄
的大氣，可能擁有
原始的生命形態。

**金星**
金星的大小和地
球差不多，但有
個濃厚、炎熱又
有毒的大氣層。

**木星**
這顆巨大的行星與太
陽的距離比地球遠了
將近5倍，質量超過其
他所有行星的總和。

**主小行星帶**
位於火星和木星之間，
大多是岩質的小天體。

古柏帶

歐特雲的外層

◁ **歐特雲**
新行星形成後，重力會把數十億顆小行星拋出太陽系。現在這些小行星形成了一大群彗星，延伸到很遠的地方，可能達到我們與最近恆星距離的四分之一。

## 岩質行星

離太陽最近的幾個行星——水星、金星、地球和火星——所含的岩石和金屬遠多過氣體。這四顆行星的表面由火山形塑，來自內部的高溫熔融物質穿破堅硬的地殼湧出。除了水星之外，其他三顆行星還有明顯的大氣層，或多或少能保護行星表面不受天體撞擊。這些大氣可能主要起源於小行星和彗星的撞擊，彗星也可能為行星帶來大量的水。在四顆行星中，只有地球和火星擁有衛星，一般相信火星的天然衛星火衛一（Phobos）和火衛二（Deimos）是被捕獲的小行星。

## 氣體行星

四個較外側的行星——木星、土星、天王星和海王星——都是龐大的巨行星，主要由圍繞緻密核心的氣體組成，每顆巨行星都有許多衛星。這些行星剛形成時就已經相當巨大，因此能從周圍的星雲中吸取氣體。巨行星都有劇烈翻騰的大氣，受到內部的熱量和太陽的能量共同驅動。這些行星因為和太陽距離較遠，環境寒冷，眾多衛星上都覆蓋著水冰形成的外殼，但也有一些衛星因為潮汐力的影響而使內部升溫。有些衛星有大氣層，有些則有活躍的火山活動。

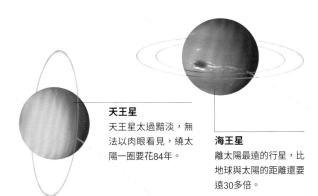

**天王星**
天王星太過黯淡，無法以肉眼看見，繞太陽一圈要花84年。

**海王星**
離太陽最遠的行星，比地球與太陽的距離還要遠30多倍。

## 太陽系小天體

在早期的太陽系中，塵埃和冰粒首先形成小天體，再逐漸累積形成行星。但仍有數十億個小天體沒有組合成行星，直到今天依然是小天體。研究這些小行星和彗星的組成，我們可以得知太陽系早期的許多狀況。其中一些最小的小天體——有的只是塵埃顆粒——進入我們的大氣層時會形成流星。但如果是較大的小天體撞擊到地面，就有可能為地球帶來威脅。罕見的小天體撞擊事件可能會導致全球性的災難，6500萬年前可能就是因為發生小天體撞擊才導致恐龍滅絕。

# planet（行星）這個字源自古希臘文，意思是「徘徊的星星」。

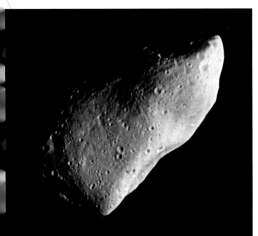

△ **小行星**
大多數的小行星，例如圖中的951號小行星加斯普拉（Gaspra），因為太小而無法形成球體。雖然大部分的小行星都由岩石組成，但我們現在已經知道有幾顆小行星在表面底下有水冰存在。

△ **矮行星和海王星外天體**
在海王星軌道外有一個名為古柏帶的扁圓盤，許多冰冷的天體在此運行。其中幾個天體因為夠大而被歸類為矮行星，包括上圖的冥王星。

△ **彗星**
彗星是結冰的小天體，接近太陽時，冰會變成氣體並釋放出灰塵，形成數百萬公里長的彗尾。上圖為67P/楚留莫夫－格拉希門克（Churyumov-Gerasimenko）彗星。

# 太陽

**對地球上的生命來說，太陽是不可或缺的，因為它提供我們溫暖和光線。雖然太陽似乎很特別，但其實只是一顆典型的恆星。因為距離很近，因此我們得以對它進行詳細研究。**

太陽的直徑有 139 萬公里，每 24.5 天自轉一圈。太陽的核心是個核融合反應爐，這裡的原子被擠壓在一起，釋放出大量的熱和光線。我們看到的太陽表面，約攝氏 6000 度，只是沸騰複雜的混亂磁場和帶電粒子的一部分。我們看得到的太陽幾乎都處於一種稱為電漿的物質狀態，氣體分離成帶負電的電子和帶正電的離子（失去電子的原子或分子）。太陽的活動週期約為 11 年，在這段期間內太陽黑子、閃焰和爆發的數量會有顯著的上升和下降。

## 太陽風

太陽風是一種帶電粒子流，以每秒數百公里的速度不停地從太陽流入太空。太陽風在太空中吹出了一個稱為「太陽圈」（heliosphere）的巨大泡泡，和星際空間區隔開來，地球和其他所有行星都在太陽圈之內沿著軌道運行。太陽風就像地球上的天氣一樣也會有變化，可能會突然變強，對行星和彗星的影響也會突然改變。

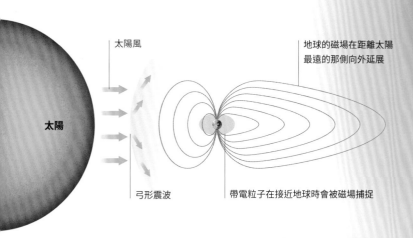

太陽風　　太陽　　地球的磁場在距離太陽最遠的那側向外延展

弓形震波　　帶電粒子在接近地球時會被磁場捕捉

△ **地球磁層**
地球因為有磁場保護，不會受到太陽風影響。這個帶有磁場的泡泡稱為磁層（magnetosphere），讓太陽風對地球的影響通常只侷限在兩極附近，所以我們在這些地方會看到極光。

日冕是太陽的上層大氣，此處的溫度遠超過太陽表面。

▷ **土星的極光**
土星像地球和多數行星一樣擁有磁層，太陽風和行星磁場之間的交互作用會在土星的兩極附近產生極光，和在地球上一樣。這張紫外線影像顯示出土星南極附近的極光。

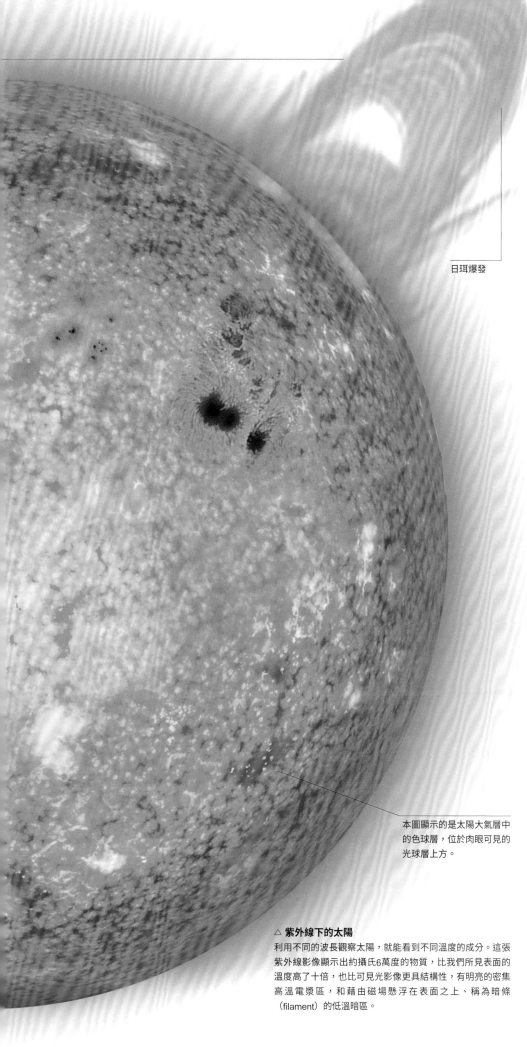

日珥爆發

本圖顯示的是太陽大氣層中的色球層，位於肉眼可見的光球層上方。

△ **紫外線下的太陽**
利用不同的波長觀察太陽，就能看到不同溫度的成分。這張紫外線影像顯示出約攝氏6萬度的物質，比我們所見表面的溫度高了十倍，也比可見光影像更具結構性，有明亮的密集高溫電漿區，和藉由磁場懸浮在表面之上、稱為暗條（filament）的低溫暗區。

## 表面特徵

太陽表面的所有特徵幾乎全由磁場控制。高溫電漿中的大尺度暗斑為日冕洞的位置，這裡是太陽風的主要起源之處，而日冕洞中的磁場也會隨著太陽風進入太空。明亮的斑塊稱為活躍區（active region），為捕捉了高溫電漿的緊密扭曲磁場，通常在活躍區的下方會有太陽黑子。活躍區爆發時，就會形成在所有波段下都非常明亮的太陽閃焰，持續數分鐘甚至更久。

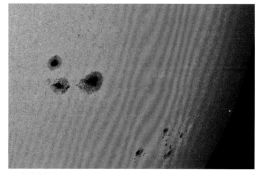

△ **太陽黑子**
這些黑暗區域比周圍的溫度低，但還是非常高溫，是太陽內部磁場束從表面穿透出來的地方。

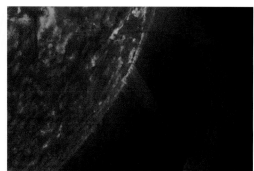

△ **日珥（Prominence）**
從太陽可見表面（光球）凸起的羽狀低溫密集電漿。

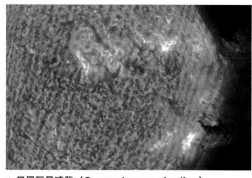

△ **日冕巨量噴發（Coronal mass ejection）**
往太空噴發的電漿噴發，大小和速度不一，有些可能會對地球磁層造成巨大影響。

# 內側行星

**包括地球在內的四顆內側行星都是岩質天體，在相對接近太陽的地方接受溫暖的照射。它們都有堅硬的岩石地殼，但環境迥然不同。**

行星的重力影響了大氣的多寡。水星太小，因此無法保有明顯的大氣層。火星的空氣正在逐漸消失，從前火星上有較多空氣。金星和地球則可以維持濃厚的大氣層。

## 金星

雖然金星的大小幾乎和地球差不多，直徑為 1 萬 2104 公里，但金星的演化和地球大相逕庭。金星的自轉速度很慢，每 243 個地球日才轉一圈，表面被許多火山流出的物質覆蓋。它的大氣極厚，表面大氣壓力是地球的 90 倍，溫度約為攝氏 460 度。

## 水星

水星直徑為 4879 公里，是類地行星中最小的一顆，但卻密度很高，擁有巨大的鐵核，可以產生與地球相似的全球性磁場。水星的大氣非常稀薄，幾乎接近真空狀態，大部分是因為太陽粒子撞擊水星表面的緣故。水星的溫度很極端，變化範圍從攝氏零下 170 度到 420 度。

水星表面看起來與月球極為相似，表面有無數的撞擊坑，還有一些由熔岩流形成的光滑區域。

◁ **水星隕石坑**
像這樣的新鮮撞擊坑，顯示水星多樣的土壤和岩石成分。圖中的明亮物質是小型小行星撞擊而拋出來的。

金星濃厚的雲層過濾了太陽光，使得基本上是灰色的金星表面呈現出橘色調。

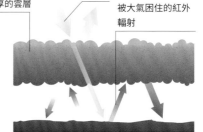

濃厚的雲層　　陽光　　被大氣困住的紅外輻射

◁ **溫室效應**
濃厚的大氣和雲層造就了金星極高的表面溫度。有一部分陽光會穿透大氣進入金星表面，為金星加熱；被加熱的地面發出紅外光，而金星的大氣會讓熱無法散逸到太空中。

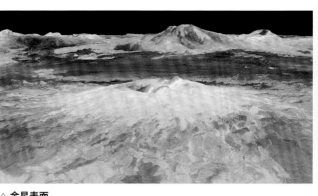

△ **金星表面**
利用可以穿透金星濃厚雲層的雷達觀測，顯示金星的表面幾乎完全被火山和熔岩流覆蓋，撞擊坑很少。

## 地球

我們的家園是內側行星中最大的一顆，直徑 1 萬 2756 公里。在地球表面幾乎看不到撞擊坑，因為它們曾經存在的痕跡已經被空氣和水抹去。在茫茫大海底下還隱藏著獨特的特徵：水下長鏈火山產生的新鮮岩石正逐漸補充海床。海床就像一條緩慢移動的巨大輸送帶，從大陸的下方沉入地球內部。

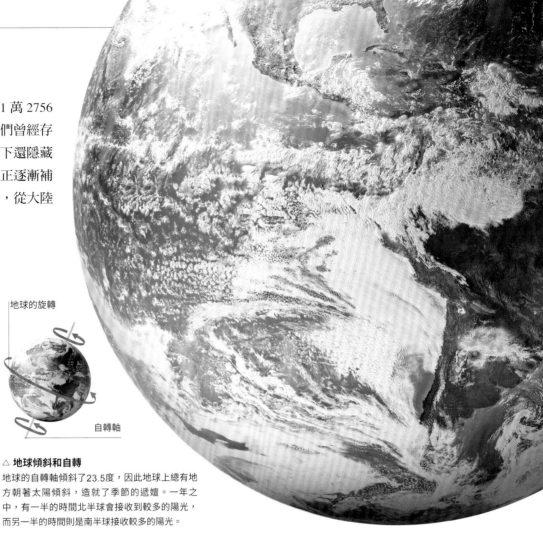

△ **水和生命**
地球與太陽的距離，配上地球大氣層的厚度，讓地球上的水能以液體、固體和氣體的形式存在。科學家認為液態水對地球生命的起源至關重要，不過目前我們還不知道為什麼地球會有這麼多水。

地球的旋轉

自轉軸

△ **地球傾斜和自轉**
地球的自轉軸傾斜了23.5度，因此地球上總有地方朝著太陽傾斜，造就了季節的遞嬗。一年之中，有一半的時間北半球會接收到較多的陽光，而另一半的時間則是南半球接收較多的陽光。

## 火星

火星的直徑 6792 公里，表面積幾乎等於地球各大陸面積的總和，我們稱它為「紅色行星」。火星的表面與地球最相似，是太陽系內少數幾個可能出現生命的地方，甚至可能現在仍有生命存在（見第 82 頁）。由於火星的空氣太稀薄，即使在溫度高於攝氏 0 度的狀況下，仍無法長期維持液態水存在。但有大量證據顯示過去的火星大氣可能較厚，因此對火星生命來說，數十億年前的生存條件要好得多。

火星表面大部分的岩石都呈現氧化狀態，就像金屬生鏽一樣呈橘色調。

△ **火星表面**
很少有行星的地形像火星這樣充滿變化，從布滿隕石坑的古老陸地，到平坦的平原和陡降的峽谷。火星上最高的火山奧林帕斯山（Olympus Mons），比火星表面高25公里，而巨大的水手號峽谷（Valles Marineris）則比周圍的平原低了7公里。

△ **水的證據**
火星上的水道和峽谷等特徵，清楚顯示火星古代曾有流動的水。即使現在仍有短暫的水流跡象，如圖中的隕石坑斜坡所示。科學家認為陽光融化了埋在地下的水冰成為流動的水，之後才蒸發進入稀薄的大氣。

# 外側行星

**和岩石構成的內側行星不同，四顆巨大的外側行星大部分都是氣體組成的。這些些巨行星都有好幾十個衛星，每顆行星都自成一個迷你的行星系統。**

這四顆外側行星都比地球大得多，雖然如此，它們的一天都比地球的一天要短，因為自轉快速，使得這幾顆行星的大氣形成帶狀。太空船的探測結果顯示，這些行星都有磁場，大氣中也會發生極光。這四顆外側行星都有行星環系統，其中以土星環最巨大。

木星的雲帶是由上升空氣的淺色區域和下降空氣的暗色區域交替構成。

## 土星

土星的直徑超過 12 萬 536 公里，是太陽系第二大行星，擁有和木星相似的帶狀大氣，但雲層結構較柔和。土星被巨大的土星環系統環繞，土星環可能源自被毀的衛星殘骸。最大的衛星土衛六泰坦（Titan）有濃厚的大氣層，表面壓力比地球表面大。

△ **土星環**
土星環幾乎是由純淨的水冰構成，含有少量塵埃。其中一個最大的環稱為E環，目前持續由土衛二（Enceladus）噴發的冰晶補充。

## 木星

木星的直徑有 14 萬 2984 公里，在赤道處可容納 10 顆地球並排。這顆最大行星的巨大質量影響了許多天體的軌道，例如很多彗星的軌道就被木星改變。這顆巨大的行星擁有極強的磁場，能捕捉高能粒子，因此木星對人類太空探索來說有危險性。

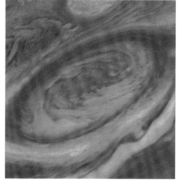

◁ **大紅斑**
這個壯觀翻騰的風暴已經在木星大氣層中存在了至少300年之久。一般來說，大紅斑的寬度約3萬公里，能夠並排放下二到三顆地球。大紅斑的形狀和亮度會發生變化，它的紅色調可能來自深層大氣中被翻攪上來的化學物質。

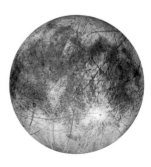

▷ **木衛二歐羅巴（Europa）**
木星的這顆大型衛星充滿了冰，表面布滿裂縫，並且全球都覆蓋著受到潮汐力加溫而出現的海洋。這裡既有水，又溫暖，是生命可能出現的少數幾個地方之一。

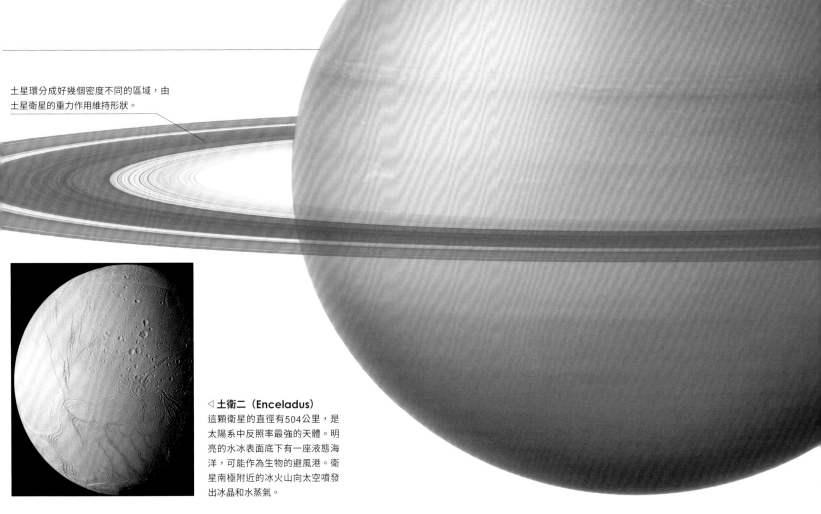

土星環分成好幾個密度不同的區域,由土星衛星的重力作用維持形狀。

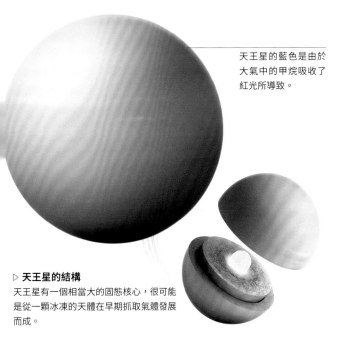

◁ **土衛二(Enceladus)**
這顆衛星的直徑有504公里,是太陽系中反照率最強的天體。明亮的水冰表面底下有一座液態海洋,可能作為生物的避風港。衛星南極附近的冰火山向太空噴發出冰晶和水蒸氣。

# 天王星

天王星這顆奇特的行星是人類用望遠鏡發現的的一個行星,直徑為 5 萬 1118 公里,自轉軸是橫的,就像躺著繞太陽旋轉,因此季節變化很極端。在冬季中期,大氣沒有什麼特殊變化,但赤道受到太陽加熱時會突然活躍起來。1977 年因天王星環短暫擋住一顆遙遠恆星的光線,我們才發現天王星有薄環。

# 海王星

科學家最初是根據其他行星受到的影響,預測出海王星的存在和大概的位置。海王星的直徑為 4 萬 9775 公里,大氣層比天王星更活躍,有巨大的風暴。有一顆巨大的衛星海衛一(Triton),但這顆衛星的逆向軌道顯示它是很久以前被海王星捕獲的。海王星環並不均勻,許多物質聚集在纖細的環內側,構成一段段的弧形。

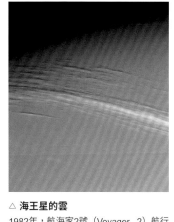

△ **海王星的雲**
1982年,航海家2號(Voyager 2)航行到太陽系的遙遠邊緣時,發現了這個讓人想起地球的景象,但其實海王星大氣中的這些白雲可能是冰凍的甲烷。

天王星的藍色是由於大氣中的甲烷吸收了紅光所導致。

海王星的大氣和所有的巨行星一樣,主要由氫和氦構成,也和天王星一樣含有甲烷。

▷ **天王星的結構**
天王星有一個相當大的固態核心,很可能是從一顆冰凍的天體在早期抓取氣體發展而成。

海王星的天氣活動和強風顯示行星內部有熱源存在。

# 月球

月球是太陽系中唯一一個尺寸和母行星差別不算懸殊的
衛星，但我們的這顆天然衛星非常乾燥，又沒有氣體。

## 形成和結構

科學家相信，過去曾有一顆和火星差不
多大的天體撞上年輕的地球，撞擊的殘
骸進入太空，最後合併成我們今天看到
的月球。之後月球的軌道逐漸變寬也變
長，現在的月球每 27.3 天繞行地球一
圈。月球的內部曾經非常溫暖，有許多
火山爆發，但現在皆已停止。

## 表面特徵

月球的表面在過去數十億年來受到無數的撞擊，大部
分的月球表面布滿了大大小小的隕石坑。從地球看過
去，月球上最明顯的特徵是它的暗斑，稱為月海，是
流動的熔岩覆蓋大型撞擊盆地而形成，劇烈的火山爆
發在十多億年前結束。

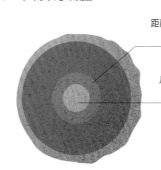

雨海（Mare Imbrium）
是月球上最大的月海之
一。

距離地球最遠處的
地殼較厚

月球的核心
偏向地球

△ 水平錯斷結構
在月球歷史早期，地球重力產生的潮汐
力扭曲了月球的對稱結構。

◁ 海因撞擊坑（Hayn
impact crater）
這個典型的撞擊坑是由
小行星或彗星撞擊月球
所形成，有平坦的底部
和月表反彈形成的中央
峰。

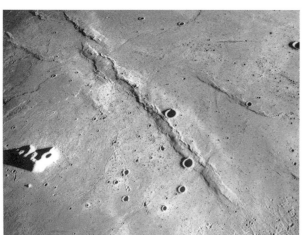

◁ 熔岩平原
月海是大片熔岩覆蓋住月球上幾個大
面積區域所形成，但並不是完全光滑
無瑕，熔岩發生冷卻和收縮的地方會
出現皺脊。

◁ 滲穴
這個直徑不到100公尺的窪坑，因曾經有
熔岩流經的地下水道坍塌而產生。地球
上的火山地區也能看到類似的特徵。

高加索山脈（Montes Caucasus）

### ◁ 月球的正面

月球繞自轉軸旋轉一圈所需的時間，和它繞地球公轉一圈的時間相同，這種現象稱為同步自轉（synchronous rotation），因此月球永遠會以圖中這面朝向地球。

## 地球的衛星

地球上的海洋因月球而發生潮汐：月球的重力把海水往自己的方向拉，因此在地球的一側產生隆起，在相反的另一側月球重力最弱之處則產生另一個隆起。月球的存在也可以穩定地球的自轉軸，有助於生命在地球上發展。

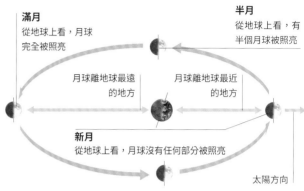

**滿月**
從地球上看，月球完全被照亮

**半月**
從地球上看，有半個月球被照亮

月球離地球最遠的地方

月球離地球最近的地方

**新月**
從地球上看，月球沒有任何部分被照亮

太陽方向

### △ 月相

從地球上看，月球受陽光照射區域大小會發生變化，因而形成了月相。地球與月球的距離從36萬2600到40萬5400公里不等，軌道並不是圓形的。

### △ 月球上的太空人

在1969年到1972年的六次阿波羅（Apollo）任務期間，共有12名太空人踏上月球。他們的工作，以及針對他們帶回地球的月球岩石和土壤所做的研究，改變了我們對月球科學的認識。

這張照片是在太陽和地球之間拍攝的，此時地球幾乎完全被照亮。

月球背面只有少部分區域有月海。

### △ 地球和月球

本圖清楚顯示地球和月球表面之間的差異。灰色的月球表面只會反射12%的光線，而色彩繽紛的地球則反射了大約30%的光線。從這個角度也能看到在地球上無法見到的月球背面。

# 附録

# 恆星和星群

## 明亮的恆星

夜晚可見的恆星各有不同的亮度，最明亮的天狼星比肉眼所能看見的最暗星亮了 1000 倍。古希臘天文學家依巴谷把恆星依「重要性」分類，其中 1 是最明亮的，6 是最黯淡的。現在我們把這個分類稱為「視星等」（apparent magnitude）。視星等每大 1 等，就暗了 2.51 倍。而恆星的「絕對星等」（absolute magnitude），是指恆星位在 32.6 光年的標準距離下的視星等。

### 最亮的恆星

| 星名 | 星座 | 視星等 | 絕對星等 | 與地球的距離 (光年) | 類型 |
|---|---|---|---|---|---|
| 天狼星 | 大犬座 | -1.47 | 1.42 | 8.6 | 藍白色主序星 |
| 老人星 | 船底座 | -0.72 | -5.53 | 310 | 白色巨星 |
| 南門二 | 半人馬座 | -0.28 | 4.07 | 4.4 | 黃色主序星 |
| 大角星 | 牧夫座 | -0.10 | -0.31 | 37 | 橘色巨星 |
| 織女星 | 天琴座 | 0.03（變星） | 0.58 | 25 | 藍白色主序星 |
| 五車二 | 御夫座 | 0.08 | -0.48 | 43 | 黃色巨星 |
| 參宿七 | 獵戶座 | 0.13（變星） | -7.92 | 860 | 藍色超巨星 |
| 南河三 | 小犬座 | 0.40 | 2.68 | 11 | 白色主序星 |
| 水委一 | 波江座 | 0.50 | -2.77 | 144 | 藍白色主序星 |
| 參宿四 | 獵戶座 | 0.45（變星） | -5.14 | 498 | 紅色超巨星 |
| 馬腹一 | 半人馬座 | 0.61（變星） | -5.23 | 390 | 藍白色巨星 |
| 牛郎星 | 天鷹座 | 0.76（變星） | 2.20 | 17 | 白色主序星 |
| 十字架二 | 南十字座 | 0.77 | -4.19 | 322 | 藍白色次巨星 |
| 畢宿五 | 金牛座 | 0.87 | -0.63 | 67 | 紅色巨星 |
| 角宿一 | 室女座 | 0.98（變星） | -3.55 | 250 | 藍白色巨星 |
| 心宿二 | 天蠍座 | 0.90（變星） | -5.28 | 550 | 橘色巨星 |
| 北河三 | 雙子座 | 1.16 | 1.09 | 34 | 橘色巨星 |
| 北落師門 | 南魚座 | 1.16 | 1.73 | 25.0 | 藍白色主序星 |
| 十字架三 | 南十字座 | 1.25（變星） | -3.92 | 278 | 藍白色巨星 |
| 天津四 | 天鵝座 | 1.25 | -8.38 | 1,400 | 藍白色超巨星 |

## 巨星

絕大多數恆星都離我們太遠，無法直接測量恆星的半徑。通常我們是利用半徑、能量輸出和表面溫度等相關的物理定律，來估算恆星的大小。由於許多最大的恆星會產生脈動，因此大小的準確度只有 10% 左右。根據理論的估計，如果巨星的大小超過太陽的 1500 倍，就會變得不穩定。地球和木星的軌道分別是太陽半徑的 215 倍和 1120 倍，下表中所有的恆星都比木星的軌道更大。

### 已知最大的恆星（依半徑排列）

| 星名 | 估計半徑(太陽半徑=1) | 類型 |
| --- | --- | --- |
| 盾牌座UY | 1,700 | 紅色超巨星 |
| 天鵝座NML | 1,640 | 紅色特超巨星 |
| WOH G64 | 1,540 | 紅色特超巨星 |
| 仙王座RW | 1,535 | 橘色特超巨星 |
| 維斯特盧 (Westerlund) 1-26 | 1,530 | 紅色超巨星 |
| 仙王座V354 | 1,520 | 紅色超巨星 |
| 人馬座VX | 1,520 | 紅色特超巨星 |
| 大犬座VY | 1,420 | 紅色特超巨星 |
| 天鵝座KY | 1,420 | 紅色特超巨星 |
| 天蠍座AH | 1,410 | 紅色超巨星 |

## 鄰近的恆星和星群

在鄰近太陽的恆星中，有 90% 以上是主序星，50% 是雙星或三星。兩顆恆星之間的平均距離約為 7 光年，像航海家 1 號這樣的太空船要花大約 10 萬年才能航行這麼遠。

在接下來的 2 萬 5000 年裡，比鄰星仍然會是距離太陽最近的恆星，之後南門二則會更靠近太陽。隨著太陽每 2 億 2500 萬年在銀河系裡繞行一圈，表上的名單也會慢慢改變。

### 距離最近的恆星和星群

| 名稱 | 星群 | 成員星 | 視星等 | 絕對星等 | 與地球的距離（光年） | 類型 |
| --- | --- | --- | --- | --- | --- | --- |
| 太陽 | 單星 | | -26.78 | 4.82 | 0.000016 | 黃色主序星 |
| 南門二、半人馬座Alpha | 三合星 | 比鄰星<br>南門二A<br>南門二B | 11.09<br>0.01<br>1.34 | 15.53<br>4.38<br>5.71 | 4.2<br>4.4<br>4.4 | 紅色主序星<br>黃色主序星<br>橘色主序星 |
| 巴納德之星 | 單星 | | 9.53 | 13.22 | 5.9 | 紅色主序星 |
| 沃夫359 | 單星 | | 13.44 | 16.55 | 7.8 | 紅色主序星 |
| 拉蘭德21185 | 單星 | | 7.47 | 10.44 | 8.3 | 紅色主序星 |
| 天狼星、大犬座Alpha | 雙星 | 天狼星A<br>天狼星B | -1.43<br>8.44 | 1.47<br>11.34 | 8.6<br>8.6 | 藍白色主序星<br>白矮星 |
| 魯坦726-8 | 雙星 | 鯨魚座BL<br>鯨魚座UV | 12.54<br>12.99 | 15.40<br>15.85 | 8.7<br>8.7 | 紅色主序星<br>紅色主序星 |
| 羅斯154 | 單星 | | 10.43 | 13.07 | 9.7 | 紅色主序星 |
| 羅斯248 | 單星 | | 12.29 | 14.79 | 10.3 | 紅色主序星 |
| 天苑四、波江座Epsilon | 單星 | | 3.73 | 6.19 | 10.5 | 橘色主序星 |
| 拉卡伊9352 | 單星 | | 7.34 | 9.75 | 10.7 | 紅色主序星 |
| 羅斯128 | 單星 | | 11.13 | 13.51 | 10.9 | 紅色主序星 |
| 寶瓶座EZ | 三合星 | 寶瓶座EZ A<br>寶瓶座EZ B<br>寶瓶座EZ C | 13.33<br>13.27<br>14.03 | 15.64<br>15.58<br>16.34 | 11.3<br>11.3<br>11.3 | 紅色主序星<br>紅色主序星<br>紅色主序星 |
| 南河三、小犬座Alpha | 雙星 | 南河三A<br>南河三B | 0.34<br>10.4 | 2.66<br>12.98 | 11.4<br>11.4 | 白色主序星<br>白矮星 |
| 天鵝座61 | 雙星 | 天鵝座61 A<br>天鵝座61 B | 5.21<br>6.03 | 7.49<br>8.31 | 11.4<br>11.4 | 橘色主序星<br>橘色主序星 |

# 星座

## 天空中的圖案

天空分為 88 個區域，大部分區域都包含可識別的恆星圖案。這些星座幫助天文學家命名恆星，描述行星和彗星的位置，且通常可以藉此分辨方向。天體區域的命名始於大約 4000 年前。

公元 150 年左右，托勒密列出了可以從地中海地區看到的 48 個星座；1590 年代，荷蘭探險家穿越赤道到達南半球海洋時增加一些星座。到了 17 世紀，天文學家又進行了更多補充。

## 星座表（以區域排列）

| 排名 | 名稱 | 縮寫 | 命名者 | 排名 | 名稱 | 縮寫 | 命名者 |
|---|---|---|---|---|---|---|---|
| 1 | 長蛇座 | Hya | 托勒密 | 45 | 天鶴座 | Gru | 凱澤／霍特曼 |
| 2 | 室女座 | Vir | 托勒密 | 46 | 豺狼座 | Lup | 托勒密 |
| 3 | 大熊座 | UMa | 托勒密 | 47 | 六分儀座 | Sex | 約翰·赫維留 |
| 4 | 鯨魚座 | Cet | 托勒密 | 48 | 杜鵑座 | Tuc | 凱澤／霍特曼 |
| 5 | 武仙座 | Her | 托勒密 | 49 | 印第安座 | Ind | 凱澤／霍特曼 |
| 6 | 波江座 | Eri | 托勒密 | 50 | 南極座 | Oct | 尼可拉·路易·拉卡伊 |
| 7 | 飛馬座 | Peg | 托勒密 | 51 | 天兔座 | Lep | 托勒密 |
| 8 | 天龍座 | Dra | 托勒密 | 52 | 天琴座 | Lyr | 托勒密 |
| 9 | 半人馬座 | Cen | 托勒密 | 53 | 巨爵座 | Crt | 托勒密 |
| 10 | 寶瓶座 | Aqr | 托勒密 | 54 | 天鴿座 | Col | 彼得勒斯·普朗修斯 |
| 11 | 蛇夫座 | Oph | 托勒密 | 55 | 狐狸座 | Vul | 約翰·赫維留 |
| 12 | 獅子座 | Leo | 起源自巴比倫 | 56 | 小熊座 | UMi | 托勒密 |
| 13 | 牧夫座 | Boo | 托勒密 | 57 | 望遠鏡座 | Tel | 尼可拉·路易·拉卡伊 |
| 14 | 雙魚座 | Psc | 托勒密 | 58 | 時鐘座 | Hor | 尼可拉·路易·拉卡伊 |
| 15 | 人馬座 | Sgr | 托勒密 | 59 | 繪架座 | Pic | 尼可拉·路易·拉卡伊 |
| 16 | 天鵝座 | Cyg | 托勒密 | 60 | 南魚座 | PsA | 托勒密 |
| 17 | 金牛座 | Tau | 起源自巴比倫 | 61 | 水蛇座 | Hyi | 凱澤／霍特曼 |
| 18 | 鹿豹座 | Cam | 彼得勒斯·普朗修斯 | 62 | 唧筒座 | Ant | 尼可拉·路易·拉卡伊 |
| 19 | 仙女座 | And | 托勒密 | 63 | 天壇座 | Ara | 托勒密 |
| 20 | 船尾座 | Pup | 尼可拉·路易·拉卡伊 | 64 | 小獅座 | LMi | 約翰·赫維留 |
| 21 | 御夫座 | Aur | 托勒密 | 65 | 羅盤座 | Pyx | 尼可拉·路易·拉卡伊 |
| 22 | 天鷹座 | Aql | 托勒密 | 66 | 顯微鏡座 | Mic | 尼可拉·路易·拉卡伊 |
| 23 | 巨蛇座 | Ser | 托勒密 | 67 | 天燕座 | Aps | 凱澤／霍特曼 |
| 24 | 英仙座 | Per | 托勒密 | 68 | 蝎虎座 | Lac | 約翰·赫維留 |
| 25 | 仙后座 | Cas | 托勒密 | 69 | 海豚座 | Del | 托勒密 |
| 26 | 獵戶座 | Ori | 托勒密 | 70 | 烏鴉座 | Crv | 托勒密 |
| 27 | 仙王座 | Cep | 托勒密 | 71 | 小犬座 | CMi | 托勒密 |
| 28 | 天貓座 | Lyn | 約翰·赫維留 | 72 | 劍魚座 | Dor | 凱澤／霍特曼 |
| 28 | 天秤座 | Lib | 托勒密 | 73 | 北冕座 | CrB | 托勒密 |
| 30 | 雙子座 | Gem | 托勒密 | 74 | 矩尺座 | Nor | 尼可拉·路易·拉卡伊 |
| 31 | 巨蟹座 | Cnc | 托勒密 | 75 | 山案座 | Men | 尼可拉·路易·拉卡伊 |
| 32 | 船帆座 | Vel | 尼可拉·路易·拉卡伊 | 76 | 飛魚座 | Vol | 凱澤／霍特曼 |
| 33 | 天蠍座 | Sco | 起源自巴比倫 | 77 | 蒼蠅座 | Mus | 凱澤／霍特曼 |
| 34 | 船底座 | Car | 尼可拉·路易·拉卡伊 | 78 | 三角座 | Tri | 托勒密 |
| 35 | 麒麟座 | Mon | 彼得勒斯·普朗修斯 | 79 | 蝘蜓座 | Cha | 凱澤／霍特曼 |
| 36 | 玉夫座 | Scl | 尼可拉·路易·拉卡伊 | 80 | 南冕座 | Cra | 托勒密 |
| 37 | 鳳凰座 | Phe | 凱澤／霍特曼 | 81 | 雕具座 | Cae | 尼可拉·路易·拉卡伊 |
| 38 | 獵犬座 | CVn | 約翰·赫維留 | 82 | 網罟座 | Ret | 尼可拉·路易·拉卡伊 |
| 39 | 白羊座 | Ari | 托勒密 | 83 | 南三角座 | TrA | 凱澤／霍特曼 |
| 40 | 摩羯座 | Cap | 起源自巴比倫 | 84 | 盾牌座 | Sct | 約翰·赫維留 |
| 41 | 天爐座 | For | 尼可拉·路易·拉卡伊 | 85 | 圓規座 | Cir | 尼可拉·路易·拉卡伊 |
| 42 | 后髮座 | Com | 傑拉杜斯·麥卡托（Gerardus Mercator） | 86 | 天箭座 | Sge | 托勒密 |
| 43 | 大犬座 | CMA | 托勒密 | 87 | 小馬座 | Equ | 托勒密 |
| 44 | 孔雀座 | Pav | 凱澤／霍特曼 | 88 | 南十字座 | Cru | 祖奧·法拉斯（João Faras） |

# 銀河系和其他星系

## 本星系群

本星系群是由超過 54 個星系在重力束縛下組成的星系團，成員主要是矮星系，約 1000 萬光年寬。主要是三個巨大的星系：銀河系、仙女座星系和三角座星系，每一個大星系又都有一群繞行的小型衛星星系。在 1936 年，美國天文學家愛德溫 哈伯首度發現本星系群的存在。部分比較異常的星系（包括唧筒座矮星系、六分儀座 A 和 NGC 3109）仍不太確定是否為本星系群的成員，在大型星系後方可能還有其他尚未發現的成員星系。

### 本星系群的星系

| 名稱 | 類型 | 與太陽系的距離（光年） | 直徑 | 名稱 | 類型 | 與太陽系的距離（光年） | 直徑 |
|---|---|---|---|---|---|---|---|
| 銀河系 | 棒旋 | 0 | 100,000 | IC 1613 | 不規則 | 2,365,000 | 10,000 |
| 人馬座矮星系 | 矮橢圓 | 78,000 | 20,000 | NGC 147 | 矮橢圓 | 2,370,000 | 10,000 |
| 大熊座II | 矮橢圓 | 100,000 | 1,000 | 仙女座III | 矮橢圓 | 2,450,000 | 3,000 |
| 大麥哲倫雲 | 破碎棒旋 | 165,000 | 25,000 | 鯨魚座矮星系 | 矮橢圓 | 2,485,000 | 3,000 |
| 小麥哲倫雲 | 不規則 | 195,000 | 15,000 | 仙女座I | 矮橢圓 | 2,520,000 | 2,000 |
| 牧夫座矮星系 | 矮橢圓 | 197,000 | 2,000 | LGS 3 | 不規則 | 2,520,000 | 2,000 |
| 小熊座矮星系 | 矮橢圓 | 215,000 | 2,000 | 仙女座星系（M31） | 棒旋 | 2,560,000 | 140,000 |
| 玉夫座矮星系 | 矮橢圓 | 258,000 | 3,000 | M32 | 矮橢圓 | 2,625,000 | 8,000 |
| 天龍座矮星系 | 矮橢圓 | 267,000 | 2,000 | M110 | 矮橢圓 | 2,960,000 | 15,000 |
| 六分儀座矮星系 | 矮橢圓 | 280,000 | 3,000 | IC 10 | 不規則 | 2,960,000 | 8,000 |
| 大熊座I | 矮橢圓 | 325,000 | 3,000 | 三角座星系（M33） | 螺旋 | 2,735,000 | 55,000 |
| 船底座矮星系 | 矮橢圓 | 329,000 | 2,000 | 杜鵑座矮星系 | 矮橢圓 | 2,870,000 | 2,000 |
| 天爐座矮星系 | 矮橢圓 | 450,000 | 5,000 | 飛馬座矮星系 | 不規則 | 3,000,000 | 6,000 |
| 獅子座II | 矮橢圓 | 669,000 | 3,000 | WLM | 不規則 | 3,020,000 | 10,000 |
| 獅子座I | 矮橢圓 | 815,000 | 3,000 | 寶瓶座矮星系 | 不規則 | 3,345,000 | 3,000 |
| 鳳凰座矮星系 | 不規則 | 1,450,000 | 2,000 | SAGDIG | 不規則 | 3,460,000 | 3,000 |
| NGC 6822 | 不規則 | 1,520,000 | 8,000 | 唧筒座矮星系 | 矮橢圓 | 4,030,000 | 3,000 |
| NGC 185 | 矮橢圓 | 2,010,000 | 8,000 | NCG 3109 | 不規則 | 4,075,000 | 25,000 |
| 仙女座II | 矮橢圓 | 2,165,000 | 3,000 | 六分儀座A | 不規則 | 4,350,000 | 10,000 |
| 獅子座A | 不規則 | 2,250,000 | 4,000 | 六分儀座B | 不規則 | 4,385,000 | 8,000 |

## 星系團和星系群

宇宙中的星系並非隨機分布，而是受到重力束縛，位在包含數十個、甚至數千個星系的星系群之中。我們所在區域受到「巨引源」（主要成員為矩尺座星系團）主宰，因此影響了愛德溫·哈伯發現的正常宇宙膨脹現象。星系團又會聚集成超星系團，星系團的直徑約為 600 萬到 3000 萬光年之間。

### 星系團和星系群

| 名稱 | 距離（百萬光年） | 退行速度（公里／秒） |
|---|---|---|
| 本星系群 | 0 | |
| M81星群 | 11 | 334 (207) |
| 半人馬座星系群 | 12 | 299 (186) |
| 玉夫座星系群 | 12.7 | 292 (181) |
| 獵犬座星系群I | 13 | 483 (300) |
| 獵犬座星系群II | 26 | 703 (387) |
| M51星群 | 31 | 555 (345) |
| 獅子座三重星系 | 35 | 662 (386) |
| 獅子座星系群I | 38 | 680 (423) |
| 天龍座星系群 | 40 | 704 (437) |
| 大熊座星系群 | 55 | 1,016 (631) |
| 室女座星系團 | 59 | 1,139 (708) |

位在波江座的星系團MACS J0416.1-2403

# 梅西耶天體

## 深空天體星表

法國天文學家查爾斯 梅西耶（1730-1817 年）列出小型望遠鏡容易觀察的星雲和星團，製作了一份星表，他使用的名稱（例如 M31 代表仙女座星系）有很多一直沿用至今。梅西耶是一位彗星獵人（他發現了 13 個彗星），不想把存在時間較短的彗星和外觀相似的永久性天體混為一談。他在巴黎用一架 10 公分的折射式望遠鏡搜尋天空，因此他的星表中沒有位在赤緯 35.7 度以南的天體。他在 1760 年開始編纂這份星表，最後列出了 110 個天體。

## 梅西耶星表

| 梅西耶編號 | 星座 | 一般名稱 | 天體類型 | 梅西耶編號 | 星座 | 一般名稱 | 天體類型 |
|---|---|---|---|---|---|---|---|
| M1 | 金牛座 | 蟹狀星雲 | 超新星殘骸 | M31 | 仙女座 | 仙女座星系 | 螺旋星系 |
| M2 | 寶瓶座 | | 球狀星團 | M32 | 仙女座 | | 矮橢圓星系 |
| M3 | 獵犬座 | | 球狀星團 | M33 | 三角座 | 三角座星系 | 螺旋星系 |
| M4 | 天蠍座 | | 球狀星團 | M34 | 英仙座 | | 疏散星團 |
| M5 | 巨蛇座(頭) | | 球狀星團 | M35 | 雙子座 | | 疏散星團 |
| M6 | 天蠍座 | 蝴蝶星團 | 疏散星團 | M36 | 御夫座 | | 疏散星團 |
| M7 | 天蠍座 | 托勒密星團 | 疏散星團 | M37 | 御夫座 | | 疏散星團 |
| M8 | 人馬座 | 礁湖星雲 | 發射星雲 | M38 | 御夫座 | | 疏散星團 |
| M9 | 蛇夫座 | | 球狀星團 | M39 | 天鵝座 | | 疏散星團 |
| M10 | 蛇夫座 | | 球狀星團 | M40 | 大熊座 | 溫內克(Winnecke) 4 | 雙星 |
| M11 | 盾牌座 | 野鴨星團 | 疏散星團 | M41 | 大犬座 | | 疏散星團 |
| M12 | 蛇夫座 | | 球狀星團 | M42 | 獵戶座 | 獵戶座星雲 | 發射／反射星雲 |
| M13 | 武仙座 | | 球狀星團 | M43 | 獵戶座 | 迪馬倫的星雲(De Mairan's Nebula) | 發射／反射星雲 |
| M14 | 蛇夫座 | | 球狀星團 | M44 | 巨蟹座 | 蜂巢星團、鬼宿星團 | 疏散星團 |
| M15 | 飛馬座 | | 球狀星團 | M45 | 金牛座 | 昴宿星團、七姊妹星團 | 疏散星團 |
| M16 | 巨蛇座(尾) | 老鷹星雲 | 疏散星團發射星雲 | M46 | 船尾座 | | 疏散星團 |
| M17 | 人馬座 | 歐米加星雲、天鵝星雲 | 發射星雲 | M47 | 船尾座 | | 疏散星團 |
| M18 | 人馬座 | | 疏散星團 | M48 | 長蛇座 | | 疏散星團 |
| M19 | 蛇夫座 | | 球狀星團 | M49 | 室女座 | | 橢圓星系 |
| M20 | 人馬座 | 三裂星雲 | 發射／反射暗星雲 | M50 | 麒麟座 | | 疏散星團 |
| M21 | 人馬座 | | 疏散星團 | M51 | 獵犬座 | 渦狀星系 | 螺旋星系 |
| M22 | 人馬座 | | 球狀星團 | M52 | 仙后座 | | 疏散星團 |
| M23 | 人馬座 | | 疏散星團 | M53 | 后髮座 | | 球狀星團 |
| M24 | 人馬座 | 人馬座恆星雲 | 銀河系內的背景恆星 | M54 | 人馬座 | | 球狀星團 |
| M25 | 人馬座 | | 疏散星團 | M55 | 人馬座 | | 球狀星團 |
| M26 | 盾牌座 | | 疏散星團 | M56 | 天琴座 | | 球狀星團 |
| M27 | 狐狸座 | 啞鈴星雲 | 行星狀星雲 | M57 | 天琴座 | 環狀星雲 | 行星狀星雲 |
| M28 | 人馬座 | | 球狀星團 | M58 | 室女座 | | 棒旋星系 |
| M29 | 天鵝座 | | 疏散星團 | M59 | 室女座 | | 橢圓星系 |
| M30 | 摩羯座 | | 球狀星團 | M60 | 室女座 | | 橢圓星系 |

## 梅西耶星表（接上頁）

| 梅西耶編號 | 星座 | 一般名稱 | 天體類型 | 梅西耶編號 | 星座 | 一般名稱 | 天體類型 |
|---|---|---|---|---|---|---|---|
| M61 | 室女座 | | 螺旋星系 | M98 | 后髮座 | | 螺旋星系 |
| M62 | 蛇夫座 | | 球狀星團 | M99 | 后髮座 | | 螺旋星系 |
| M63 | 獵犬座 | 向日葵星系 | 螺旋星系 | M100 | 后髮座 | | 螺旋星系 |
| M64 | 后髮座 | 黑眼星系 | 螺旋星系 | M101 | 大熊座 | 風車星系 | 螺旋星系 |
| M65 | 獅子座 | | 螺旋星系 | M102 | | 不明天體 | 可能為室女座內的NGC 5866 透鏡狀星系 |
| M66 | 獅子座 | | 螺旋星系 | M103 | 仙后座 | | 疏散星團 |
| M67 | 巨蟹座 | | 疏散星團 | M104 | 室女座 | 墨西哥帽星系 | 螺旋星系 |
| M68 | 長蛇座 | | 球狀星團 | M105 | 獅子座 | | 橢圓星系 |
| M69 | 人馬座 | | 球狀星團 | M106 | 獵犬座 | | 螺旋星系 |
| M70 | 人馬座 | | 球狀星團 | M107 | 蛇夫座 | | 球狀星團 |
| M71 | 天箭座 | | 球狀星團 | M108 | 大熊座 | | 棒旋星系 |
| M72 | 寶瓶座 | | 球狀星團 | M109 | 大熊座 | | 棒旋星系 |
| M73 | 寶瓶座 | | 星群 | M110 | 仙女座 | | 矮橢圓星系 |
| M74 | 雙魚座 | | 螺旋星系 | | | | |
| M75 | 人馬座 | | 球狀星團 | | | | |
| M76 | 英仙座 | 小啞鈴星雲 | 行星狀星雲 | | | | |
| M77 | 鯨魚座 | | 棒旋星系 | | | | |
| M78 | 獵戶座 | | 反射星雲 | | | | |
| M79 | 天兔座 | | 球狀星團 | | | | |
| M80 | 天蠍座 | | 球狀星團 | | | | |
| M81 | 大熊座 | 波德星系 (Bode's Galaxy) | 螺旋星系 | | | | |
| M82 | 大熊座 | 雪茄星系 | 螺旋星系 | | | | |
| M83 | 長蛇座 | 南風車星系 | 棒旋星系 | | | | |
| M84 | 室女座 | | 橢圓或透鏡狀星系 | | | | |
| M85 | 后髮座 | | 透鏡狀星系 | | | | |
| M86 | 室女座 | | 透鏡狀星系 | | | | |
| M87 | 室女座 | 室女座A | 橢圓星系 | | | | |
| M88 | 后髮座 | | 螺旋星系 | | | | |
| M89 | 室女座 | | 橢圓星系 | | | | |
| M90 | 室女座 | | 螺旋星系 | | | | |
| M91 | 后髮座 | | 棒旋星系 | | | | |
| M92 | 武仙座 | | 球狀星團 | | | | |
| M93 | 船尾座 | | 疏散星團 | | | | |
| M94 | 獵犬座 | | 螺旋星系 | | | | |
| M95 | 獅子座 | | 棒旋星系 | | | | |
| M96 | 獅子座 | | 螺旋星系 | | | | |
| M97 | 大熊座 | 貓頭鷹星雲 | 行星狀星雲 | | | | |

礁湖星雲（M8）內的恆星形成雲氣。

# 名詞解釋

## A

### 絕對星等 Absolute magnitude
用來衡量恆星等天體的真實亮度，定義為該星體在 10 秒差距（32.6 光年）時的視星等。另見「視星等」、「光度」。

### 吸積 Accretion
（1）小天體因撞擊黏合在一起，逐漸變成較大的天體。（2）天體從周圍積聚物質而使質量變大的過程。

### 活躍星系 Active galaxy
在各種波長範圍都能發出極大量電磁輻射的星系。這些輻射來自中心的「活躍星系核」，可能是由超大質量黑洞吸積氣體所驅動。這類天體有多種不同的名稱，雖然外觀上的不同可能是由於我們從地球觀察天體的不同角度所導致。另見「蝎虎 BL 型類星體」、「類星體」、「西佛星系」。

### 視星等 Apparent magnitude
衡量從地球上所見恆星或其他天體的亮度，取決於它的距離和光度。天體愈亮，視星等的數值就愈小。另見「絕對星等」、「光度」。

### 星群 Asterism
夜空中由明亮恆星構成的形狀，通常只是星座的一部分。例如，北斗七星（或稱「犁」）是大熊座內的星群。另見「星座」。

### 小行星 Asteroid
形狀不規則的小型太陽系天體，直徑小於 1000 公里，成分為岩石或金屬。大多數小行星位於火星和木星軌道間的小行星帶。

### 天文單位 Astronomical unit (AU)
以地球與太陽之間平均距離做為基準的距離單位，約為 1 億 5000 萬公里。

### 大氣 Atmosphere
環繞行星的氣體或環繞恆星的低密度電漿區域。

### 原子 Atom
一般物質的組成粒子。中心較重的原子核有質子（帶正電，每個化學元素的質子數量不同）和中性的中子，原子核周圍有電子（帶負電，與質子數量相等）圍繞。另見「電子」、「離子」。

### 極光 Aurora
來自太陽的高能粒子受地球磁場偏轉，與地球大氣層中的原子碰撞而產生的發光現象，多見於極區。

### 軸 Axis
天體繞著它旋轉的那條假想線。

## B

### 背景輻射 Background radiation
見「宇宙微波背景輻射」

### 棒旋星系 Barred spiral galaxy
一種中央有細長棒狀區域，並從末段延伸出旋臂的星系。另見「螺旋星系」。

### 大霹靂 Big Bang
宇宙誕生的事件。根據大霹靂理論，宇宙起源於約 138 億年前極度高溫緻密的狀態，從那之後就持續膨脹。

### 雙星 Binary star
一對恆星圍繞一個共同的質心運行。另見「質量中心」。

### 黑矮星 Black dwarf star
前身是白矮星，經過大幅度的冷卻後，已經偵測不到它發出的光。宇宙目前的年齡還不足以讓黑矮星形成。另見「褐矮星」、「白矮星」。

### 黑洞 Black hole
太空中大量物質塌陷之處，沒有任何東西——包括光線——可以逃脫它的重力。在星系中心發現的超大質量黑洞質量可達太陽的數十億倍。

### 蝎虎 BL 型類星體 Blazar
以發出的輻射來說，是最明亮和變化最大的一種活躍星系。另見「活躍星系」。

### 藍移 Blueshift
紅移的相反：物體向觀察者移動時，發出的電磁輻射會往高頻移動。另見「紅移」。

### 包克雲球 Bok globule
一種緊密的暗星雲，科學家認為這是原恆星的前身。另見「原恆星」。

### 棕矮星 Brown dwarf
由氣體雲收縮形成類似恆星的天體，但因為質量太低，無法達到足以維持核融合的溫度。

## C

### 天球赤道 Celestial equator
天球上的假想圈，是天球上的地球赤道投影。另見「天球」。

### 天極 Celestial poles
天空中位於地球的北極和南極正上方的兩點，天球看起來像繞著連接天極的軸旋轉。

### 天球 Celestial sphere
圍繞地球的假想球體。地球從西向東旋轉時，天球看起來好像由東向西旋轉。我們把恆星和其他天體都想像成位於天球的內面，以定義它們的位置。

### 質量中心 Centre of mass
兩個以上的物體繞著它旋轉的點。兩顆恆星互繞旋轉時，如果其中一顆的質量較大，那麼質量中心會比較靠近較重的天體。

### 造父變星 Cepheid variable
一種光度會規律改變的變星。造父變星在體積膨脹和收縮時會發生亮度的變化。造父變星的光度愈高，變化週期就愈長。另見「光度」、「變星」。

### 色球層 Chromosphere
太陽大氣中位於光球層和日冕之間的薄層。另見「日冕」、「光球」。

### 彗星 Comet
一種繞行太陽的小天體，主要由充滿塵埃的冰組成。彗星進入太陽系內部時，部分物質會蒸發，因而往往形成一條由氣體和塵埃組成的長尾。

### 星座 Constellation
（1）夜空中的恆星圖形名稱，讓我們可以方便地描述從地球上看到的天體位置。（2）根據這些傳統星座把天球畫分成的 88 個區域，作為參照的基準。

### 日冕 Corona
太陽或其他恆星大氣的最外層，向太空延伸數十萬公里。溫度非常高，但密度很低。

### 宇宙微波背景輻射 Cosmic microwave background radiation (CMBR)
大霹靂遺留下來，從天空各個方向發出的輻射。

## D

### 暗能量 Dark energy
一個不為人知的現象，似乎占了宇宙中質能總和的 70% 左右，是用來解釋宇宙何以正在加速膨脹的必要因素。

### 暗物質 Dark matter
一種不明物質，似乎只通過重力相互作用而不是通過發射或吸收電磁輻射，與普通的原子物質相反。科學家認為它在宇宙中大量存在，因為沒有它，星系勢必會在旋轉時飛散四方。

**赤緯 Declination**
天球上的赤緯相當於地球上的緯度。一顆恆星的赤緯是它與天球赤道以北或以南的角距離。另見「赤經」。

**瀰漫星雲 Diffuse nebula**
缺乏明確的外部邊界和明顯內部特徵的星雲。另見「星雲」。

**雙星 Double star**
在天空中看起來很靠近的兩顆恆星。如果它們真的互繞運轉，就稱為物理雙星系統。光學雙星是兩顆看起來很靠近，但其實只是因為從地球看過去位在同一個視線方向上。另見「物理雙星」。

**矮行星 Dwarf planet**
與行星類似的球形天體，但質量不足以清除自身軌道路徑上的其他天體，冥王星即為此例。另見「行星」。

**E**

**食雙星 Eclipsing binary**
一種物理雙星系統，兩顆恆星會交錯經過另一顆恆星的前方，遮掩部分或全部的光線，並造成系統整體亮度的週期性改變。

**黃道 Ecliptic**
（1）一年之中太陽相對於背景恆星在天球上的軌跡。（2）地球繞太陽運行的軌道平面（這也決定了上述第 1 種含義中的黃道位置）。另見「天球」、「黃道帶」。

**電磁輻射 Electromagnetic radiation**
在整個宇宙中以帶有震盪電場和磁場的波的形式，以光速前進並傳遞能量的輻射。另見「電磁波譜」。

**電磁波譜 Electromagnetic spectrum**
從無線電波（具有最低頻率和最長波長）到微波、紅外輻射、可見光、紫外輻射、X 射線，到伽瑪射線（具有最高頻率和能量，以及最短波長）的全部電磁輻射範圍。

**電子 Electron**
帶有負電荷的次原子粒子，存在於所有的原子中。電子比構成原子核的質子和中子輕得多。另見「原子」。

**橢圓星系 Elliptical galaxy**
形狀為橢圓形或圓形的星系。橢圓星系通常包含較年老的恆星，而且幾乎沒有現今恆星形成的證據。

**歐洲太空總署 European Space Agency (ESA)**
由大多數歐洲國家支持的組織，總部設在巴黎。

**系外行星 Exoplanet**
見「太陽系外行星」。

**太陽系外行星（系外行星）Extrasolar planet (exoplanet)**
繞行太陽以外恆星的行星。

**嗜極端生物 Extremophile**
任何能在極端條件——如高壓、極高或極低的溫度，或不尋常的化學環境——下繁衍的生命形式，

**F**

**融合（核融合）Fusion (nuclear fusion)**
在高溫下原子核結合成較重原子核的過程。恆星的能量來源就是核心釋放出大量能量的核融合反應。

**G**

**星系盤面 Galactic plane**
星系——特別是銀河系——的圓盤平面，大部分的恆星都位於此處。

**星系 Galaxy**
恆星系統、氣體、塵埃和暗物質因重力聚集而形成的巨大集合體。星系中可以容納數百萬到數兆顆恆星。另見「活躍星系」、「橢圓星系」、「不規則星系」、「透鏡狀星系」、「螺旋星系」。

**星系團 Galaxy cluster**
由 50 到 1000 個星系因重力聚集形成的集合。

**超星系團 Galaxy supercluster**
星系團聚集而形成的集合。超星系團中可能包含 1 萬個以上的星系，散布在太空中直徑約 2 億光年的範圍內。

**伽瑪輻射 Gamma radiation**
極短波長、高頻率和高能量的電磁輻射。另見「電磁輻射」、「電磁波譜」

**氣體巨型星 Gas giant**
主要由氫和氦組成的巨大行星，如太陽系中的木星和土星。另見「岩質行星」。

**球狀星團 Globular cluster**
由 1 萬到 100 萬顆恆星組成，分布型態接近球形的恆星集團。球狀星團的恆星非常古老，主要位於星系周圍的球暈區域。

**重力束縛 Gravitationally bound**
任何因成員之間的重力吸引而維持的天文系統都稱為受到重力束縛，如太陽系和銀河系。

**重力 Gravity**
所有具有質量或能量的物體之間的吸引力，在地球上以重量的形式表現。重力使行星繞著太陽旋轉，恆星繞著銀河系中心運行。

**H**

**赫羅圖 Hertzsprung-Russell（HR）**
根據恆星的光度和表面溫度／顏色繪製的圖表。另見「光度」、「主序星」。

**熱木星 Hot Jupiter**
大小與組成類似木星的太陽系外行星，但與母恆星的距離更近，因此也更熱。另見「太陽系外行星」。

**哈伯常數 Hubble constant**
聯結星系距離與遠離我們星系速度的數學常數，代表了對宇宙膨脹速率的估計。

**特超巨星 Hypergiant star**
質量特別高的恆星，比超巨星更大。特超巨星的質量可能超過太陽的 100 倍，但壽命很短，燃燒得很快。

**I**

**紅外輻射 Infrared radiation**
波長比可見光長，但比微波或無線電波短的電磁輻射，例如日常生活中的熱輻射。另見「電磁輻射」、「電磁波譜」。

**干涉法 Interferometry**
一種測量從遠處發出的重疊電磁波的技術，能獲得更清晰的天體影像。結合相距數千公里遠的望遠鏡或無線電波望遠鏡陣列的觀測數據，得到的影像相當於使用與陣列大小相同的虛擬大型望遠鏡。

**離子 Ion**
原子失去或獲得一個或多個電子，因此帶有正電荷或負電荷，這種過程稱為「游離」。另見「電子」。

**不規則星系 Irregular galaxy**
缺乏明確結構或對稱性的星系。

**K**

**古柏帶 Kuiper Belt**
海王星外充滿冰質和岩質天體的太陽系外圍區域。另見「歐特雲」。

**L**

**透鏡狀星系 Lenticular galaxy**
狀似凸透鏡的星系，有與扁平圓盤融合在一起的中央核球，但沒有旋臂。

**光年 Light-year**
一種測量單位，定義為一年內光在真空中前進的距離。1 光年相當於 9 兆 4600 億公里。

**本星系群 Local Group**
由 50 多個星系組成的小星系團，成員包含我們的銀河系。這個星系群的大多數成員都是小型的橢圓星系或不規則星系，但也包含另外兩

個大型螺旋星系，其中之一是知名的仙女座星系。另見「星系團」。

**回溯距離 Lookback distance**
遙遠天體光線抵達我們所走的距離，比天體原本的距離更長（因為宇宙在光線行進時也正在膨脹），但比天體目前的距離要短（因為天體目前的距離比它發出這道光時的距離更遠）。

**光度 Luminosity**
太陽或恆星等輻射源每秒鐘發出的總能量。另見「絕對星等」。

**M**

**磁場 Magnetic field**
磁體周圍磁力會影響帶電粒子運動的區域。

**星等 Magnitude**
恆星或其他天體亮度的度量單位。另見「絕對星等」、「視星等」。

**主序星 Main-sequence star**
任何落在赫羅圖上主對角地帶內的恆星，赫羅圖的兩軸分別是光度與溫度。主序星將核心中的氫轉化為氦，並且可能在序列中保持相同的位置達數十億年，確切的位置主要取決於恆星的原始質量。 太陽就是一個主序星。另見赫羅圖。

**梅西耶星表 Messier catalogue**
法國天文學家查爾斯・梅西耶和他的助手皮埃爾・梅尚（Pierre Méchain）編纂的星雲（包含目前已確認為星系的部份天體）星表，於 1781 年出版。星表中的天體名稱為 M 再加上個別數字，例如仙女座星系是 M31。另見「新總表」。

**流星 Meteor**
小型太陽系天體進入地球大氣層時，因燃燒而形成的短暫光跡。如果抵達地面，則稱為「隕石」。

**隕石 Meteorite**
小型固態的太陽系天體穿過地球或其他行星大氣，殘存抵達地面的部分。

**微波輻射 Microwave radiation**
波長比無線電波短，但比紅外線和可見光長的電磁輻射。另見「電磁輻射」、「電磁波譜」。

**銀河（系）Milky Way**
（1）一開始是指由我們家園星系圓盤內大量恆星和星雲發出的光，在夜空中匯聚而成的光帶。 （2）現在也是星系本身的名稱。

**芻藁型變星（或稱米拉變星）Mira variable**
一種巨大的變星，亮度變化的週期約在 100 至 500 天之間。另見「變星」。

**天然衛星 Moon**
繞著行星運行的天體。月球是地球的天然衛星。

**聚星 Multiple star**
由三顆以上恆星組成，因為重力束縛在一起，並彼此圍繞旋轉的系統。另見「物理雙星」。

**N**

**美國航太總署 National Aeronautics andSpace Administration（NASA）**
美國主要的太空機構。

**星雲 Nebula**
星際空間中的氣體和塵埃雲。有些星雲是恆星形成的地方，有些則是恆星生命結束時產生。另見「行星狀星雲」。

**微中子 Neutrino**
質量極低且不帶電荷的粒子，以接近光速前進，很少與其他物質交互作用。

**中子星 Neutron star**
密度極高的緻密恆星，由緊密堆積的中子（中性的次原子粒子）組成。因質量不足以形成黑洞的超新星爆炸而形成。另見「脈衝星」。

**新總表 New General Catalogue（NGC）**
由 J.L.E. 德雷耳於 1888 年編纂的星團和星雲目錄（包括現在已確認為星系的天體）。星表中的天體名稱為 NGC 再加上個別數字。經過修訂後，這個系統至今仍在使用。另見「梅西耶星表」。

**新星 Nova**
突然變亮的恆星，在數週或數個月內恢復到原來的亮度。當另一顆恆星的氣體流向白矮星，引發表面的融合反應時，就會發生恆星變亮的情形。另見「融合」、「超新星」。

**核融合 Nuclear fusion**
見「融合」。

**O**

**可觀測宇宙 Observable Universe**
宇宙從大霹靂到現在，光線有時間抵達地球的範圍。

**歐特雲 Oort cloud**
數以兆計包圍太陽系的冰質天體（如彗核），呈球殼狀分布，範圍延伸至距離太陽超過 1 光年處。

**疏散星團 Open cluster**
相對分散的恆星集團，在同一時間形成。另見「球狀星團」。

**光學雙星 Optical double**
見「雙星」。

**軌道 Orbit**
天體受另一個天體的重力影響而繞著它旋轉的路徑。

**P**

**粒子 Particle**
在天文學中通常代表質子或中子這類的次原子粒子，或大小類似的奇特粒子。

**光球 Photosphere**
太陽或其他恆星的分層之一，大部分的光由此發出，形成可見的表面。另見「色球層」、「日冕」。

**行星 Planet**
繞著恆星運轉的大型天體。行星的重力夠大，能夠讓自身形成球形，也能清除軌道上的其他天體。另見「矮行星」。

**行星狀星雲 Planetary nebula**
質量與太陽相近的恆星邁向生命盡頭時拋出的發光氣體球殼。威廉・赫歇爾首次使用這個詞彙來表示類似行星的圓形星雲。

**電漿 Plasma**
電子和帶正電離子的混合物，性質像氣體，但能導電，也會受磁場影響。太陽和其他恆星就是由高溫電漿組成。另見「離子」。

**歲差 Precession**
地球自轉軸（即北極和南極所指的方向）緩慢的循環變化，需要 2 萬 5800 年才能繞一圈。陀螺旋轉時可見到類似的現象。這個詞彙也適用於其他天文週期，例如行星軌道最遠位置的緩慢變化。

**日珥 Prominence**
向太陽日冕劇烈噴發出的電漿，通常呈環狀。另見「日冕」、「電漿」。

**原行星 Protoplanet**
行星的前身。在許多新生恆星周圍的原行星盤中，由許多較小的天體逐漸聚集形成。科學家認為行星是由原行星碰撞形成的。

**原恆星 Protostar**
恆星形成的早期階段，此時氫融合尚未開始。

**脈衝星 Pulsar**
快速旋轉的中子星，從磁極發出強大的輻射噴流。中子星旋轉時，如果噴流剛好掃過地球的方向，我們就會檢測到脈衝。另見「中子星」。

**脈動變星 Pulsating variable**
見「變星」。

## Q

**類星體 Quasar**
緻密且極為強大的輻射源，現在我們相信這是一種高亮度的活躍星系。大多數類星體距離我們的星系極為遙遠，因此我們看到的類星體處於宇宙歷史的早期。另見「活躍星系」。

## R

**無線電波望遠鏡 Radio telescope**
用於探測天體發出的無線電波的儀器。最常見的類型是凹面的盤狀，能夠收集無線電波，並聚焦在探測器上。

**紅矮星 Red dwarf star**
紅色低溫的低光度恆星。紅矮星在宇宙中很常見，且壽命很長。

**紅巨星 Red giant star**
類太陽恆星在生命末期極度膨脹，而形成表面低溫的紅色恆星。之所以稱為巨星是因為它的大小和光度，而不是因為質量。另見「超巨星」。

**紅移 Redshift**
物體遠離觀察者時，發出的電磁輻射會往低頻移動。緊急車輛高速駛離時，鳴笛的音調聽起來會變低，是類似的原理。

**反射望遠鏡 Reflector**
以曲面鏡收集光鏡並聚焦的望遠鏡。另見「折射望遠鏡」。

**折射望遠鏡 Refractor**
以透鏡收集光鏡並聚焦的望遠鏡。另見「反射望遠鏡」。

**相對論 Relativity**
20 世紀初期由愛因斯坦提出的兩項理論。狹義相對論描述了觀察者的相對運動如何影響質量、長度和時間的測量。其中一項結論是質量和能量是等效的。廣義相對論則是視重力為時空的扭曲。另見「時空」。

**赤經 Right ascension**
天球上的赤經相當於地球上的經度。某顆恆星的赤經是從春分點向東與該恆星之間的角距離，單位以時、分、秒表示，1 小時相當於 15 度。另見「赤緯」。

**岩質行星 Rocky planet**
主要由岩石組成的行星。太陽系中的四顆岩質行星為水星、金星、地球和火星。另見「氣體巨行星」。

## S

**衛星 Satellite**
天然衛星是環繞行星運行的天體，人造衛星是指人為放置在地球或其他行星周圍軌道上的物體。

**西佛星系 Seyfert galaxy**
中央區域特別明亮的螺旋星系。科學家認為西佛星系與類星體十分相似，但威力沒那麼強大，且離我們的星系更近。另見「活躍星系」。

**奇異點 Singularity**
重力把物質壓縮到密度無限大的一點，已知的物理定律在這裡失效。理論暗示在黑洞的中心有奇異點存在。另見「黑洞」。

**太陽閃焰 Solar flare**
太陽表面局部區域猛烈釋放大量能量的現象。

**太陽系 Solar System**
太陽與繞行的八顆行星、較小天體（矮行星、衛星、小行星、彗星和海王星外天體）、塵埃和氣體所組成的系統。

**太陽風 Solar wind**
從太陽發出、流過太陽系的連續高速粒子流。

**時空 Spacetime**
三維空間（長度、寬度、高度）和一維時間的結合。另見「相對論」。

**螺旋星系 Spiral galaxy**
一種星系類型，中央有大量的恆星，周圍環繞著由恆星、氣體和塵埃構成的扁平圓盤，可見的主要特徵聚集成旋臂。另見「棒旋星系」。

**恆星 Star**
巨大的發光電漿體，藉由中心的核反應產生能量。另見「融合」、「電漿」。

**星團 Star cluster**
一群恆星受重力束縛而聚集成的集團。另見「球狀星團」、「疏散星團」。

**次巨星 Subgiant**
光度比表面溫度和顏色相同的主序星高出許多的恆星。

**太陽黑子 Sunspot**
太陽光球層中的強磁場活動區域。溫度較周圍的光球層低，因此看起來較暗。另見「光球層」。

**超級地球 Super-Earth**
質量比地球大，但比天王星和海王星這類行星小的太陽系外行星。另見「太陽系外行星」。

**超巨星 Supergiant star**
光度非常高、直徑非常大的恆星。

**超新星 Supernova**
大質量恆星發生猛烈爆炸，把大部分物質噴出，亮度在短時間內大幅增加的現象。白矮星吸引鄰近恆星的物質後發生爆炸時，會產生另一種類型的超新星。

## T

**海王星外天體 Trans-Neptunian object**
在海王星軌道以外的地方繞行太陽的太陽系天體。

## U

**紫外線輻射 Ultraviolet radiation**
波長比可見光短，但比 X 射線長的電磁輻射。另見「電磁輻射」。

**宇宙 Universe**
由於大霹靂而產生的所有物質、能量和空間的總稱。

## V

**變星 Variable star**
亮度會變化的恆星。脈動變星的體積會規律地膨脹和收縮，因此產生亮度的變化。爆發變星會忽然變亮又快速變暗。另見「造父變星」、「芻藁型變星」、「食雙星」。

## W

**波長 Wavelength**
波動中連續兩個波峰之間的距離。

**白矮星 White dwarf star**
與我們太陽相似的恆星，在死亡時將外層拋入太空後，留下的高溫緻密小型發光天體。

**沃夫－瑞葉星 Wolf-Rayet star**
以極快速度噴出氣體的高溫大質量恆星。

## X

**X- 射線 X-ray**
波長比紫外線短，但比伽瑪射線長的電磁輻射。另見「電磁輻射」。

## Z

**天頂 Zenith**
天空中位於觀察者正上方的點。

**黃道帶 Zodiac**
天球周圍的假想環帶，太陽、月球和行星在其中運行。也代表從地球上看到的太陽系平面。另見「黃道」。

# 索引

# 謝誌與圖片出處

DK出版社感謝下列人士協助完成本書：Peter Frances在初步編輯上的協助；Shahid Mahmood和Charlotte Johnson協助設計；Constance Novis幫忙校對；Helen Peters編列索引；特別感謝Adam Block (http://adamblockphotos.com) 在影像上的協助。

出版社要感謝下列單位或人士允許本書刊登圖片：
(標註說明：a-上；b-下或最下；c-中；f最；l-左；r-右；t-最上)

**4-5 NASA:** ESA
**6-7 NASA:** ESA, N. Smith (University of California, Berkeley), and The Hubble Heritage Team (STScI / AURA)
**10 NASA:** ESA, the Hubble Heritage Team (STScI / AURA), A. Nota (ESA / STScI), and the Westerlund 2 Science Team
**12 Science Photo Library:** Mark Garlick (tr)
**14 © CERN :** Mona Schweizer (br)
**15 Carnegie Mellon University and NASA:** ESA / S. Beckwith (STScI) and the HUDF Team (bl)
**16 Alamy Stock Photo:** Keystone Pictures USA (cr). **Corbis:** Bettmann (cl); Roger Ressmeyer (bc). **Exotic India:** (tc)
**17 Corbis:** Stefano Bianchetti (tc). **From Nichol 1846 plate VI:** (c). **NASA:** (bl); C. Henze (br). **Thinkstock:** Photos.com (tl)
**18 Professor Justin R. Crepp:** (c). **ESA:** Hubble & NASA (bl). **ESO:** B. Tafreshi (twanight.org) (cl); TRAPPIST / E. Jehin (tr). **NASA:** The Hubble Heritage Team (AURA / STScI) (bc).
**18-19 NOAO / AURA / NSF:** N. Smith (b)
**19 ESO:** (tr). **NASA:** ESA and J. Lotz, M. Mountain, A. Koekemoer, and the HFF Team (STScI) (br); The Hubble Heritage Team (AURA / STScI) / J. Bell (Cornell University), and M. Wolff (Space Science Institute, Boulder) (tl); JPL / Space Science Institute (tc)
**22 ESA:** Hubble & NASA (br). **ESO:** John Colosimo (tr)
**25 SOHO (ESA & NASA):** (cr)
**29 Alamy Stock Photo:** Stocktrek Images, Inc. (tr)
**31 NOAO / AURA / NSF:** T.A. Rector (NRAO / AUI / NSF and NOAO / AURA / NSF) and B.A. Wolpa (NOAO / AURA / NSF)
**32 NASA:** The Hubble Heritage Team (AURA / STScI) (tr)
**33 ESO:** H. Boffin (cr). **NASA:** ESA and

The Hubble Heritage Team (STScI / AURA) (tl)
**35 Corbis:** Ikon Images / Oliver Burston (b)
**37 NASA:** CXC / SAO (tr, tl)
**38-39 NASA:** X-ray: NASA / CXC / Caltech / P.Ogle et al; Optical: NASA / STScI; IR: NASA / JPL-Caltech; Radio: NSF / NRAO / VLA
**41 John Chumack www.galacticimages.com:** (bl). **ESA:** Hubble & NASA (br). **NASA:** CXC / SAO / M. Karovska et al. (cra); JPL-Caltech / UCLA (c)
**42 NASA:** ESA, and the Hubble Heritage Team (STScI / AURA) – Hubble / Europe Collaboration (tr); STScI (bc); ESA and The Hubble Heritage Team (STScI / AURA) (br)
**44 ESO:** (br). **NASA:** ESA / A. Feild (STScI) (cr)
**45 ESO:** M.-R. Cioni / VISTA Magellanic Cloud survey
**46 NASA:** ESA, and P. Kalas (University of California, Berkeley) (cl, bl)
**48 ESA:** CNES / D. Ducros (tl). **NASA:** (bl)
**50 NASA:** ESA, and the Hubble Heritage Team (STScI / AURA) - ESA / Hubble Collaboration (tr); ESA, P. Goudfrooij (STScI) (crb); ESA (clb); ESA, Digitized Sky Survey 2 (cb)
**51 Adam Block:** Pat Balfour / NOAO / AURA / NSF (bl); Mount Lemmon SkyCenter / University of Arizona (adamblockphotos.com) (cl, c, cr, bc, br). **NASA:** ESA and The Hubble Heritage Team (STScI / AURA) (tr)
**52 Corbis:** Science Faction / Tony Hallas
**53 ESA:** Hubble & NASA / Judy Schmidt and J. Blakeslee (Dominion Astrophysical Observatory) (tr). **NASA:** and The Hubble Heritage Team (STScI / AURA) (cr); ESA and The Hubble Heritage Team (STScI / AURA) (tc); ESA, and the Hubble Heritage (STScI / AURA)-ESA / Hubble Collaboration (cb)
**54-55 NASA:** JPL-Caltech / ESA / CXC / STScI
**56-57 ESO:** A. Duro
**58-59 NASA:** JPL-Caltech
**58 ESA:** and the Planck Collaboration (bl)
**60-61 ESA:** NASA, the AVO project and Paolo Padovani
**61 NASA:** CXC / Caltech / M.Muno et al. (br)
**62-63 NASA:** ESA, Z. Levay and R. van der Marel (STScI), T. Hallas, and A. Mellinger

**64 ESA:** P. Jonsson (Harvard-Smithsonian Center for Astrophysics, USA), G. Novak (Princeton University, USA), and T.J. Cox (Carnegie Observatories, Pasadena, Calif., USA) (right top to bottom)
**65 NASA:** ESA and The Hubble Heritage Team (STScI / AURA)
**66 NASA:** ESA, J. Rigby (NASA Goddard Space Flight Center), K. Sharon (Kavli Institute for Cosmological Physics, University of Chicago), and M. Gladders and E. Wuyts (University of Chicago) (bl); JPL-Caltech / L. Jenkins (GSFC) (cl)
**67 NASA:** ESA, and M. Brodwin (University of Missouri)
**68 Rogelio Bernal Andreo, www.deepskycolors.com:** (t)
**69 NASA:** ESA, C. McCully (Rutgers University), A. Koekemoer (STScI), M. Postman (STScI), A. Riess (STScI / JHU), S. Perlmutter (UC Berkeley, LBNL), J. Nordin (NBNL, UC Berkeley), and D. Rubin (Florida State University) (tr); ESA, J. Jee (Univ. of California, Davis), J. Hughes (Rutgers Univ.), F. Menanteau (Rutgers Univ. & Univ. of Illinois, Urbana-Champaign), C. Sifon (Leiden Obs.), R. Mandelbum (Carnegie Mellon Univ.), L. Barrientos (Univ. Catolica de Chile), and K. Ng (Univ. of California, Davis) (br); ESA and the Hubble SM4 ERO Team (cl); JPL-Caltech / Gemini / CARMA (cr)
**71 The 2dFGRS Team:** (crb)
**72 ESA:** and the Planck Collaboration (br). **NASA:** WMAP Science Team (bl)
**73 Science Photo Library:** Mark Garlick (br)
**74 NASA:** ESA, M.J. Jee and H. Ford (Johns Hopkins University)
**75 NASA:** CXC / CfA / M.Markevitch et al.; Optical: NASA / STScI; Magellan / U.Arizona / D.Clowe et al.; Lensing Map: NASA / STScI; ESO WFI; Magellan / U.Arizona / D. Clowe et al (tr)
**76 Barnaby Norris:** (bl)
**77 ESO:** L. Calçada (t). **NRAO:** AUI and NRAO (b)
**78 123RF.com:** Chris Hill (tc). **Dorling Kindersley:** Andy Crawford (bc). **NRAO:** AUI and NRAO / AUI Photographer: Bob Tetro www.photojourneysabroad.com (cl). **Wikipedia:** Fig. AA from *Machinae coelestis*, 1673, by Johannes Hevelius (1611–1687). Typ 620.73.451, Houghton Library, Harvard University (tr)

**79 Corbis:** Dennis di Cicco (cr). **Dorling Kindersley:** Dave King / Courtesy of The Science Museum, London (tl). **ESO:** L. Calçada (bc). **NASA:** Northrop Grumman (br); US Army (cl). **Wikipedia:** (tr)
**80 NASA:** JPL-Caltech / UCLA (bl)
**82 NASA:** ESA / Giotto Project (tr). **Science Photo Library:** Steve Gschmeissner (b)
**83 NASA**
**86 ESO:** B. Tafreshi (twanight.org)
**88 123RF.com:** perseomedusa (tr). **akg-images:** Serge Rabatti / Domingie (tc). **Alamy Stock Photo:** Pictorial Press Ltd (cl). **courtesy of Barry Lawrence Ruderman Antique Maps – www.RareMaps.com:** (c). **University of Cambridge, Institute of Astronomy Library:** (br)
**89 Alamy Stock Photo:** The Art Archive / Gianni Dagli Orti (cl). **Corbis:** Heritage Images (cr). **courtesy of Barry Lawrence Ruderman Antique Maps – www.RareMaps.com. Eon Images:** (tl). **ESA:** D. Ducros (br). **Science Photo Library:** British Library (tr). **Wikipedia:** National Gallery of Art (c)
**102 NOAO / AURA / NSF:** WIYN / T.A. Rector / University of Alaska Anchorage (br)
**103 ESA:** Hubble & NASA (tr)
**105 NASA:** ESA, HEIC, and The Hubble Heritage Team (STScI / AURA) (c); H. Ford (JHU), G. Illingworth (UCSC / LO), M.Clampin (STScI), G. Hartig (STScI), the ACS Science Team, and ESA (tc)
**106 NASA:** X-ray: NASA / CXC / SAO; Optical: NASA / STScI; Infrared: NASA / JPL-Caltech / Steward / O.Krause et al. (clb)
**108 ESA:** NASA and Robert A.E. Fosbury (European Space Agency / Space Telescope-European Coordinating Facility, Germany) (tc)
**110 NASA:** ESA and The Hubble Heritage Team (STScI / AURA) (cl, cb)
**112 NASA:** ESA, A. Aloisi (STScI / ESA), and The Hubble Heritage (STScI / AURA)-ESA / Hubble Collaboration (br); STScI / R. Gendler (bl)
**114 NASA:** ESA, S. Beckwith (STScI), and The Hubble Heritage Team (STScI / AURA) (t)